科学出版社“十三五”普通高等教育本科规划教材

Photoshop图像处理与MySQL数据库基础

王建忠　张　萍　主编

科学出版社
北　京

内 容 简 介

本书主要介绍图像处理的基础理论、Photoshop 操作技能以及 MySQL 数据库管理系统基础。主要内容包括 Photoshop 基础知识，选区与图像编辑，绘制和修饰图像，图像色调与色彩，绘制路径和图形，图层、通道与蒙版的应用，文字和滤镜的应用；MySQL 基础知识，数据库及数据表，数据表记录等基础理论与操作实践。

本书循序渐进地介绍理论知识，将理论与实际应用相结合，书中含有大量实训操作与习题，并附有配套案例的素材与效果样文，学生通过案例和上机操作可以提高实战技能，以适应社会快速发展的需要。

本书可作为普通本科院校非计算机专业的图形图像处理、数据库基础等课程的教材，也可作为全国计算机等级考试的参考用书。

图书在版编目(CIP)数据

Photoshop 图像处理与 MySQL 数据库基础 / 王建忠，张萍主编. —北京：科学出版社，2021.8

(科学出版社“十三五”普通高等教育本科规划教材)

ISBN 978-7-03-069438-6

Ⅰ. ①P… Ⅱ. ①王… ②张… Ⅲ. ①图像处理软件－高等学校－教材 ②SQL 语言－程序设计－高等学校－教材 Ⅳ. ①TP391.413②TP311.132.3

中国版本图书馆 CIP 数据核字(2021)第 148282 号

责任编辑：张丽花 / 责任校对：王 瑞

责任印制：赵 博 / 封面设计：迷底书装

科 学 出 版 社 出版

北京东黄城根北街 16 号

邮政编码：100717

http://www.sciencep.com

北京凌奇印刷有限责任公司印刷

科学出版社发行 各地新华书店经销

*

2021 年 8 月第 一 版 开本：787×1092 1/16

2025 年 1 月第五次印刷 印张：13 1/2

字数：320 000

定价：49.80 元

(如有印装质量问题，我社负责调换)

前　言

党的二十大报告指出："全面贯彻党的教育方针，落实立德树人根本任务，培养德智体美劳全面发展的社会主义建设者和接班人"。在本书的编写过程中，紧紧围绕立德树人根本任务，始终坚持以学生学习为中心，以解决问题为导向，以能力培养为目标，强化学生计算机素养提升与专业技能培养。

本书根据2015年教育部高等学校大学计算机课程教学指导委员会编制的《大学计算机基础课程教学基本要求》，同时针对社会对大学生综合应用能力进一步提高的要求，并结合本科院校非计算机专业学生的计算机实际水平等相关因素编写而成。体现大学计算机"宽专融"课程体系(通识型课程"宽"、专业型课程"专"和交叉型课程"融")的特色要求，涉及多媒体技术应用与数据库技术应用两个方面的内容。

Photoshop软件是目前使用最广泛的图像处理和平面设计软件之一，它在图像编辑、图像合成、调色校色及特效制作等方面具有强大的优势，受到许多平面设计者的喜爱。Photoshop不但可以处理多种图像格式文件，还可以通过内置的多种滤镜修饰数码照片并对其进行视觉创意，创作出品质优秀的艺术作品。

MySQL数据库管理系统体积小、速度快和维护成本低，尤其是它开放源代码的优势，使其快速成为中小型企业和网站的首选数据库。随着MySQL数据库的成熟，全球规模最大的网络搜索引擎公司Google使用了MySQL数据库，国内很多大型的公司也开始使用MySQL数据库，如网易、新浪等，这就给MySQL数据库带来了前所未有的机遇，同时也出现了学习MySQL数据库的热潮。

全书分两部分：

第一部分，介绍Photoshop CS 6图像处理，重点讲授Photoshop CS 6的操作界面，与图像基础知识相关的位图、矢量图、分辨率和色彩模式的概念，文件操作，选区工具、裁剪工具的使用，图像编辑及绘画工具、修复工具、修补工具、润饰工具的使用技巧，与图像色调和色彩调整相关的色阶、曲线、色相/饱和度、色彩平衡、照片滤镜、通道混合器、替换颜色、去色等命令的使用，路径基础及钢笔工具、矩形工具、圆角工具、多边形工具、自定义形状工具的使用，图层、通道与蒙版的概念及使用技巧，文字工具、文字特效、滤镜特效的使用技巧。

第二部分，介绍MySQL数据库基础，主要内容包括MySQL基础知识、MySQL数据库的创建与使用、MySQL图形化管理工具及其常用命令、SQL查询语句，以及数据表记录的插入、更新、删除等相关内容。

本书结构清晰合理，语言准确精练，内容详略适当，理论联系实践，案例精彩实用，采用Photoshop CS 6和MySQL 5.7版本进行讲解。为了展示Photoshop图像处理的效果，读者可以扫二维码查看彩色图像。书中提供了大量的实践案例，并附有配套的案例素材。

素材文件获取方法：打开网址 www.ecsponline.com，在页面最上方注册或通过 QQ、微信等方式快速登录，在页面搜索框输入书名，找到图书后进入图书详情页，在“资源下载”栏目中下载。

本书由长期从事 Photoshop、MySQL 等计算机软件教学、科研工作的骨干教师编写，具体的编写分工如下：第一部分 Photoshop CS 6 图像处理由张萍编写，第二部分 MySQL 数据库基础由王建忠编写。全书由王建忠统稿与审阅。

由于编者水平有限，书中难免存在疏漏和不足之处，为了便于今后的修订，恳请广大读者提出宝贵的意见与建议。

编　者

2023 年 4 月

目　录

第一部分　Photoshop CS 6 图像处理

第二部分 MySQL 数据库基础

第一部分

Photoshop CS 6 图像处理

第 1 章 Photoshop CS 6 基础知识

Photoshop 简称 PS，是由 Adobe 公司开发的图像处理软件，其主要功能是对图像进行修饰、合成及照片校色等，它在平面设计、照片精修、建筑设计后期制作等应用相当广泛，具有丰富的图像处理功能。Photoshop CS 6 的功能强大、操作灵活，为用户提供了广阔的创作空间，使设计工作更加方便、快捷，给用户提供了新的创作方式，通过它可创造出无与伦比的影像世界。

本章主要介绍 Photoshop CS 6 的工作界面、图像处理的基础知识、文件的基本操作等内容。通过对本章的学习，学生可以快速掌握 Photoshop 的基础理论知识，有助于更快、更准确地进行图像处理。

1.1 Photoshop CS 6 操作界面

计算机中安装有 Photoshop CS 6，就可以在“开始”菜单的程序中，启动 Photoshop。要学好 Photoshop，必须要熟悉它的操作界面的组成及各部分的功能，由于各版本差异较小，本书针对 Photoshop CS 6 版本进行讲授，通过实际案例来学习它丰富的功能。

1.1.1 Photoshop 工作界面

打开 Photoshop CS6 后，工作界面如图 1-1 所示，主要包括菜单栏、工具选项栏、工具箱、控制面板、工作区、状态栏等。菜单栏包括文件、编辑、图像、图层、文字、选择、滤镜、3D、视图、窗口、帮助。

1.1.2 工具箱

Photoshop CS 6 的工具箱，如图 1-2 所示，包括选框工具、绘图工具、填充工具、编辑工具、颜色选择工具、屏幕模式和快速蒙版工具等，其使用方法是直接单击可见工具。

在工具箱中，工具图标的右下角有黑色小三角，表示内含多个工具的工具组，大部分都有黑色小三角，只有移动工具、缩放工具、快速蒙版等少数几个工具是单一工具。

在图 1-2 中，单击工具箱中可见工具，如移动工具、放大工具、画笔工具、椭圆工具，即可立即使用；若要使用工具组中不可见的工具，则在该组的图标上右击或者按住鼠标左键不放等一会儿，在弹出下拉列表中选择需要的工具即可，也可以使用快捷键来切换不可见工具。例如，矩形选框工具与椭圆选框工具之间的切换，可直接按 M 键进行切换。

图 1-1　Photoshop CS 6 的工作界面

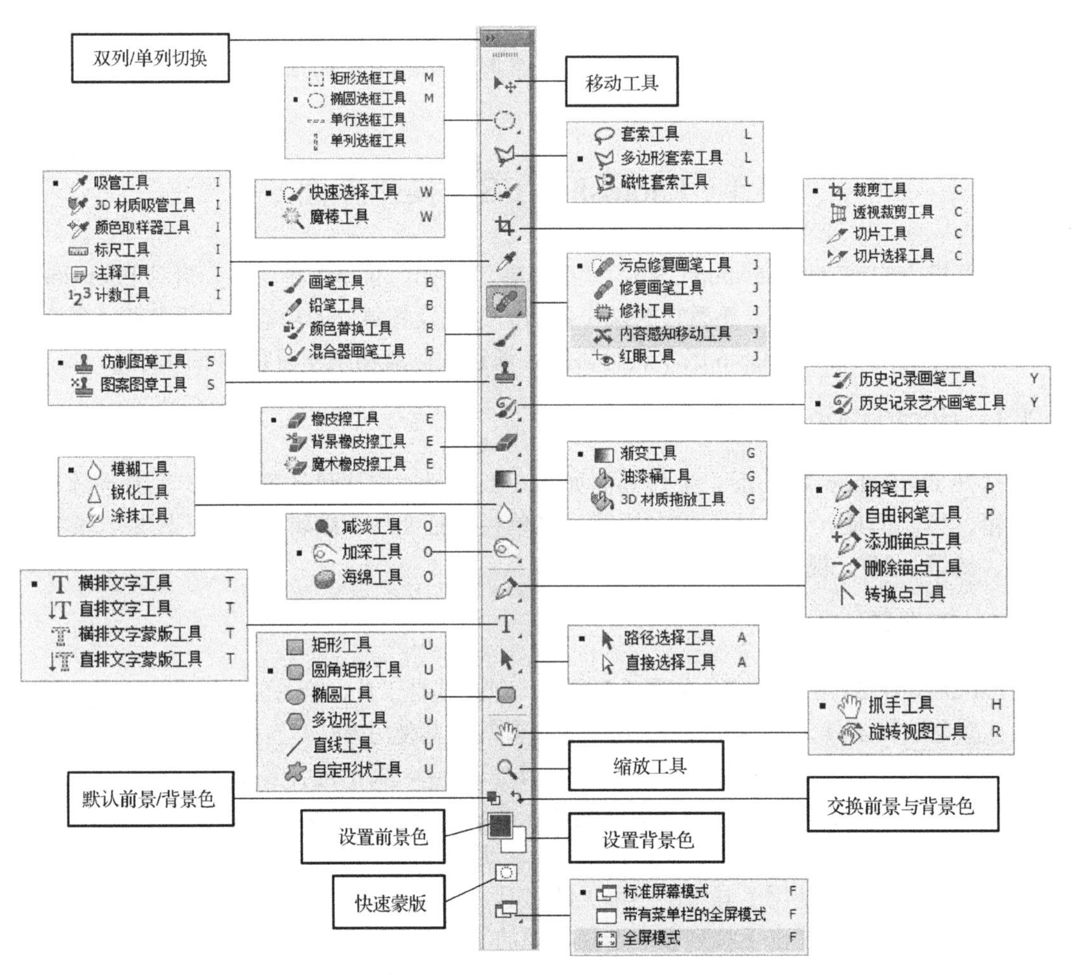

图 1-2　工具箱(单列显示)中的工具

根据自己的需要，在其顶部单击“折叠”或“展开”按钮，实现工具箱双列或单列显示，如图 1-2 为单列显示。

1.1.3　工具选项栏

当选择某个工具后，工具选项栏(也称属性栏)就会出现相应工具的属性，可以通过选项栏对工具属性进行设置。如图 1-3(a)所示，当选择“矩形选框工具”时，选项栏就会出现相应的矩形选框工具的选项，可以对选项栏中各个参数进行设置与调整。选择“画笔工具”时，其选项栏的参数设置如图 1-3(b)所示。

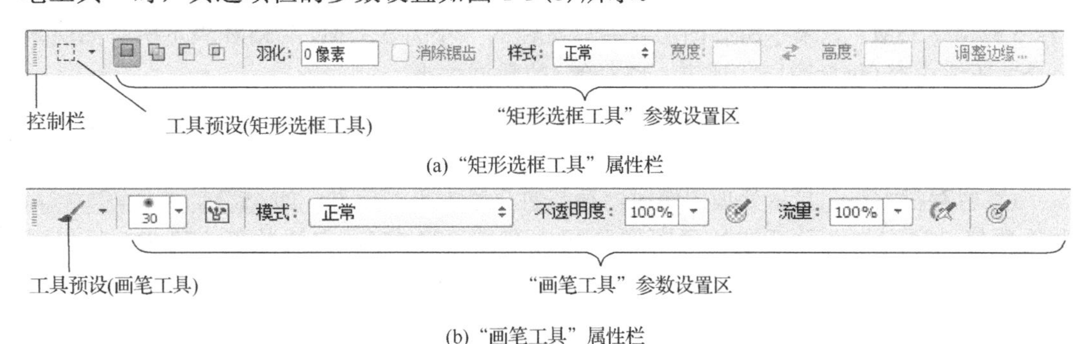

(a) “矩形选框工具”属性栏

(b) “画笔工具”属性栏

图 1-3　不同工具的选项栏差异

1.1.4　图像文件窗口

图像文件窗口的标题栏显示当前图像文件的文件名(如 img10-练习 2.psd)，缩放比例(33.3%)，图像色彩模式(RGB)以及颜色深度(8#)，图 1-4 所示。

图 1-4　文档窗口标题栏、状态栏及下拉菜单信息

1.1.5 状态栏

打开或新建一个图像时，界面的左下方会出现该图像的状态栏，状态栏的左侧显示当前图像缩放的百分数，图 1-4 中，缩放比例为 33.33%，可直接在此处输入数值，来修改缩放比例的大小。

在状态栏的中间部分，显示当前图像文件信息，单击右侧小三角，在弹出的菜单中可以选择显示当前图像的相关信息。

(1) 文档大小。在弹出菜单中选择“文档大小”命令，状态栏显示文档的大小，如“文档：5.35M/7.35M”，表示所有图层合并后文档的大小为 5.35M，7.35M 表示所有图层未经合并压缩内容(包括图层、通道、路径等)的数据大小。

(2) 文档尺寸。显示图像的尺寸，如 4000 像素 x 2250 像素 (72 ppi)，代表宽 4000 像素，高 2250 像素，分辨率为 72 像素/英寸。

(3) 暂存盘大小。显示处理图像时内存与暂存盘大小的信息，如 暂存盘：324.6M/973.8M，左边数值 324.6M 表示正在处理图像分配内存为 324.6M，右边数值 973.8M 代表可用于处理图像的总内存量，如果左边数值大于右边的数值，表示启动了暂存盘作为虚拟内存。

1.1.6 控制面板

控制面板是处理图像过程中使用非常频繁的部分。Photoshop 界面为用户提供了多个控制面板组，若面板上没有需要的控制面板，从“窗口”下拉菜单中找到相关面板并打开。如图 1-5 所示的“图层”面板。

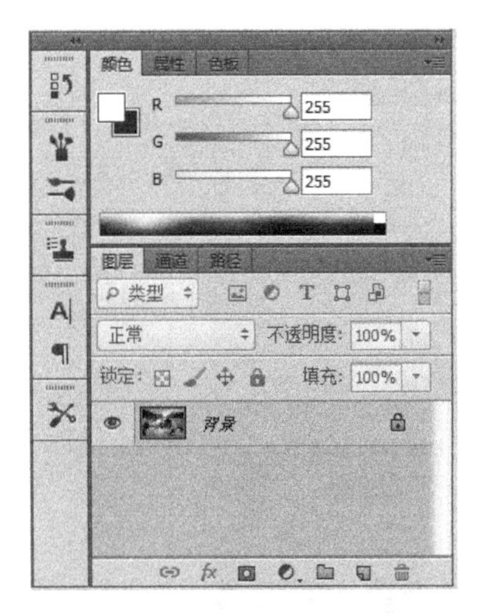

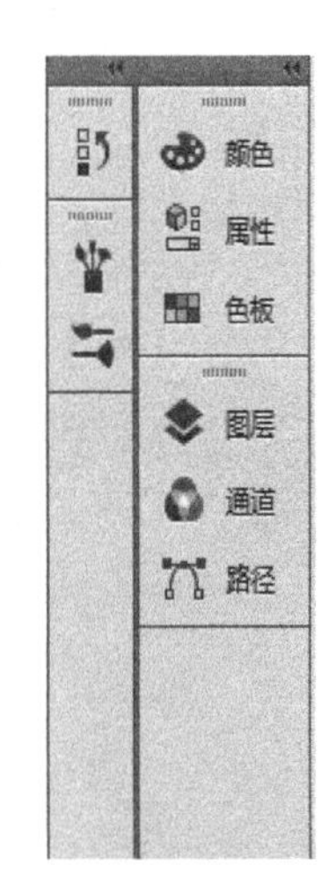

图 1-5 “颜色”面板和“图层”面板的折叠对比

控制面板除可以打开、关闭之外，也可进行折叠、拆分、合并操作。拆分面板时，将光标移动到面板名称上按住鼠标左键不放，拖离原来的位置即可，此时将成为浮动面板。合并面板时，按住鼠标左键不放拖到要合并的面板中出现蓝色框时松开鼠标。展开与折叠直接单击“展开”与“折叠”按钮。

当面板设置与拆分后，整个工作界面变乱时，若要恢复到默认的工作界面，则单击“窗口”→“工作区”→“复位基本功能”命令即可。

1.2　图像的基础知识

要学好 Photoshop，首先要掌握图像的基础知识，这对深入学习、理解图像的处理与设计是大有好处的。

1.2.1　位图和矢量图

平面设计软件制作的图像类型大致分为两种：位图与矢量图，Photoshop 在处理位图方面的具有无可比拟的优势，这正是它的成功之处。

1. 位图

位图图像也叫点阵图像或栅格图像，是由许多单独的小方块组成的，这些小方块称为像素(Pixel)，它是位图图像的最小单位，一个像素只有一种颜色，构成一幅图像的像素点越多，它的色彩信息越丰富，效果越好，当然文件所占的空间也就越大。如图 1-6 所示的图片为 1700 像素×1100 像素。

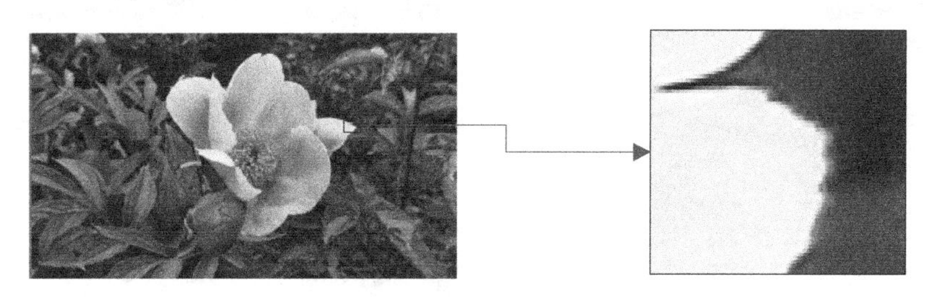

彩图 1-6

图 1-6　位图图像放大后有锯齿

位图与分辨率有关，如果在屏幕上以较大的倍数放大显示位图图像，或以低于创建时的分辨率打印图像，图像就会出现锯齿状的边缘，并且会丢失细节。

位图图像的优点：它能够制作出色彩和色调变化丰富的图像，易于在不同软件之间交换文件。

位图图像的缺点：位图无法制作真正的 3D 图像，图像缩放和旋转会失真，文件较大，对内存和硬盘空间容量需求较高，用数码相机和扫描仪获取的图像都属于位图。

2. 矢量图

矢量图也叫向量图，它是一种基于图形的几何特性来描述的图像。矢量图可以任意移动或修改，而不会丢失细节或影响清晰度，矢量图像与分辨率无关，矢量图放大时保持清晰的边缘。效果如图 1-7 所示。

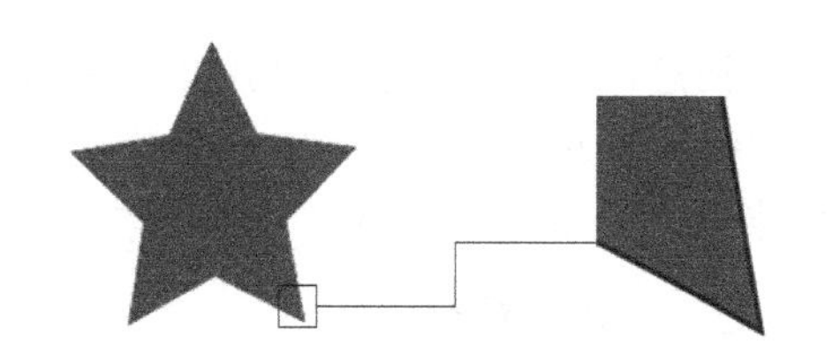

彩图 1-7

图 1-7　矢量图放大后无锯齿

矢量图像的优点：矢量图像文件所占容量较

小，可以进行放大、缩小或旋转等操作且不会失真，精确度较高并可以制作 3D 图像。

矢量图像的缺点：不易制作色调丰富或色彩变化多的图像，绘制出的图形不是很逼真，不易在不同的软件之间交换文件。制作矢量图的软件主要有 CorelDraw(扩展名为 cdr)、Illustrator(扩展名为 ai)、InDesign(扩展名为 indd)等。

1.2.2　分辨率

1. 图像分辨率

在 Photoshop 中，图像中每单位长度上的像素数目称为图像的分辨率，其单位为像素/英寸或像素/厘米。

分辨率是数码影像中的一个重要概念，图像分辨率使用的单位是 PPI(Pixel Per Inch)，意思是“每英寸长度上像素数目”。在相同尺寸的两幅图像中，高分辨率的图像包含的像素比低分辨率的图像包含的像素多。在图 1-8 和图 1-9 中，文档的大小宽度都是 23 英寸，高度都是 15 英寸，其分辨率一个为 72 像素/英寸，一个为 50 像素/英寸，其像素为 1656×1080 和 1150×750。在 Photoshop 中，通过“图像”→“图像大小”命令打开“图像大小”对话框。

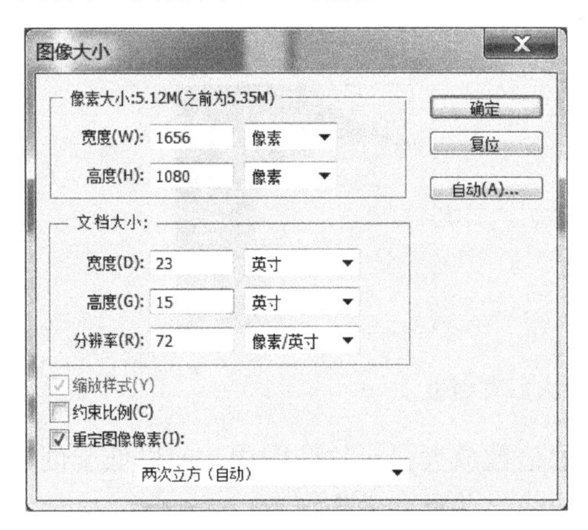

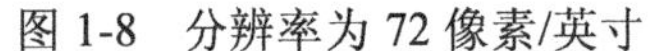
图 1-8　分辨率为 72 像素/英寸

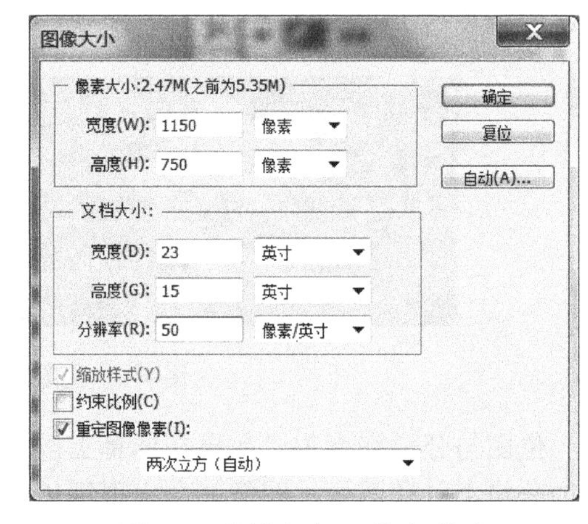

图 1-9　分辨率为 50 像素/英寸

在图 1-8 中，像素大小 5.12M 是如何得来的呢？其计算方法是：RGB 的每个通道都是 8 位深度，像素大小(bit)=像素大小的宽度×像素大小的高度×通道数×位深，将其转换为单位 MB，则要将像素大小÷8÷1024÷1024。所以 1656×1080×3×8÷8÷1024÷1024 ≈ 5.12M。像素大小的宽度 = 文档大小的宽度×分辨率，在图 1-6 中，像素大小的宽度 1656=23(文档大小)×72(分辨率)，同理 1080=15×72。

注意，若文档大小的宽度单位为厘米，单位要换算成英寸，1 英寸=2.54 厘米或 1 厘米=0.3937 英寸。在计算中，文档宽度单位是英寸或厘米，而分辨率单位为像素/英寸或像素/厘米，请统一单位。在计算机中，用*代表乘号×，/代表除号÷。

2. 屏幕分辨率

屏幕分辨率是显示器上每单位长度显示的像素数目。屏幕分辨率取决于显示器大小及其像素设置。PC 显示器的分辨率一般约为 96 像素/英寸，Mac 显示器的分辨率一般约为 72 像素/英寸。在 Photoshop 中，图像像素被直接转换成显示器像素，当图像分辨率高于显示器分辨率时，屏幕中显示的图像比实际尺寸大。

对于 Windows 系统，在屏幕空白处右击，在快捷菜单中选择“屏幕分辨率”命令，此处的“屏幕分辨率”表示长×宽，与上面的屏幕分辨率有点区别。如图 1-10 所示，屏幕分辨率为 1920×1080，表示长 1920 像素，宽 1080 像素，可调整其分辨率的大小，资料查询结果是此显示器屏幕的物理尺寸为 21.5 英寸，意思是屏幕对角线的长度为 21.5 英寸，宽高比为 16∶9，根据勾股定理可计算得到，屏幕宽为 18.74 英寸，高为 10.54 英寸。其显示器的分辨率为 1920/18.74=102 像素/英寸或 1080/10.54=102 像素/英寸。

图 1-10　计算机屏幕分辨率设置

3. 输出分辨率

输出分辨率是照排机或打印机等输出设备产生的每英寸的油墨点数(dots per inch，dpi)。打印机的分辨率在 300dpi 以上的，可以使图像获得比较好的打印效果。

1.2.3　色彩模式

1. RGB

RGB 也称为光源色模式，因为 RGB 三色混合能够产生和太阳光一样的颜色，是发光的色彩模式，通过红色(Red)、绿色(Green)和蓝色(Blue)三种色光混合叠加能够生成自然界里的任何一种颜色。一般 RGB 模式只用在屏幕上显示，不用在印刷上。显示器使用的是 RGB 模式，显示器里的电子枪把红色、绿色、蓝色激光射在显示器荧光屏幕上，可以在屏幕上混合色彩，变换光的强度能生成各种色彩。

颜色深度就是最多支持多少种颜色，是指度量图像中有多少颜色信息可以用于显示或打印像素，其单位是 bit(位)，所以颜色深度也称为位深度。若颜色深度为 n 位，则表示有 2^n 种颜色，如 1 位深度代表 2^1 即 2 种颜色，8 位深度即 2^8 即 256 种颜色。

在 RGB 模式中，每一个像素由 24 位的数据表示，其中 RGB 三种原色各用了 8 位，因此这三种颜色各具有 256 个亮度级即 2^8，能表示出 256 种不同浓度的色调，用 0～255 的整数值来表示。所以三种颜色叠加就能生成 16777216 种色彩即 2^{24}。

在 Photoshop 中编辑图像时，RGB 模式应是最佳的选择。RGB 属于加色模式，是由于三种颜色光越强，亮度越高越接近白色，如图 1-11 所示。

2. CMYK

CMYK 模式也称印刷模式，它代表了印刷使用的 4 种油墨颜色：青色(Cyan)、洋红色(Magenta，也称品红色)、黄色(Yellow)、黑色(blacK，之所以取 K 而不取 B，是为了避免与蓝色 Blue 的 B 混淆)。而 CMYK 是一种依靠反光的色彩模式，阅读一本书时，由阳光或灯光照射到书上，再反射到我们眼中，才看到内容，它需要有外界光源，在黑暗房间里是无法阅读的。

CMYK 模式在印刷时应用了色彩学中的减法混合原理，即减色模式，由于三种油墨越多，亮度越低越接近黑色，所以属于减色模式，如图 1-12 所示。因为在印刷中通常都要进行四色分色，出四色胶片，然后再进行印刷。

彩图 1-11

彩图 1-12

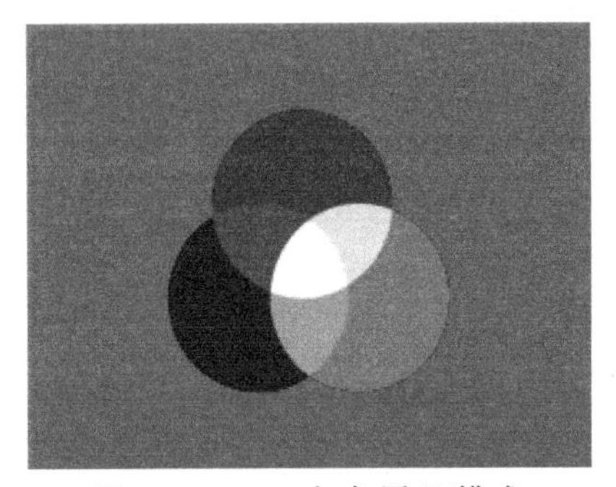
图 1-11 RGB 加色原理/模式

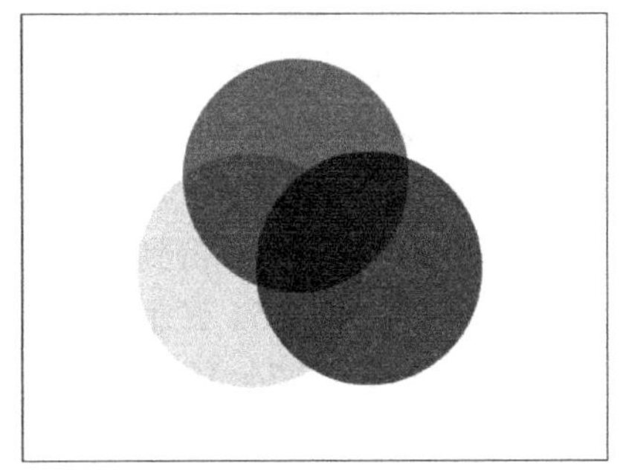
图 1-12 CMYK 减色原理/模式

生活中，有光的三原色、颜料的三原色、油墨的三原色。光的三原色是指红色(R)、绿色(G)、蓝色(B)，其模式主要用于显示，如网络图像、数码相机、显示器、电视机等。颜料的三原色是指红色、黄色、蓝色，用于美术及设计领域的研究和应用。油墨的三原色是指青色(C)、品红色(洋红 M)、黄色(Y)，主要用于油墨印刷。从理论上来说，只需要 CMY 三种油墨就足够了，它们三个加在一起就应该得到黑色，但是由于目前制造工艺还不能造出高纯度的油墨，CMY 相加不能够得到纯黑，考虑印刷成本及印刷效果，因此需要加入一种专门的黑墨(K)来调和。

3. HSB

HSB 色彩模式以人对颜色的感觉为基础，描述了颜色的三种基本特性，它以色相(Hue，也称色度)、饱和度(Saturation，也称纯度)和亮度(Brightness，明度)来描述颜色的基本特征，在 Photoshop 中，为了便于理解，可以将亮度理解为明度。

在进行图像色彩校正时，经常会用到“色相/饱和度”命令，将色彩三种属性进行量化，色相在 0°～360°的标准色轮上，用角度表示，而饱和度和亮度是以百分比值(0～100%)表示，如图 1-13 所示。

在使用中，色相是由颜色名称标识的，如红、绿或蓝色，黑、白和灰无色相。饱和度表示色彩的纯度，为 0 时是灰色，黑、白和灰也没有饱和度，在最大饱和度时，每一色相具有最纯的色彩。亮度是色彩的明亮度，为 0 时是黑色。最大亮度是色彩最鲜明的状态。

色彩是光照射到物体上，经过物体的反射或透射后，到达人的视觉器官眼睛而引起的一种感官效果，由于不同的物体所选择吸收光的频率不同，对人产生的刺激也不尽相同，因而我们才能认知所生活五彩缤纷的世界。由此可见，光和色彩是紧密联系的，HSB 色彩模式也是最接近人眼睛的色彩模式。

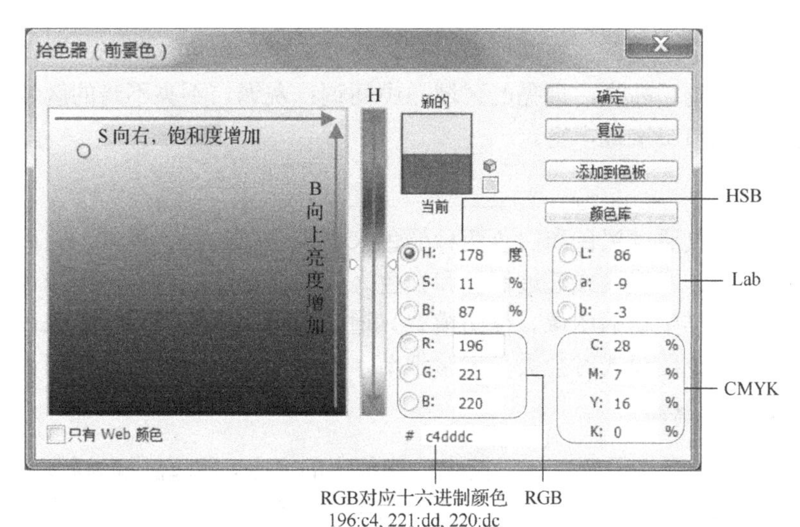

彩图 1-13

图 1-13　拾色器

HSB 模式中 S 和 B 呈现的数值越高，饱和度明度越高，页面色彩强烈艳丽，对视觉刺激是迅速的、醒目的效果，但不宜于长时间的观看。

4. Lab 模式

Lab 模式由一个发光率(Luminance)和两个颜色(a,b)轴组成，是国际照明委员会(CIE)为了弥补显示器、打印机和扫描仪等各种机器设备之间的颜色差异而开发的一种色彩体系。RGB 模式是一种发光屏幕的加色模式，CMYK 模式是一种颜色反光的印刷减色模式。而 Lab 模式既不依赖光线，也不依赖于颜料，它是 CIE 组织确定的一个理论上包括了人眼可以看见的所有色彩的色彩模式。RGB 模式转换成 CMYK 模式时，如果中间经过 Lab 模式，则可以将颜色变化降到最低程度。Lab 模式与显示器、打印机等机器设备无关。它通过独立的方式来表现颜色，是一种包含 RGB 和 CMYK 颜色的色彩体系。

5. 灰度模式

灰度图又叫 8bit 深度图。当一个彩色图像文件被转换为灰度模式文件时，所有的颜色信息都将从文件中丢失，如图 1-14 和图 1-15 所示。尽管 Photoshop 允许将一个灰度模式文件转换为彩色模式文件，但不可能将原来的颜色完全还原。所以，当要转换灰度模式时，应先做好图像的备份。

图 1-14　彩色效果

图 1-15　灰度模式

彩图 1-14

图像的三大调是指暗调、亮调、中间调。暗调：也称黑场、阴影，即图像最暗的区域。亮调：也称白场、高光，最亮的区域。中间调：灰调，不亮不暗的区域，包括灰色与中性颜色，其细节层次最丰富。

6. 位图模式

位图模式是指仅通过黑色和白色两种颜色来表现图像的颜色模式，因此位图模式的图像也叫黑白图像。灰度模式通过黑色和白色之间的 256 级颜色来表现图像，因此可以创建像黑白照片一样生动的图像。位图模式只通过白色和黑色两种颜色来表现图像，因此在将图像转换为位图模式时会丢失大量细节，图像的容量也会相应地缩小。

7. 色彩模式的转换

打开图像后，选择“图像”→“模式”菜单中的命令，即可转换为相应的色彩模式。如果要在 Photoshop 中将彩色图像转换成位图模式，首先要将图像转换为灰度模式，然后才能转换为位图模式。

【例 1-1】将彩色图像转换为位图图像。

操作步骤：

(1)将 RGB 转换为灰度图像。打开“1-16-原图.jpg”，如图 1-16 所示，单击“图像”→“模式”→“灰度”命令，在打开的“信息”对话框中单击“扔掉”按钮，如图 1-17 所示。

图 1-16 原图

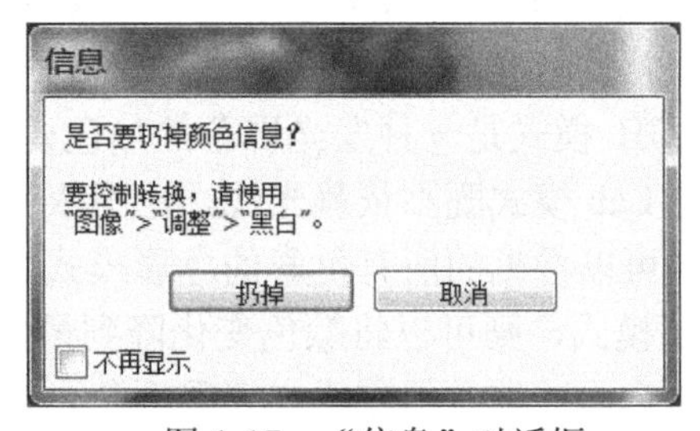

图 1-17 “信息”对话框

(2)将灰度图像转换为位图图像。单击“图像”→“模式”→“位图”命令，打开的“位图”对话框，如图 1-18 所示，单击“确定”按钮位图效果如图 1-19 所示。

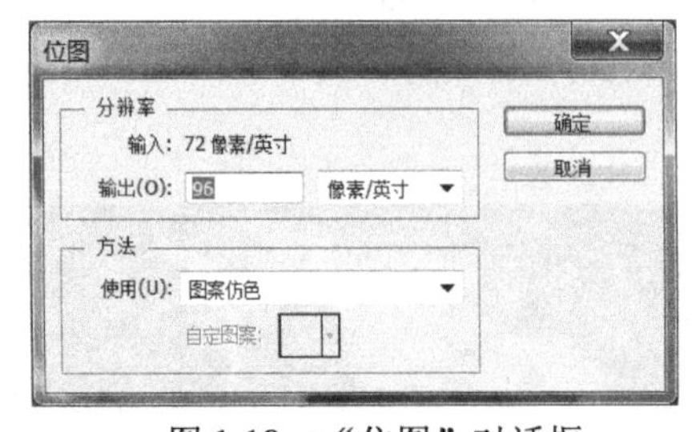

图 1-18 “位图”对话框

图 1-19 位图效果

1.2.4 常用图像文件格式

1. PSD

PSD 格式是 Photoshop 的专用文件格式，PSD 格式能够保存图像数据的细节部分，如图层、蒙版、通道等 Photoshop 对图像进行特殊处理的信息。在没有最终决定图像存储的格式前，最好先以这种格式存储。另外，Photoshop 打开和存储这种格式的文件比其他格式更快。这种格式的缺点是它们所存储的图像文件容量大，占用的磁盘空间较多。

2. JPEG

JPEG (Joint Photographic Experts Group，联合摄影专家组) 格式既是 Photoshop 支持的一种文件格式，也是一种压缩方案，是 Macintosh 上常用的一种存储类型。JPEG 格式是压缩格式中的“佼佼者”。与 TIFF (Tag Image File Format) 格式采用的 LZW 无损失压缩相比，JPEG 的压缩比例更大，但 JPEG 使用的有损失压缩会丢失部分数据。用户可以在存储前选择图像的最后质量，控制数据的损失程度。

3. PNG

PNG 是一种采用无损压缩算法的透明背景位图格式，其设计目的是试图替代 GIF 和 TIFF 格式，同时增加一些 GIF 文件格式所不具备的特性。PNG 使用从 LZ77 派生的无损数据压缩算法，一般应用于 Java 程序、网页中，因为它压缩比高，生成文件体积小。

4. GIF

GIF (Graphics Interchange Format) 的图像文件容量比较小，形成一种压缩的 8bit 图像文件，支持 256 色。一般用这种格式的文件来缩短图像的加载时间。在网络中传送图像文件时，GIF 格式的图像文件要比其他格式的图像文件快得多，而且支持动画。

5. BMP

BMP 是 Bitmap 的缩写。它用于绝大多数 Windows 下的应用程序。BMP 格式使用索引色彩，并且可以使用 16MB 色彩渲染图像。BMP 格式能够存储黑白图、灰度图和 16MB 色彩的 RGB 图像等，这种格式的图像具有极为丰富的色彩。此格式一般在多媒体演示、视频输出等情况下使用，但不能在 Mac 程序中使用。在存储 BMP 格式的图像文件时，可以进行无损失压缩，这样能够节省磁盘空间。

6. TIFF

TIFF 格式是标签图像格式。TIFF 格式对于色彩通道图像来说是最有用的格式，具有很强的可移植性，可以用于 PC、Mac 以及 UNIX 三大平台，是这三大平台上使用最广泛的绘图格式。

使用 TIFF 格式存储时应考虑到文件的大小，因为 TIFF 格式的结构要比其他格式更复杂。TIFF 格式支持 24 个通道，也能支持图层。TIFF 格式还允许使用 Photoshop 中的复杂工具和滤镜特效。TIFF 格式非常适合于印刷和输出。

1.2.5　图层

图层就像一张张绘有图像的透明纸，每一张上都绘着不同的图像内容，上面纸张的透明区域会显示出下面纸张的内容。在设计时对每个图层单独进行编辑，再将这些图层叠加在一起，组成新的图像文件。图层是 Photoshop 的基础，用户能够分层处理和管理图像，方便处理设计中动态变化内容。

Photoshop 对图层的管理主要依靠“图层”面板和“图层”菜单来完成。对图层进行操作是 Photoshop 中使用最为频繁的一项工作。通过新建图层，然后在各个图层中分别编辑图像中的各项元素，可以产生既富有层次，又彼此关联的整体图像效果。

这里简单介绍图层的基本操作，单击“新建图层”按钮，就会新建一个图层；选择某图层，单击“删除”按钮就可以删除某一图层。单击隐藏或显示的“眼睛”图标，可以显示或隐藏图层，默认为显示图层。后面章节还要详细讲解图层的内容。如图 1-20 所示，整个图像由背景(风景)、图层 1(马)、图层 2(人)三个图层合并而成。

彩图 1-20

图 1-20 “图层”面板

1.3 文件的基本操作

1.3.1 新建文件

执行“文件”→“新建”命令(快捷键为 Ctrl+N)，会弹出如图 1-21 所示的“新建”对话框，用户可以在此对话框中设置新建文件的名称、预设、宽度、高度、分辨率、颜色模式、背景内容等。单击“确定”按钮，即可新建一个图像文件。“预设”下拉列表框如图 1-22 所示。

【例 1-2】新建文件，名称为 new1.psd，要求宽度为 1024 像素，高度为 768 像素，分辨率为 300 像素/英寸，颜色模式为 CMYK 颜色，8 位深度，背景内容为“透明”。

操作步骤：

(1) 启动 Photoshop CS 6，单击“文件”→“新建”命令或按 Ctrl+N 键，出现“新建”对话框，如图 1-23 所示。

(2) 在“名称”文本框中填“new1”，扩展名默认为 psd，设置宽度为 1024 像素，选择单位为“像素”，同时设置高度为 768 像素。

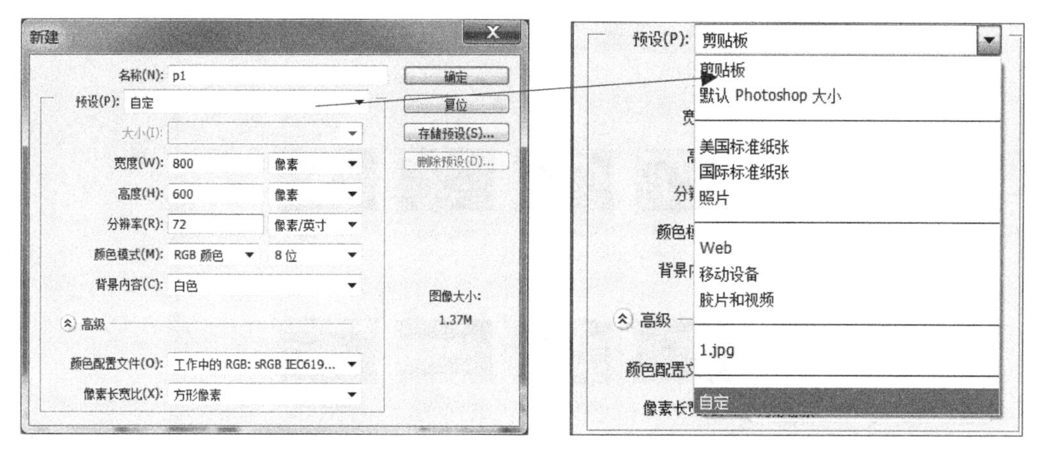

图 1-21 “新建”对话框(一)　　图 1-22 “预设”下拉列表框

(3)分辨率设置为 300，注意单位设置为像素/英寸。

(4)选择颜色模式为 CMYK 颜色，深度为 8 位。

(5)选择背景内容为“透明”，单击“确定”按钮，新建文件如图 1-24 所示。

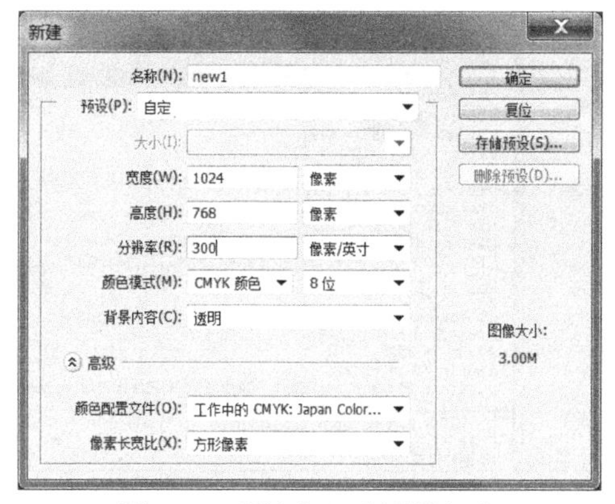

图 1-23 “新建”对话框(二)

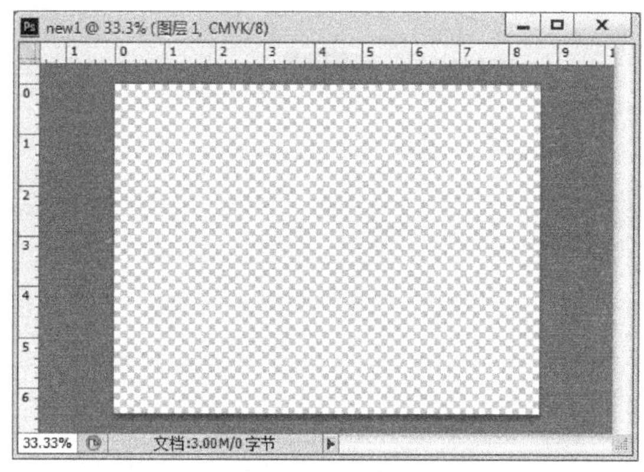

图 1-24 新建后效果

1.3.2 打开文件

执行“文件”→“打开”命令(快捷键为 Ctrl+O)或直接在工作区中双击，会弹出如图 1-25 所示的对话框，可以打开计算机中存储的 PSD、JPG、TIFF 等格式的图像文件。选择文件的位置，选定文件后，如图 1-25 所示，单击“打开”按钮即可。双击文件名也可以打开文件；将文件拖动到 Photoshop 窗口也能打开。

要同时打开多个文件，可按 Ctrl 键单击文件进行不连续选择，或按 Shift 键，单击文件可选择多个连续的文件，再单击“打开”按钮，即可打开多个图像文件。

1.3.3 保存文件

在 Photoshop CS 6 中，文件的存储包括“存储”和“存储为”两种方式。当新建的图像文件第一次被保存时，“文件”菜单中的“存储”和“存储为”命令的功能相同，都是将当前图像文件命名后保存，都会弹出如图 1-26 所示的“存储为”对话框。

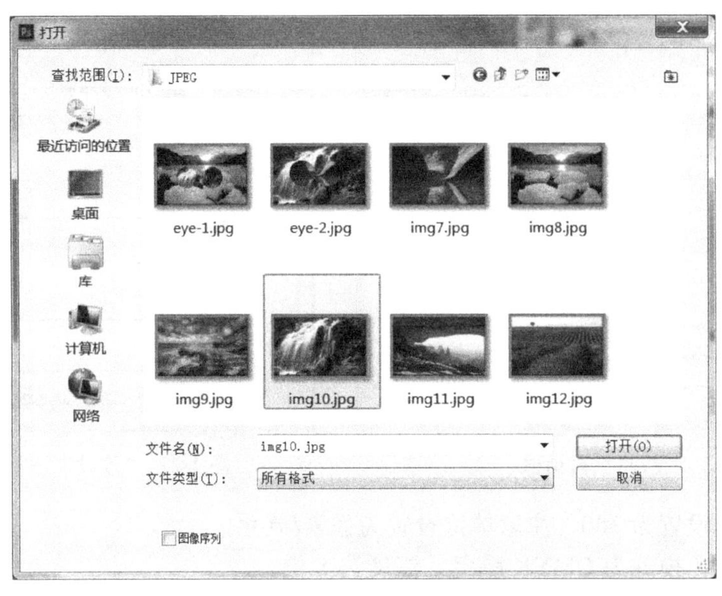

图 1-25　“打开”对话框

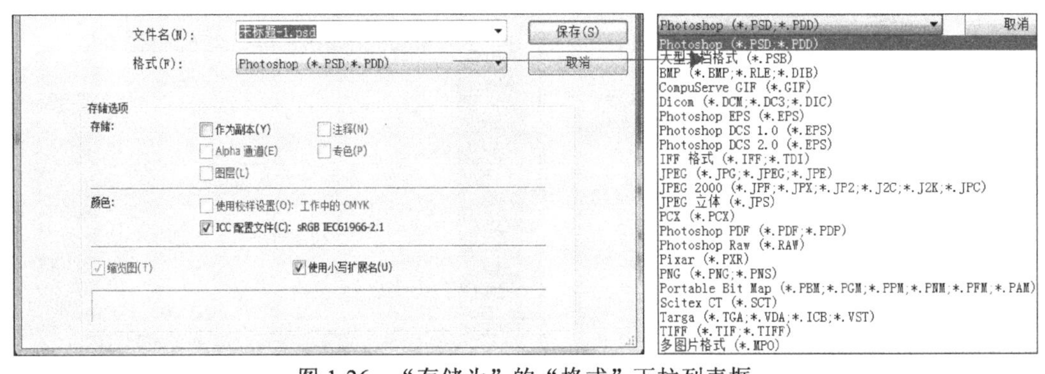

图 1-26　“存储为”的“格式”下拉列表框

【例 1-3】打开素材文件“花.psd”，将文件保存为“新花.psd”，还要将文件保存为“新花 1.jpg”。

操作步骤：

(1) 启动 Photoshop CS 6，单击“文件”→“打开”命令或按 Ctrl+O 键或将文件拖动到 Photoshop 窗口中。

(2) 单击“文件”→“存储为”命令，输入文件名为“新花”，请注意选择格式为 Photoshop (*.PSD;*.PDD)，如图 1-27 所示。

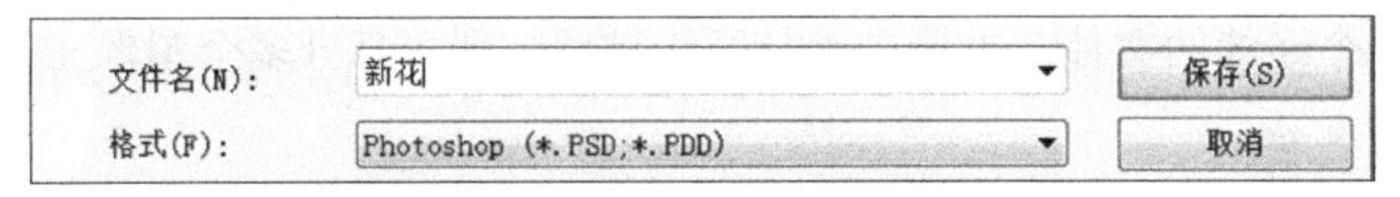

图 1-27　文件名及 PSD 格式

(3) 单击“文件”→“存储为”命令，输入文件名为“新花 1”,请注意选择格式为 JPEG(*.JPG;*.JPEG;*.JPE)，如图 1-28 所示。

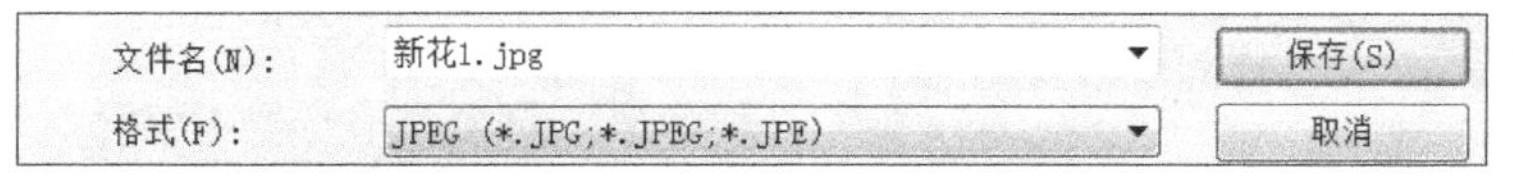

图 1-28　文件名及 JPEG 格式

1.3.4　图像大小

图像大小是由文件尺寸(宽、高)和分辨率决定的。当图像的宽、高和分辨率不符合设计要求时，可以通过改变图像的宽、高或分辨率来重新设置图像大小，其中文档大小用于打印，而像素大小是指图像本身像素大小，像素大小=文档大小×分辨率。

单击“图像”→“图像大小”命令或者在图像窗口浮动的情况下(注意不是选项卡方式)右击标题栏，在快捷菜单中选择“图像大小”命令进行设置，如图 1-29 和图 1-30 所示。

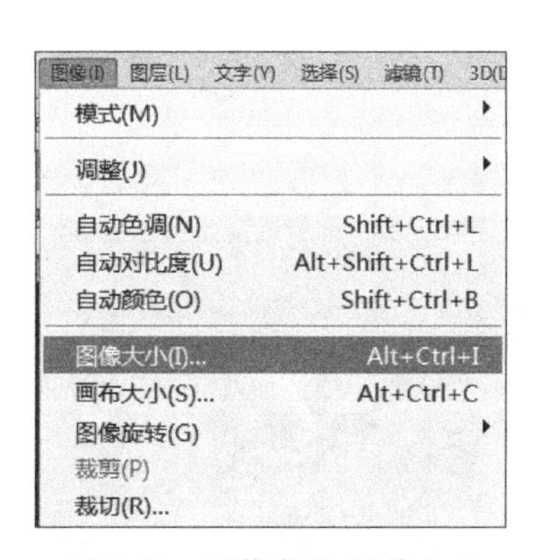

图 1-29　图像菜单-图像大小

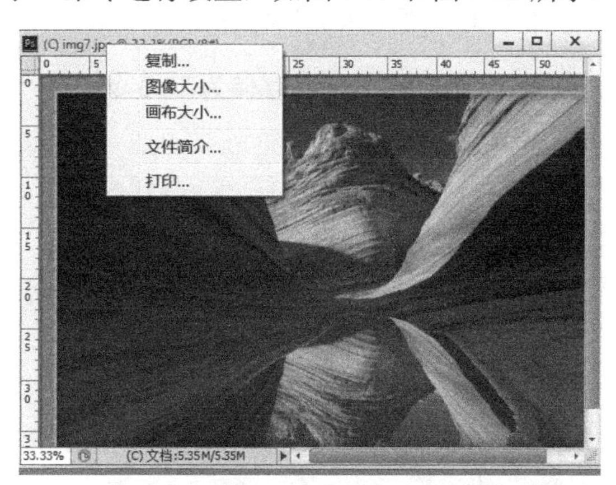

图 1-30　右击标题栏-图像大小(图像浮动状态)

【例 1-4】打开“选区效果.psd”文件，设置图像像素大小的宽度为 1024 像素，高度为 768 像素，将文件存储为 p1.psd。

操作步骤：

(1)打开文件“选区效果.psd”，单击“图像”→“图像大小”，打开“图像大小”对话框，取消“约束比例”即 约束比例(C) (若“约束比例”有效表示保持高宽比例不变，无效则高宽比例任意修改)。

(2)在“像素大小”组的“宽度”文本框中输入“1024”，在“高度”文本框中输入“768”，单击“确定”按钮，如图 1-31 所示，调整后的效果如图 1-32 所示。

(3)单击“文件”→“存储为”命令，输入“p1”，选择格式为 Photoshop，单击“保存”按钮。

【例 1-5】设置文档大小的宽度为 30cm，分辨率不变，将文件另存为 p2.jpg。

操作步骤：

(1)打开文件“选区效果.psd”(图 1-33)，单击“图像”→“图像大小”，打开“图像大小”对话框，确保“约束比例”有效 约束比例(C)。

(2)在“文档大小”组的“宽度”文本框中输入“30”，单位为“厘米”，单击“确定”按钮。效果如图 1-34 所示。

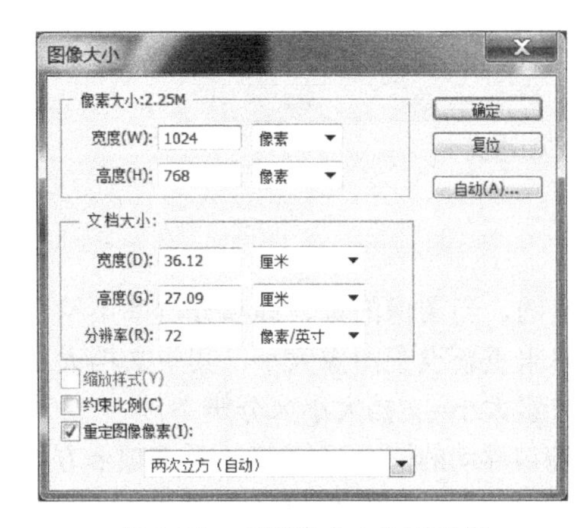

图 1-31 “图像大小”对话框

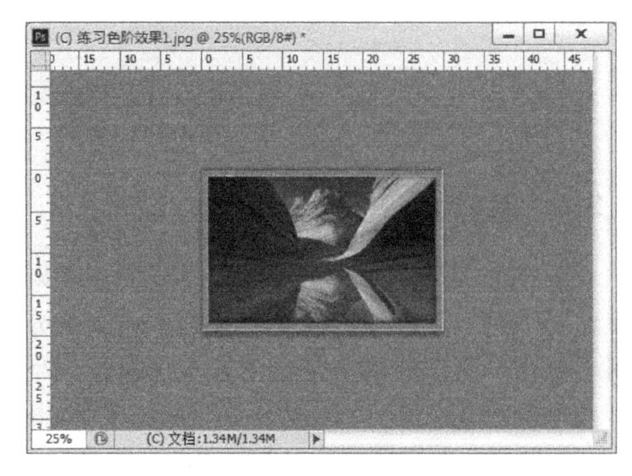

图 1-32 调整后效果

(3) 单击“文件”→“存储为”命令，在“名称”文本框中输入“p2”，选择格式为 JPEG，单击“保存”按钮。

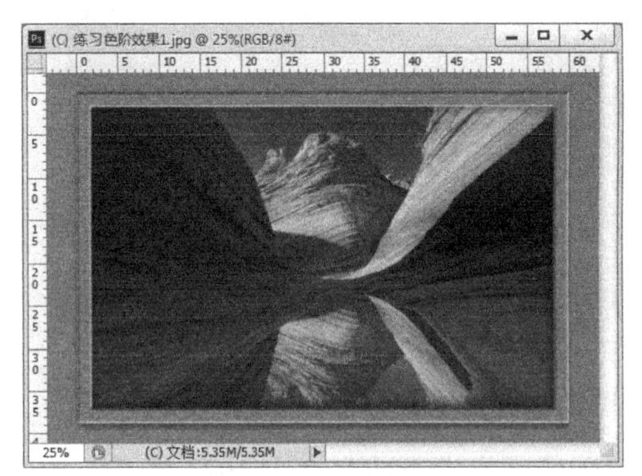

图 1-33 原图大小

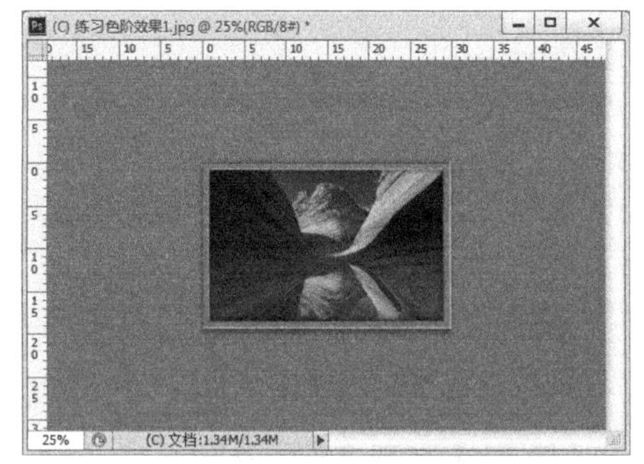

图 1-34 调整后大小

1.3.5 画布大小

画布是指文档窗口的工作区域，包含图像和空白区域设计过程中若需增加或减小画布尺寸，如制作照片的白边。利用“画布大小”命令改变图像文件的尺寸，原图像的分辨率不发生变化，只是图像文件的版面增大或缩小。

区别：“图像大小”改变图像文件尺寸后，原图像会被放大或缩小，即图像像素的尺寸都发生了变化。

【例 1-6】打开素材“画布大小.jpg”，修改画布大小，宽度增加 4cm，高度增加 4cm，画布扩展颜色为白色。

操作步骤：

(1) 打开“画布大小.jpg”文件，单击“图像”→“画布大小”命令或在标题栏右击，在快捷菜单中选择“画布大小”命令。

(2) 将“相对”确定有效 ☑相对(R)。

(3) 设置新建大小的宽度为 4，高度为 4，单位为厘米，如图 1-35 所示。

(4) 单击“确定”按钮，结果如图 1-36 所示，图像出现白边。

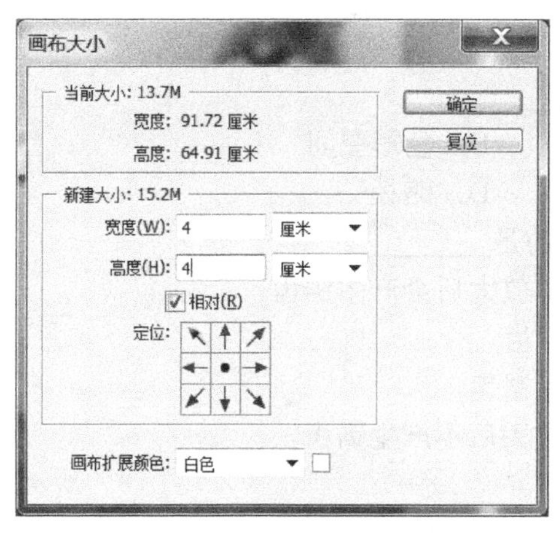

图 1-35　“画布大小”对话框

图 1-36　扩展画布后的效果

习　题　1

一、判断题(正确的填 A，错误的填 B)

1．Photoshop 的主要功能是处理矢量图而不是位图。(　　)

2．Photoshop 的控制面板若被关闭，可以通过“窗口”菜单打开。(　　)

3．Photoshop 的工具箱关闭后，可以通过“编辑”菜单打开。(　　)

4．Photoshop 的工具箱中，若是工具组，其图标的右下角有黑色小三角形，将光标移动到图标上，右击图标或者按住左键不放等待一会儿，就会出现下拉列表框，然后可选择需要的工具。(　　)

5．Photoshop 的控制面板、工具箱、工作窗口等可以拖出来让它处于浮动状态，也可以拖回到原来的状态。(　　)

6．Photoshop 中，位图的最小单位是像素。(　　)

7．Photoshop 中，每个像素里只有一种颜色。(　　)

8．Photoshop 中，图像单位长度上的像素数目称为图像的分辨率，其单位为像素/英寸或像素/厘米。(　　)

9．Photoshop 中，若图像文档长、宽一定的情况下，图像的分辨率越大，其文件占的存储空间也就越小。(　　)

10．Photoshop 中，CMYK 模式也称为印刷模式，其中 K 代表 blacK 中的 K，意思是黑色。(　　)

二、单选题

1．Photoshop 的主要功能是________。

A．图像处理功能　　B．矢量图形处理功能

C．文字处理功能　　D．视频编辑功能

2．Photoshop 中，工具箱中不同的工具，其选项栏参数是________的。

A．有差异　　B．完全相同

C．完全不同　　D．50%相同，50%不同

3．构成 Photoshop 图像最基本的单元是________。

A．节点　　B．色彩空间

C．像素　　D．路径

4．关于矢量图形与位图图像的描述中，正确的是________。

A．矢量图形放大后不产生锯齿，位图图像放大后会产生锯齿

B．矢量图形和位图图像放大后均会产生锯齿

C．矢量图形和位图图像放大后均不会产生锯齿

D．矢量图形放大后产生锯齿，位图图像放大后不产生锯齿

5．减色系统的三原色是________。

A．红、绿、蓝　　B．红、黄、紫

C．青、品、黄　　D．红、黄、绿

6．普通画册中图片的分辨率通常设置为________像素/英寸。

A．72　　B．96

C．120　　D．300

7．当前图像的显示比例可以通过________进行查看。

A．“信息”面板　　B．状态栏

C．工具选项栏　　D．“图层”面板

8．要显示/隐藏工具选项栏，其操作命令属于________菜单组。

A．文件　　B．编辑

C．窗口　　D．视图

9．在 Photoshop 中，通常用于网络显示的图片其图像模式是________。

A．多通道模式　　B．CMYK 模式

C．Lab 模式　　D．RGB 模式

10．加色系统中，三者都是 255 等量的红光、绿光和蓝光混合后的色光，其颜色是________。

A．青光　　B．橙光

C．白光　　D．紫光

11．通常把计算机图形图像主要分为________。

A．数字图形和模拟图形　　B．位图图像和矢量图形

C．平面图形和三维图形　　D．平面图形和动画图形

12．色彩位深度是指在一幅图像中具有________的数量。

A．颜色　　B．纯度

C．亮度　　D．灰度

13．用于印刷的图像，其颜色模式应为________。

A．RGB　　B．Lab

C．HSB　　D．CMYK

14．加色系统的三原色是________。

A. 红、绿、蓝　　B. 红、黄、蓝
C. 青、品、黄　　D. 红、黄、绿

15. 一幅 8 位的图像最多支持的颜色是________。
A. 8　　B. 16
C. 256　　D. 512

16. 如果图像用于屏幕显示或网络显示，可以将分辨率设置为________，这样可以减小文件的大小，提高传输和浏览速度。
A. 72ppi　　B. 150ppi
C. 200ppi　　D. 300ppi

17. ________又称为输出分辨车，通常以 dpi 来表示。
A. 显示器分辨率　　B. 打印机分辨率
C. 扫描分辨率　　D. 网屏频率

18. 用于网页的图像一般使用 JPEG 和________格式。
A. PSD　　B. PNG
C. GIF　　D. TIFF

19. 在 Photoshop 中，能直接转换成位图模式的是________模式的图像。
A. HSB　　B. Lab
C. 灰度　　D. RGB

20. 在 Photoshop 中，通常用于网络显示的图片其图像模式是________模式。
A. 多通道　　B. CMYK
C. Lab　　D. RGB

三、多选题

1. 关于 RGB，以下叙述正确的是________。
A. RGB 表示红黄蓝　　B. RGB 表示红绿蓝
C. 是加色模式　　D. 有 256 种颜色

2. Photoshop 中可以打开哪些类型的图像文件________。
A. GIF　　B. TIFF
C. PSD　　D. JPG

3. 若要使用工具箱工具组中不可见的工具，其方法________。
A. 在该组的图标上右击，然后选择
B. 在该组图标上按住鼠标左键等一会儿，然后选择
C. 使用相应的快捷键
D. 双击鼠标左键

4. 关于面板的管理，描述正确的是________。
A. 面板可以自由显示或隐藏
B. 一个面板组只能包含三个面板
C. 面板可以自由折叠或展开

D．面板组中的面板能再拆分和浮动

5．下列可以设置图像的宽、高和分辨率的命令是________。

A．“文件”→“新建”　　B．“文件”→“存储”

C．“图像”→“图像大小”　　D．“图像”→“画布大小”

四、操作题

1．启动 Photoshop 软件，完成：

(1) 新建文件名为 File1.psd 文件。

(2) 设置宽度为 800 像素，高度 600 像素。

(3) 将分辨率设置为 300 像素/英寸。

(4) 将颜色模式设置为 CMYK。

(5) 将颜色深度设置为 16 位/通道

(6) 设置背景内容为透明。

2．在 Photoshop 中打开素材文件 PS1.psd，完成以下操作：

(1) 设置高度为 20cm，高度为 15cm。

(2) 将分辨率设置为 150 像素/英寸。

(3) 将文件保存为 PS10.jpg。

第 2 章　选区与图像编辑

在 Photoshop 中选区是进行多种操作的基础，它是一种用来分离局部图像的工具，以便编辑图像时只对选区部分有影响，对选区外的图像进行保护。在进行图像的调色与图像的创意合成时，都离不开选区，建立选区主要有以下原因：

(1) 通过调整选区的颜色来调整局部图像。

(2) 删除图像的原始背景，添加不同的背景色。

(3) 对局部图像的处理，如复制或移动所选内容。

(4) 通过对选区应用滤镜或其他效果来更改图像的局部外观。

2.1　辅 助 工 具

在进行图像处理时，为了提高准确性与快捷性，常常使用缩放、标尺、参考线等辅助工具来提高编辑效率。

2.1.1　图像缩放

在绘制图形或处理图像时，经常需要将图像放大或缩小显示，以便观察图像的细节或整体效果。下面就来学习图像缩放的基本操作。

1. 放大图像

放大与缩小图像有多种操作方法，常用的方法有以下三种。

方法一：使用“缩放工具”，再单击选项栏中的“放大”图标，或者按键盘上的 Z 键，光标变为状，在要放大的图像上单击即可。放大前与放大后效果对比如图 2-1 和图 2-2 所示。

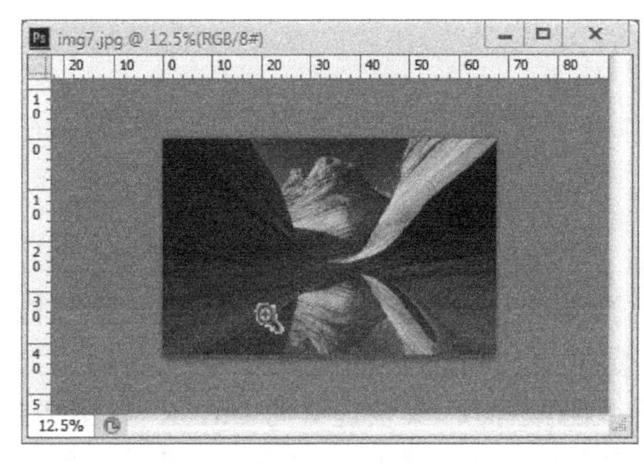

图 2-1　放大前

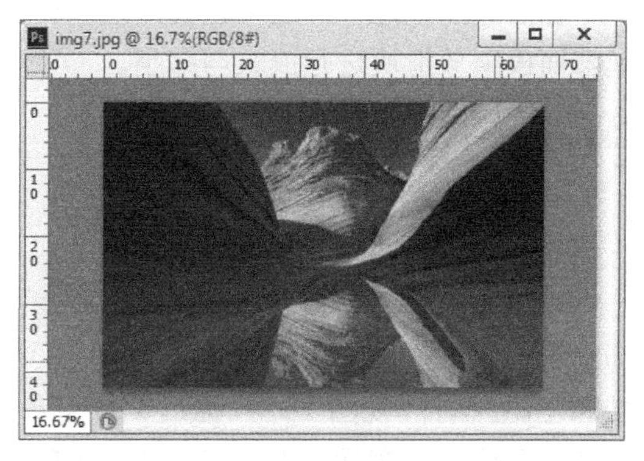

图 2-2　放大后

使用“缩放工具”的方法简单直观，不用记忆，其选项栏参数如图 2-3 所示。

调整窗口大小以满屏显示 缩放所有窗口 细微缩放 实际像素 适合屏幕 填充屏幕 打印尺寸

图 2-3 “缩放工具”选项栏

“缩放工具”的作用是在文档窗口中放大或缩小图像的显示比例，图像本身大小并没有变化。其选项栏参数含义如下：

(1) 调整窗口大小以满屏显示：在缩放窗口的同时自动调整窗口的大小。

(2) 缩放所有窗口：同时缩放所有打开的文档窗口。

(3) 细微缩放：勾选该选项后，在画面中单击并向左侧或右侧拖曳鼠标，能够以平滑的方式快速放大或缩小窗口。

(4) 实际像素：单击该按钮图像将以实际像素的大小，比例为 100%显示，也可以双击“缩放工具”来实现相同的操作，快捷键为 Ctrl+1。

(5) 适合屏幕：单击该按钮可以在窗口中最大化显示完整的图像，也可以双击“抓手工具”来实现相同的操作，快捷键为 Ctrl+0。

(6) 填充屏幕：单击该按钮可以在整个屏幕范围内最大化显示完整的图像。

(7) 打印尺寸：单击该按钮可以按照实际的打印尺寸显示图像。

方法二：快捷键放大。直接按 Ctrl+“+”快捷键，对选择的图像窗口进行放大。

方法三：单击“编辑”→“首选项”→“常规”命令，勾选 用滚轮缩放(S)，用鼠标滚轮向前滚动放大图像。无论采用哪种缩放方法，最大缩放比例为 3200%。

2. 缩小图像

缩小图像也有多种操作方法，常用的方法主要有以下三种。

方法一：单击工具箱中的“缩放工具”按钮，再单击选项栏中的缩小，或者按 Alt+Z 键，此时光标变为状态，单击即可将图像缩小。

方法二：快捷键缩小。直接 Ctrl+“-”快捷键，对选择的图像窗口进行缩小。

方法三：单击“编辑”→“首选项”→“常规”命令，勾选 用滚轮缩放(S)，用鼠标滚轮向后滚动缩小图像。

除上述三种之外，还可以修改状态栏的缩放比例、导航器面板缩放比例以及拖动导航器面板缩放滑块进行放大与缩小。

2.1.2 标尺与参考线

1. 标尺

在 Photoshop 处理图像的过程中，有时为了精确编辑和处理图像，需要调出标尺作为参考，它的作用是在编辑图像文件时，使其定位更加精确，它显示在图像文件窗口上端和左侧。执行“视图”→“标尺”命令来显示或隐藏标尺，其快捷键为 Ctrl+R，如图 2-4 和图 2-5 所示。在标尺上右击，在弹出的快捷菜单中可以修改标尺的单位，其默认单位是厘米。

图 2-4　无标尺

图 2-5　有标尺

2. 参考线

利用参考线可以使编辑图像的位置更精确。参考线是浮动在图像上的直线，分为水平参考线与垂直参考线。将光标放在水平标尺上，按住鼠标不放，向下拖曳出水平的参考线。将光标放在垂直标尺上，按住鼠标不放，向右拖曳出垂直的参考线。选择"视图"→"显示"→"参考线"命令，可以显示或隐藏参考线，此命令只有存在参考线的前提下才能应用。选择"移动工具"，将鼠标指针放在参考线上，光标变为，按住鼠标拖曳，可以移动或移出参考线。

【例 2-1】 利用参考线制作同心圆，并填充渐变色。

操作步骤：

(1) 新建文档，设置宽度为 1204 像素，高度为 768 像素。

(2) 利用 Ctrl+R 快捷键调出标尺。

(3) 直接拖动水平与垂直标尺，分别拉出水平与垂直参考线。

(4) 利用"椭圆选框工具"，将光标移动到参考线的交叉点，按下鼠标左键，再按 Alt+Shift 键，拖动鼠标，从交叉点向外拉画正圆。

(5) 在工具选项栏中，选择"从选区减去"按钮，在圆心处单击，同时按 Alt+Shift 键，拖动鼠标，从交叉点向外拉画正圆，比刚才的小，如图 2-6 所示。

(6) 选择"渐变填充工具"，在选区中拖动鼠标，形成彩色的环，如图 2-7 所示。

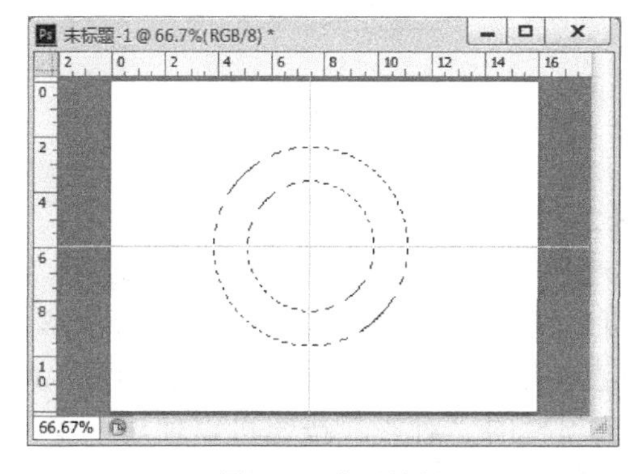
图 2-6　选区效果

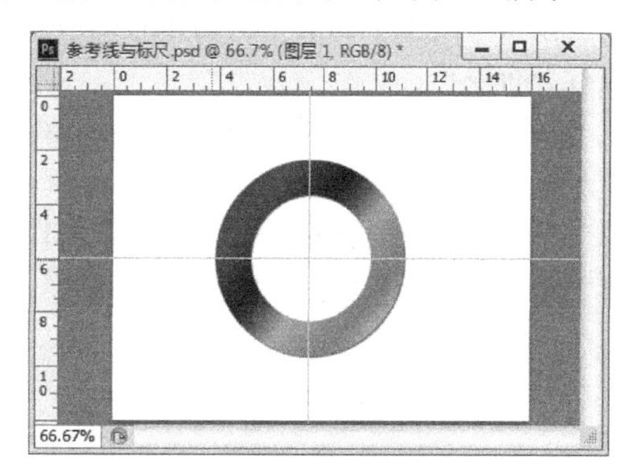
图 2-7　填充渐变色效果

彩图 2-7

3. 网格

网格在选区绘制过程中，定位非常有用。单击“视图”→“显示”→“网格”命令或按 Ctrl+“'”快捷键，可显示或关闭网格。

【例 2-2】制作等腰三角形、等腰梯形。

操作步骤：

(1) 新建文档，单击“视图”→“显示”→“网格”命令打开网格。

(2) 选择“多边形套索工具”，根据网格位置，制作等腰三角形，设置前景色为红，按 Alt+Delete 键填充，如图 2-8 所示。

(3) 再根据位置，制作等腰梯形，用红色填充。

(4) 再次单击“视图”→“显示”→“网格”命令关闭网格，效果如图 2-9 所示。

彩图 2-8

彩图 2-9

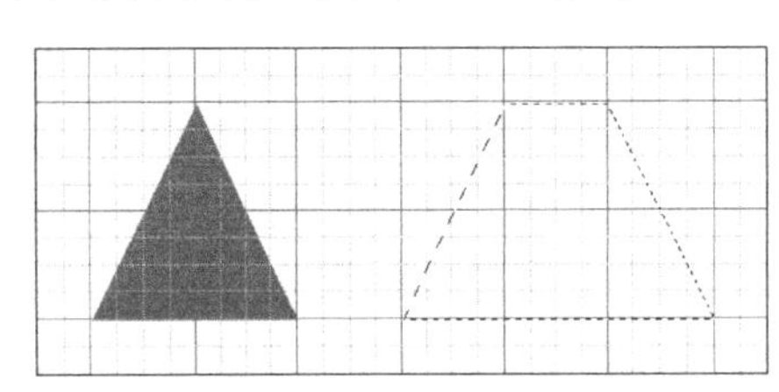

图 2-8 绘制等腰三角形与梯形

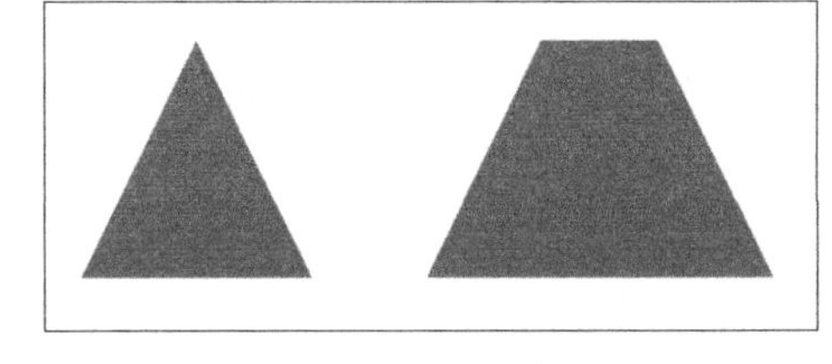

图 2-9 取消网格效果

2.1.3 移动工具

“移动工具”用来在图像中或图像之间调整图层或图层选区中对象的位置，按住 Alt 键用鼠标拖动图像可以复制图像。其选项栏如图 2-10 所示，按 V 键可快速选择该工具。

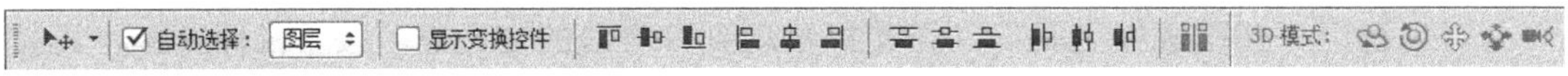

图 2-10 “移动工具”选项栏

在选项栏中，选中“自动选择”复选框，可在拖动对象时自动选择当前鼠标指针位置处的图层；选中“显示变换控件”复选框，可显示对象的控制框；使用这些按钮可对多个图层中的对象行对齐操作。使用这些按钮可对对象进行分布操作。

【例 2-3】打开”移动-复制-练习.psd”文件，进行移动、复制练习。

操作步骤：

(1) 打开“移动-复制-练习.psd”文件，如图 2-11 所示。

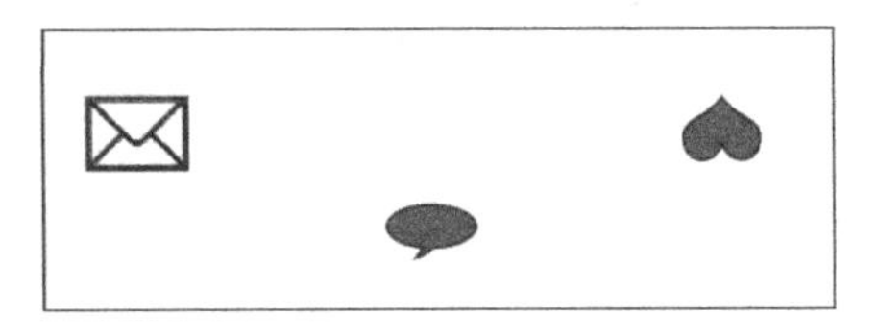

图 2-11 绘制图形

(2) 选择“移动工具”，选中 自动选择 复选框，可以任意移动封信、红心、会话等图形。

(3) 直接用“移动工具”框选所有图形，此时工具选项栏的“对齐”按钮可以使用，单击“底端对齐”按钮进行底端对齐，如图 2-12 所示。

(4) 再次框选三个图形，按住 Alt 键拖动，复制一份，如图 2-13 所示。

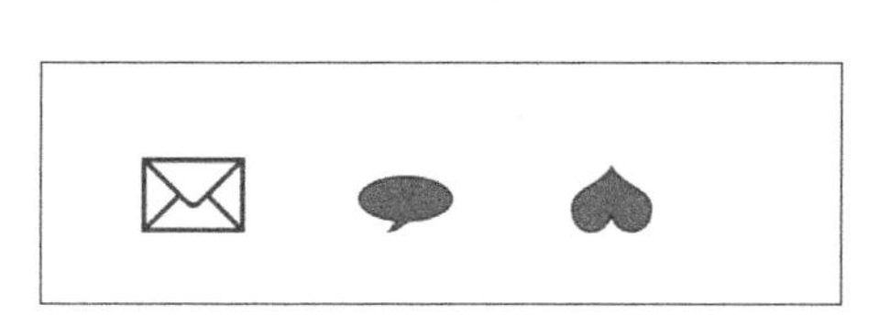

图 2-12　底端对齐

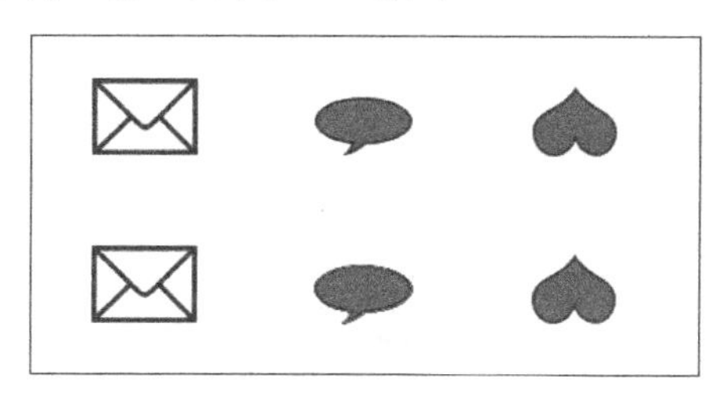

图 2-13　复制图形

2.1.4　抓手工具

利用“抓手工具”可以在图像窗口中方便地移动超出屏幕显示的图像，没有超出屏幕的图像不能用“抓手工具”移动图像。在处理图像过程中，按住空格键可临时切换成“抓手工具”进行图像的移动。

其选项参数 见前面“缩放工具”的说明。

【例 2-4】 打开“1.jpg”图像文件，将图像缩放为 50%，利用“抓手工具”进行移动。

操作步骤：

(1) 打开“1.jpg”图像文件。

(2) 在状态栏单击，输入“50”后按 Enter 键。

(3) 选择“抓手工具”进行移动图像或按空格键后再用鼠标移动图像。

2.2　选区的基本操作

2.2.1　首选项设置

首选项的设置对 Photoshop 使用影响很大，下面来介绍 Photoshop 首选项的设置。

1. 常规

单击“编辑”→“首选项”→“常规”命令，出现如所图 2-14 示的对话框，可以对其选项进行设置，如用滚轮缩放(S)，使用 Shift 键切换工具等。

2. 界面

在“首选项”中选择“界面”，可对其外观进行设置，如设置颜色方案，看自己喜欢什么方案，如深色背景、浅色背景，以选项卡的方式打开文档等，如图 2-15 所示。

3. 文件处理

在“首选项”中选择“文件处理”，可对文件处理进行设置，如文件存储选项的存储至原始文件夹、后台存储、自动存储恢复信息时间间隔，近期文件列表包含的文件个数，如图 2-16 所示。

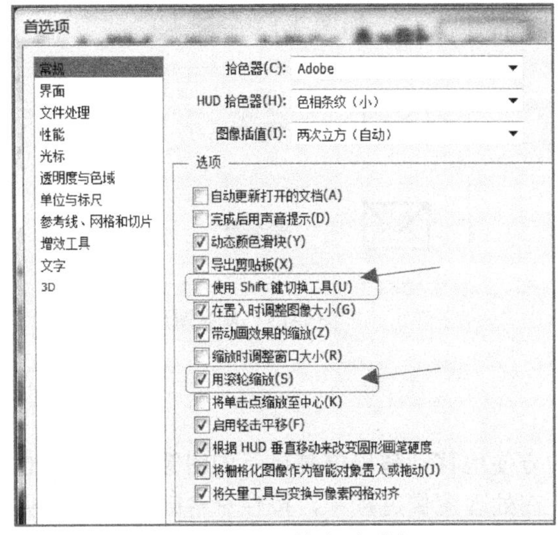

图 2-14　首选项-常规

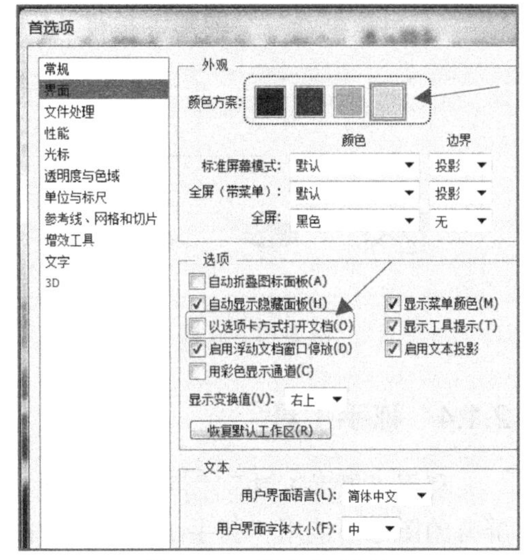

图 2-15　首选项-界面

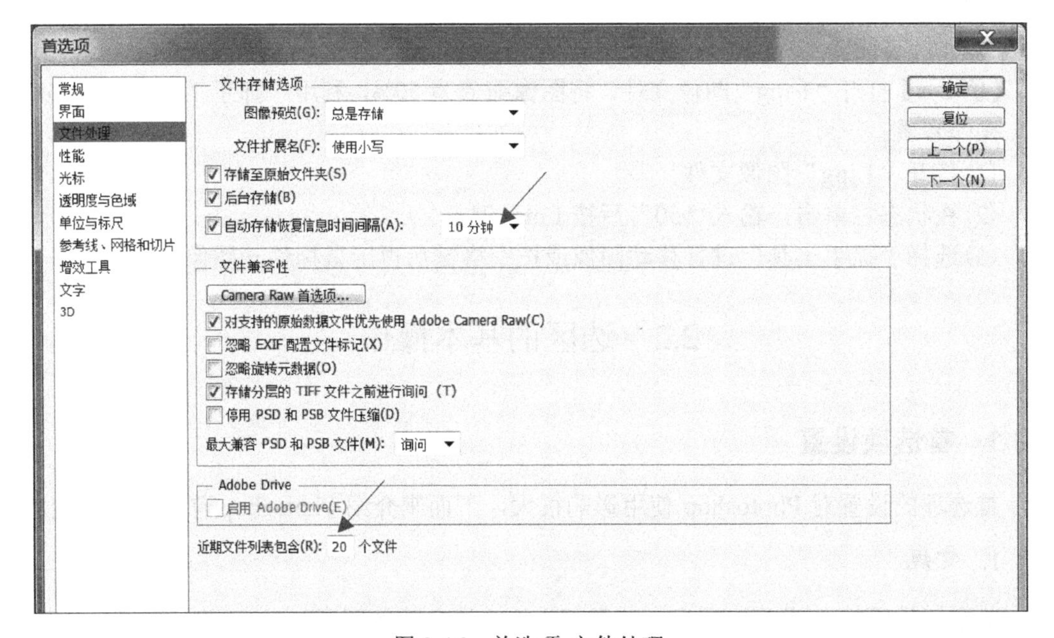

图 2-16　首选项-文件处理

4. 性能

在首选项中选择“性能”，可以设置历史记录状态，撤销的次数，历史记录默认为 20 次，可以对其进行修改，也可以对暂存盘进行修改。其参数如图 2-17 所示。

5. 单位与标尺

在首选项中选择“单位与标尺”，可以对标尺的单位进行设置，如像素、英寸、厘米等，如图 2-18 所示。

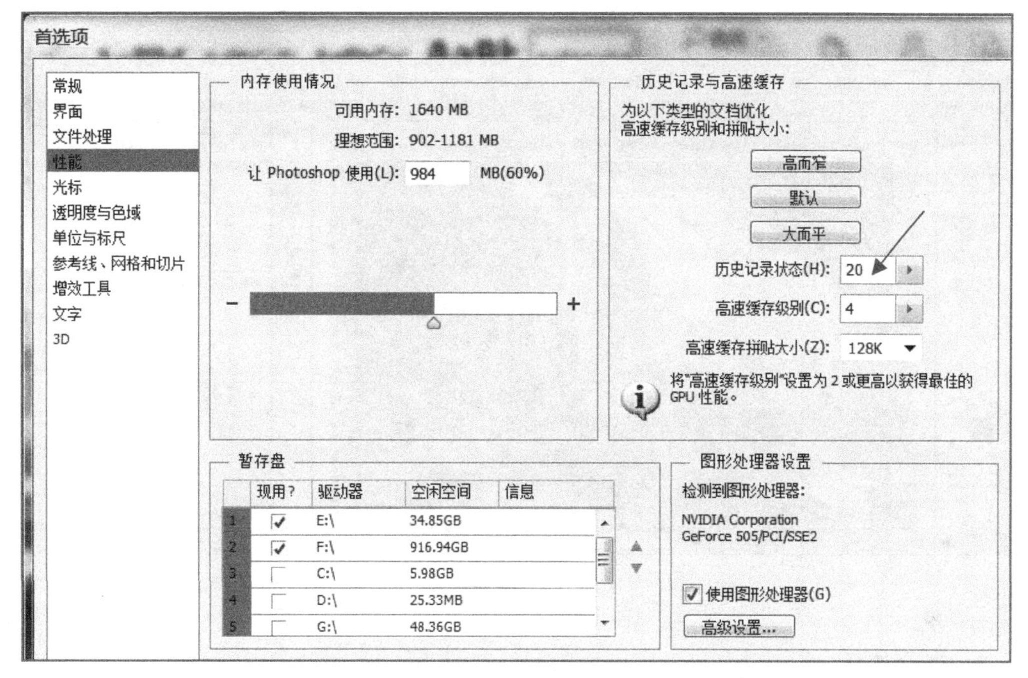

图 2-17　首选项-性能

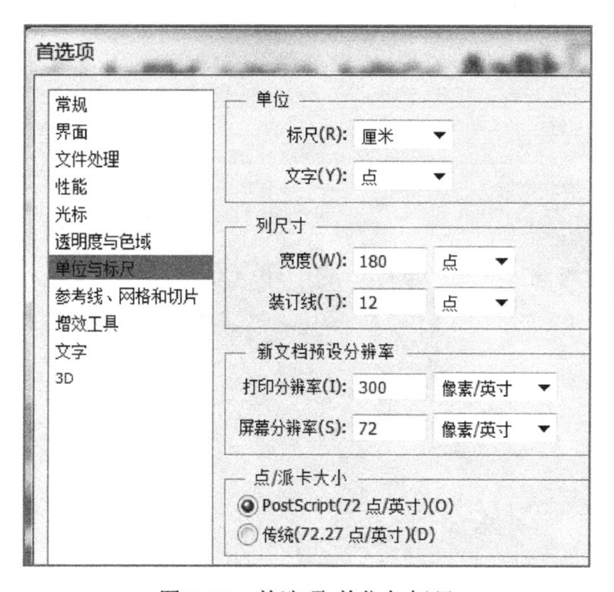

图 2-18　首选项-单位与标尺

2.2.2　选择与反选

1. 全选

为了选择全部图像，可以执行“选择”→“全选”命令或按 Ctrl+A 键，全选效果如图 2-19 所示。

图 2-19　全选效果

2. 部分选择

为了选择部分图像进行处理，可以通过“选框工具”或其他工具来选择部分图像。效果如图 2-20 所示。

图 2-20　部分选择

3. 反向选择

“反向”命令经常使用，有时要选择的部分比较复杂，而不需要选取的部分相对简单，这时先选择不需要的部分，再进行反选操作。其操作为执行“选择”→“反向”命令或按 Ctrl+Shift+I 快捷键。反向选择效果如图 2-21 所示。

图 2-21　反向选择

2.2.3　取消与隐藏选区

1. 取消选择

当不需要对选区进行处理时，需要取消选区，其操作为执行“选择”→“取消选择”命令或按 Ctrl+D 快捷键，图像上的选区就会消失，看到的效果就是“蚂蚁线”消失，这个命令使用频率很高，大家一定要用熟这个快捷键。

2. 重新选择

当取消选择后，又想还原刚才的选区，这时就需要重新选择，其操作为执行“选择”→“重新选择”命令。

3. 隐藏选区

正常情况下，选区存在时，都有“蚂蚁线”标志，为了隐藏“蚂蚁线”，快捷键为 Ctrl+H。

4. 显示选区

在隐藏“蚂蚁线”的情况下，为了显示“蚂蚁线”，快捷键为 Ctrl+H。

2.2.4　移动选区与变换选区

1. 移动选区

在图像中绘制选区后，处于“选区工具”状态，直接将鼠标指针放在选区中，按住鼠标并进行拖曳，将选区拖曳到其他位置，松开鼠标，即可完成选区的移动。注意，一定不是用“移动工具”，“移动工具”是移动图像而不仅是选区。效果如图 2-22 所示。

2. 变换选区

在图像中绘制选区后，直接将鼠标指针放在选区中右击，在弹出的快捷菜单中选择

“变换选区”命令或者单击“选择”→“变换选区”命令可对选区进行变换，如图 2-23 所示。主要对选区进行“缩放”、“旋转”、“斜切”、“扭曲”和“透视”等操作。这里仅仅是选区进行了变化，其选区中的图像不变，即仅“蚂蚁线”变化。

图 2-22 移动选区

(1) 缩放：选择此命令后，将鼠标指针移动到变换框或任意控制点上，当鼠标指针变为水平、垂直、45°角时双向箭头，按住鼠标左键不放并进行拖动，可实现放大或缩小操作。如图 2-23 所示，选区是放大效果。

(2) 旋转：选择此命令后，将鼠标指针移动到选区外侧，鼠标指针会变为弯曲，此时拖动鼠标实现选区旋转。如图 2-24 所示为旋转选区效果。

图 2-23 放大效果

图 2-24 旋转选区

(3) 扭曲：选择此命令后，将鼠标指针移动到任意控制点并按住鼠标左键拖动，即可实现对选区的扭曲变换。如图 2-25 所示为扭曲选区效果。

(4) 水平翻转/垂直翻转：选择此命令后，选区将以变换中心进行水平或垂直翻转，如图 2-26 所示，对选区进了垂直翻转。

图 2-25 扭曲选区

图 2-26 垂直翻转选区

2.2.5　存储与载入选区

1. 存储选区

在图像中绘制选区后，直接在选区中右击，在快捷菜单中选择“存储选区”命令或者单击“选择”→“存储选区”命令，可实现对选区的存储。

2. 载入选区

在图像中为了得到所存储的选区，需要载入选区，其方法是，单击“选择”→“载入选区”命令，可达到需要的效果。

【例 2-5】制作一个环形选区。

操作步骤：

(1) 制作小选区：打开“2-27.jpg”图像文件，拖出参考线，选择“椭圆选框工具”，将光标移动到参考线交叉点，按下鼠标左键，再按 Shift+Alt 键拖动，从圆心向外画正圆，如图 2-27 所示，单击“选择”→“存储选区”命令，输入名称“a1”，单击“确定”按钮，完成存储选区。

(2) 制作大选区：取消选区后，采用步骤(1)，制作大选区，如图 2-28 所示。再单击“选区”→“载入选区”命令，选择“从选区中减去”命令，可得到需要的环形选区，如图 2-29 所示。

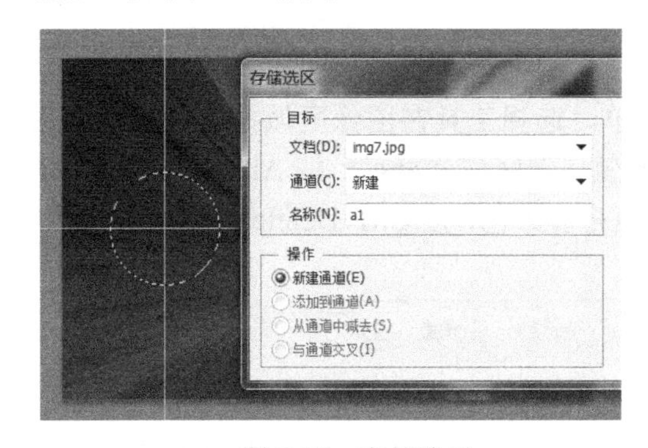

图 2-27　存储选区

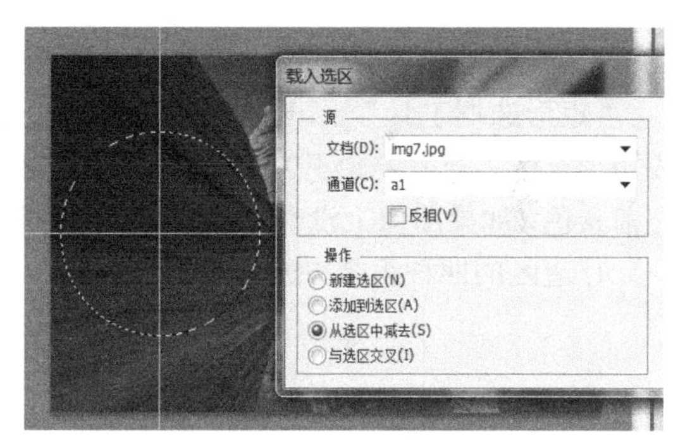

图 2-28　载入选区

(3) 设置前景/背景色为默认的黑白色，按 Ctrl+Delete 键填充白色。效果如图 2-30 所示。

图 2-29　从选区中减去

图 2-30　填充选区

2.3 基本选框工具

2.3.1 选框工具组

在工具箱中，图标右下角有三角形的代表工具组。要选择其中的工具，常用的方法是，在相应工具组上右击，在弹出下拉工具菜单中进行选择即可；也可以将光标移动到工具组上，按下鼠标左键等一会儿，也会出现下拉工具菜单，选择需要的工具。

选框工具的使用是手动框选部分图像，并转化为选区，因为图像由像素组成，所以选区也是由像素构成的。选框工具优点是操作简单，适用于有规则(矩形或椭圆)形状的物体图像，但其使用场景较少。选框工具组的工具如图 2-31 所示，四种选框工具效果如图 2-32 所示。

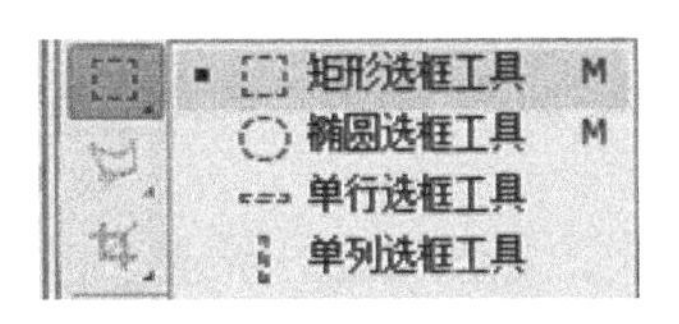

图 2-31 选框工具组

图 2-32 四种选框工具效果

1. 矩形选框工具

“矩形选框工具”比较简单，选择工具在图像区域拖动后，就会形成矩形选区，若需要画正方形选区，则按 Shift 键。选区建立好后，按 Alt+Delete 键是填充前景色，如果图像上没有选区，整个图像将填充前景色，按 Ctrl+Delete 键填充背景色。

1)选区的四种组合方式

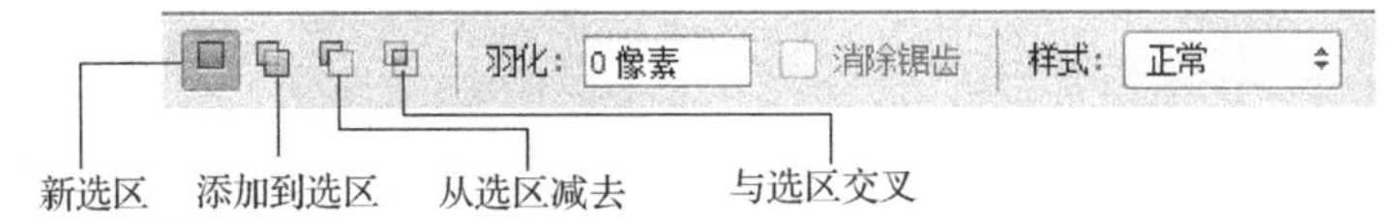

(1)新选区：每次绘制将产生新的选区，原来的选区就会自动消失，如图 2-33 所示。

图 2-33 新选区

(2)添加到选区：新的选区将与原选区进行合并或同时存在，如图 2-34 所示。

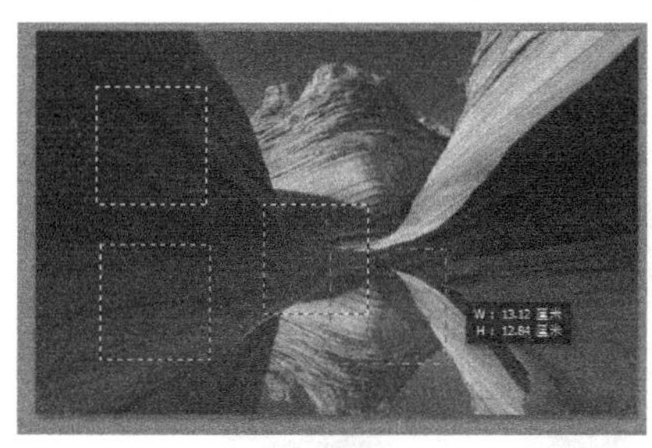
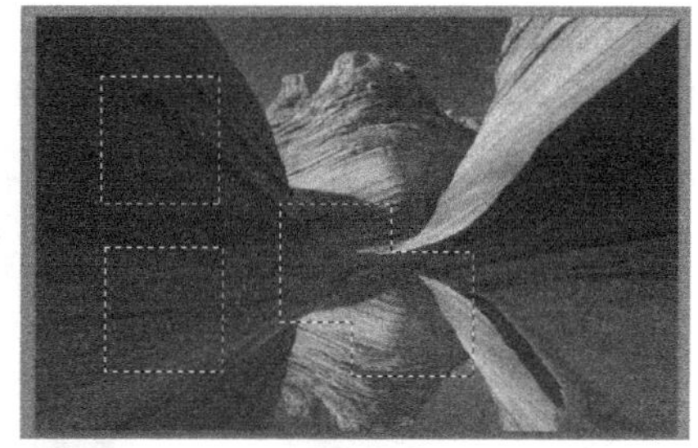

图 2-34　添加到选区

(3) 从选区减去：新的选区将挖掉现有选区相应的部分，如图 2-35 所示。

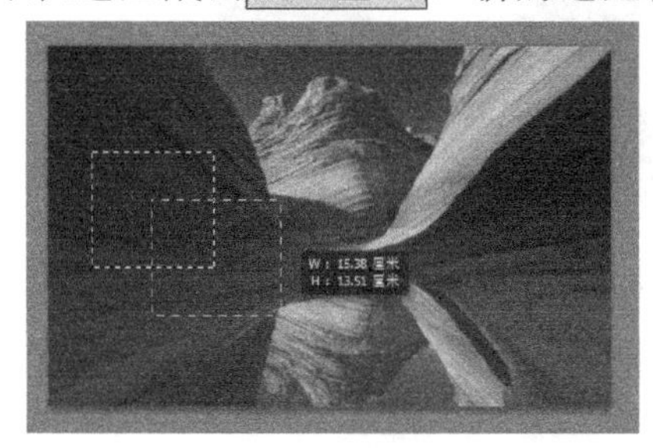
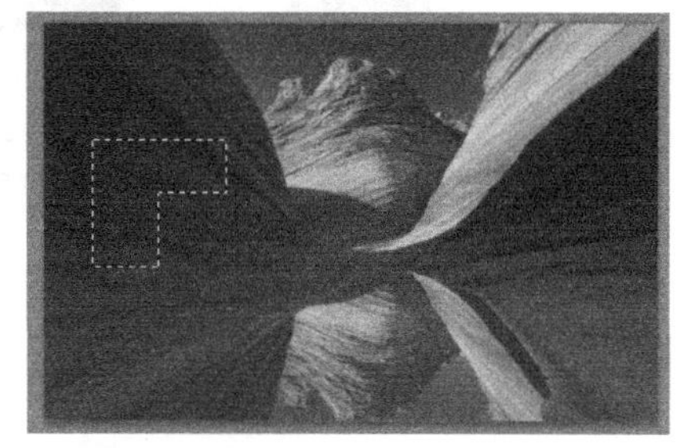

图 2-35　从选区减去

(4) 与选区交叉：新的选区将和现有选区有交叉的部分保留下来，如图 2-36 所示。

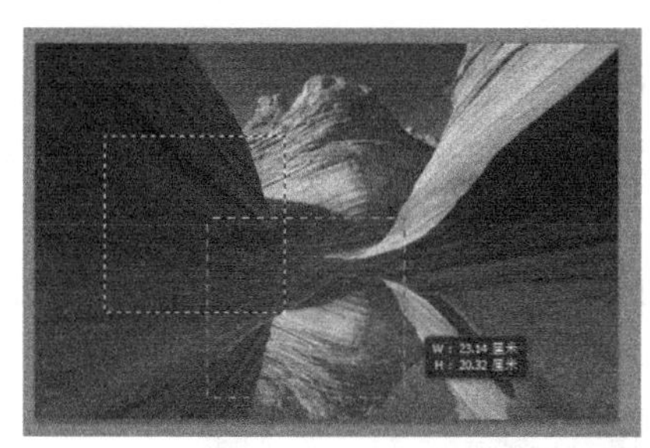

图 2-36　与选区交叉

2) 羽化

羽化是使选区的边缘部分呈现过渡虚化的效果，使选区内外衔接自然。注意，使用选框工具需要羽化时，要先设置羽化值，后制作选区羽化才有效。若先做选区，则要在选区内右击，在弹出的快捷菜单中选择“羽化”命令或单击“选择”→“修改”→“羽化”命令才有效，先作选区后直接修改选项栏中的羽化值，羽化将不起作用。

例如，选择“矩形选框工具”，设置羽化值为 0 像素，拖动形成一个矩形选区，按 Ctrl+Delete 键进行白色背景的填充。再选择“椭圆选框工具”，设置羽化值为 50 像素，拖动形成一个椭圆，同样按 Ctrl+Delete 键进行白色背景的填充，其效果如图 2-37 所示。

2. 椭圆选框工具

“椭圆选框工具” 椭圆选框工具 M 的使用与“矩形选框工具”一样，选择工具后，只需要在图像区域拖动就会形成椭圆选区。注意，画正圆时，只需要按 Shift 键进行拖动就行；若要从中心点画正圆或正方形时，则按 Alt+Shift 键。

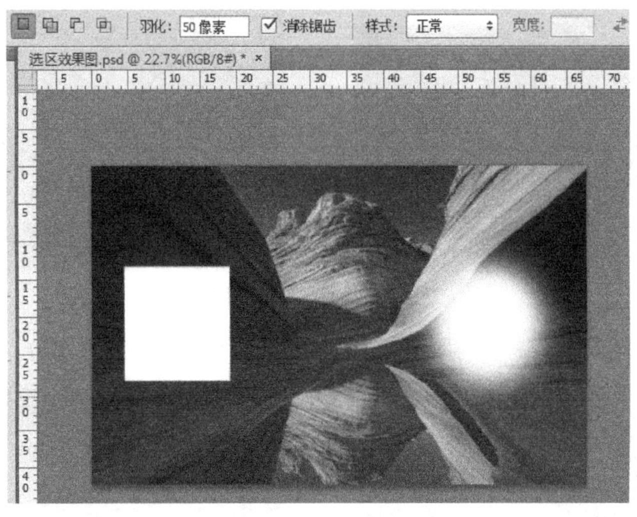

彩图 2-37

图 2-37　羽化值 0(左)、羽化值 50(右)的效果

3. 单行选框工具

选择“单行选框工具” 单行选框工具 后，在需要的地方单击，就会得到单行选区，按 Alt+Delete 键对其进行前景色填充，得到一条水平直线，它只有一个像素高。

4. 单列选框工具

“单列选框工具” 单列选框工具 的使用方法与“单行选框工具”一样，在需要的地方单击，就会得到单列选区，按 Alt+Delete 键对其进行前景色填充，得到一条垂直线，它只有一个像素宽。

【例 2-6】 打开图像文件，制作矩形、圆、两条横线、两条竖线，并填充白色。效果如图 2-38 所示。

图 2-38　矩形、圆、线效果

操作步骤：

(1) 单击工具箱中的默认“前景/背景”按钮，选择“矩形选框工具”，制作矩形选区，按 Ctrl+Delete 键进行白色背景填充。

(2) 同理制作白色圆。

(3) 制作横线时，直接选择“单行选框工具”，在图上单击，按 Ctrl+Delete 键对其进行白色背景填充。

(4) 同理制作两条竖线。

2.3.2　套索工具组

1. 套索工具

“套索工具” 套索工具 L 用于制作精度要求不太高的不规则选区。选择“套索工具”，将光标移到图案的边缘。按下鼠标不放，拖动鼠标选取所需要的范围。当终点与起点汇合时，放开鼠标左键即完成选区的制作，如图 2-39 所示。若终点与起点没汇合时就放开左键，系统会自动用直线将终点和起点连接起来。在需要从原有选区中，删除或增加某些区域时，常使用该工具。

“套索工具”是通过手绘创建选区，框选出大致范围后再做进一步处理。其优点是方便，适用范围大，适用于不规则又只需框选出大致主体形状的情况。缺点是无法控制细节，无法独立完成精确选区制作，需搭配其他选区工具使用。

图 2-39　套索效果

2. 多边形套索工具

“多边形套索工具” 多边形套索工具 L 用于制作三角形、五角星、多边形等有棱角的选区，其使用方法是选择“多边形套索工具”，在选择区域的起点处单击，由起点处引出一直线，单击下一个落点，两点间以直框线相连接。单击下一个落点，最后回到起点，光标下会出现表示汇合的小圆圈，单击完成选区的制作。若由于图像颜色的影响，汇合点不易发现，可以双击鼠标实现起点和终点的自动连接。“多边形套索工具”与“套索工具”的切换方法：在使用“多边形套索工具”时，按住 Alt 键，该工具就变成了“套索工具”。在使用“套索工具”时，按住 Alt 键，“套索工具”就变成了“多边形套索工具”。

“多边形套索工具”是通过手绘创建角度选区。其优点是适用于形状较规则且无圆弧的物体图像，如桌子、盒子等。缺点是不好抠选圆弧，有较大的局限性。多边形套索效果如图 2-40 所示。

图 2-40　多边形套索效果

3. 磁性套索工具

“磁性套索工具” 磁性套索工具 L 是一种能够自动识别边缘的套索工具，其使用方法是选择“磁性套索工具”，在图像上单击选区的起点，然后沿选区的边缘移动鼠标(不用按下鼠标左键)，就像有磁性吸附一样，选框线会自动吸附到所选图案的边缘，当回到起点处，出现表示汇合的小圆圈时单击鼠标，完成选区的建立。若小圆圈没出现，双击也可以闭合选区。

磁性套索会自动对齐到图像边缘创建选区。其优点是适用于主体边缘较清晰，与背景色相差较大的情况。缺点是边缘有锯齿，容易丢失细节。

在移动鼠标过程中，选框线上会自动出现节点。需要时，单击一下鼠标也会出现一个节点。当某个节点位置不正确时，按 Delete 键可后退一个节点。

“磁性套索工具”选项栏如图 2-41 所示。

图 2-41 “磁性套索工具”选项栏

(1) 宽度：用于设置“磁性套索工具”选取时的探察距离，可输入 1～256 的整数。数值越大探察的范围越大，数值越小探察的范围就小。

(2) 对比度：用于设置套索对图像边缘的敏感度，可输入 1%～100%的数值。

(3) 频率：用于制定套索节点的连接速度。利用“磁性套索工具”制作选区效果如图 2-42 所示。

图 2-42 磁性套索效果

2.3.3 快速选择工具

对于轮廓分明、背景颜色相对单一的图像来说，利用“快速选择工具”或“魔棒工具”来选择图像是非常好的方法。

1. 快速选择工具

利用“快速选择工具” 快速选择工具 W 可选择对象与背景颜色之间差异较大区域。其使用方法为：选择“快速选择工具”后光标呈现一个圆圈，将鼠标指针移至需要添加选区的图像位置并按下鼠标左键，移动鼠标指针，即可将鼠标指针经过的区域及与其颜色相近的区域生成一个选区。注意，光标的大小可以通过“[”键或“]”键进行调整。效果如图 2-43 所示。

“快速选择工具”的原理是通过自动查找或追踪图像边缘创建选区，可以对所有图层取样。其优点是适用于主体突出，边缘清晰；缺点是占用内存极大，可能丢失边缘细节。

但是，通过设置“调整边缘”的参数可快速抠出边缘的复杂图像，如照片换背景、抠有毛动物等。

图 2-43　快速选择效果

如果是纯色背景的照片，较好抠图，更换背景色简单些，所以照相馆都是用纯色背景进行拍照，再利用 Photoshop 较方便地更换成其他颜色的背景照片。

注意，蓝色背景用于毕业证、工作证、简历等(R:0、G:191、B:243 或 C:67、M:2、Y:0、K:0)。白色背景用于护照、驾驶证、二代身份证、医保卡等(RGB 都是 255)。红色背景用于保险、医保、暂住证、结婚照(R:255 G:0 B:0 或 C:0 M:99 Y:100 K:0)。

图 2-44　原图

【例 2-7】利用“快速选择工具”，调整参数“调整边缘”可抠发丝，为照片换背景。

操作步骤：

(1)打开图像文件“1 寸照片-去背景.jpg”。

(2)采用“快速选择工具”抠选出人物，由于此图背景色与头发、衣服、皮肤差异较小，在进行选择的过程中，要采用“增加”与“减去”选择进行操作，最终抠选出人物，如图 2-44 所示。

(3)单击工具选项栏中的“调整边缘”，如图 2-45 所示，选中“智能半径”复选框，设置大小为 24.9，调整平滑、羽化、对比度等参数，输出到选择“图层蒙版”，这些参数不用太精确。确定后就能删除背景。此处原理是利用蒙版抠图，后面有理论讲解。抠图效果如图 2-46 所示。

(4)新建图层，将新建图层拖到人物图层的下方。单击“前景色”按钮，打开“拾色器”对话框，进行 RGB 的设置(0,191,243)。按 Alt+Delete 键进行前景色填充，如图 2-47 所示。

(5)将文件另存储为 jpg 格式的文档即可。

2. 魔棒工具

“魔棒工具” 魔棒工具 W 是根据像素的颜色相同或相近来建立选区。它的使用方法非常简单，只要在所选取的图像上单击，所有与单击处颜色相同或相近的区域将成为选区。

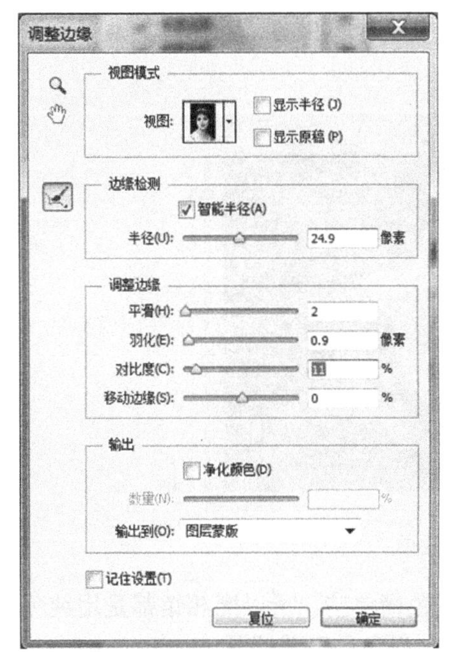

图 2-45　调整边缘

图 2-46　抠图效果

图 2-47　加背景色效果

它的原理是自动选取颜色类似的区域创建选区。优点是适用于主体突出，背景颜色单一，边缘清晰，对抠图质量要求不高的情况。缺点是细节不容易控制。调整容差值容许选择颜色的差别度，数值越大，容许的范围越广。其工具选项栏参数如图 2-48 所示。

图 2-48 “磨棒工具”选项栏

(1) 容差：用于设置选取颜色范围的大小。可直接输入 0～255 的数值，默认值为 32。输入的值越大，选择的颜色范围越广，符合要求的像素就越多，所建立的选区范围就越大；输入的值越小，选择的颜色范围越少，所建立的选区范围也就越小。确定容差值后，只要在所选择的图像上单击，就建立起了与容差值相对应的选区。

(2) 连续：选中此复选框后，被包括在选区中的像素都是相连接的。若取消了此复选框，不连接的相似像素都会被包括在选区中。

(3) 对所有图层取样：复选框用于具有多个图层的图像。选中此复选框，所有图层上相似的像素都会被包括在选区范围内。未选中此复选框，只有当前图层上相似的像素被包括在选区范围内。

【例 2-8】 打开图像文件，对选区进行反选。

操作步骤：

(1) 选用“魔棒工具”，单击背景颜色，如图 2-49 所示。

(2) 单击“选择”→“反向”命令或按 Ctrl+Shift+I 键进行反选即可选择书，反选效果如图 2-50 所示。

图 2-49　选择背景色

图 2-50　反选

2.4　图像的编辑

2.4.1　裁剪和透视裁剪工具

1．裁剪工具

利用“裁剪工具”[裁剪工具　C]可以重新裁剪当前画布尺寸，拖动鼠标绘制新的尺寸。拖动顶端或四边的中点可以修改画布大小范围。它可对图像进行重构、按照固定的比例裁剪、旋转等操作。

1) 重新构图并裁剪照片

选择“裁剪工具”，将光标移动到画面中，图 2-51 中，按住鼠标左键并拖曳鼠标，绘制出裁剪框，图 2-52 所示。如裁剪区域大小和位置不适合，可以进行位置及大小的调整。

将光标放置在裁剪框内，按住鼠标左键并拖曳鼠标，可以调整图像在裁剪框里的位置。将裁剪区域的大小和位置调整合适后，单击工具选项栏中的“提交”按钮或者按 Enter 键，或在裁剪框内双击，即可完成图片的裁剪。效果如图 2-53 所示。

图 2-51　原图

2) 用固定比例裁剪照片

对照片进行后期处理时，照片的尺寸要符合冲印机的尺寸要求，常见照片宽高标准，如表 2-1 所示。

图 2-52　裁剪

图 2-53　效果

表 2-1　常见照片宽高标准

类型	英寸	对应厘米	说明
1 寸	1×1.5	2.5×3.5	证件照
2 寸	1.5×2	3.5×4.9	标准 2 寸照片
大 1 寸		3.3×4.8	护照
5 寸/3R	5×3.5	12.7×8.9	常见的照片大小
6 寸/4R	6×4	15.2×10.2	常见的照片大小

在"裁剪工具"的属性栏中可以按照固定的比例对照片进行裁剪。"不受约束"下拉菜单如图 2-54 所示。

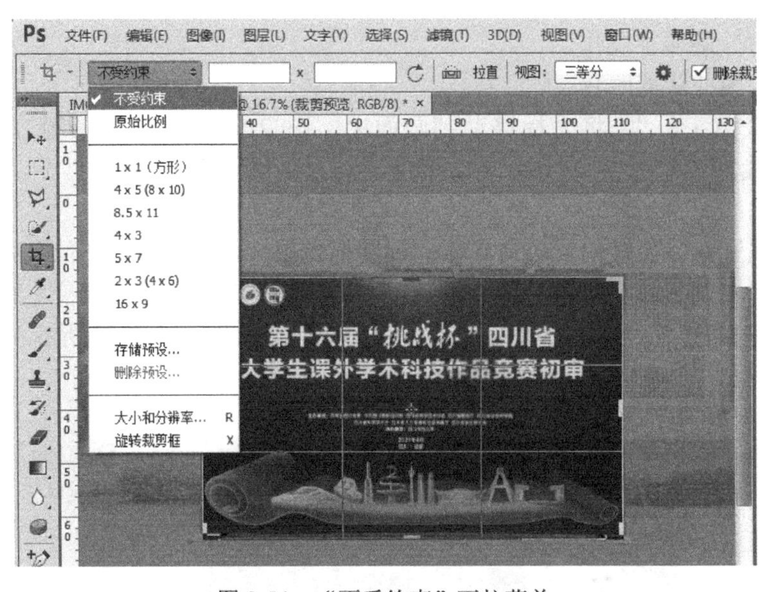

图 2-54　"不受约束"下拉菜单

【例 2-9】 制作 1 寸照片，要求宽度为 1 英寸，高为 1.5 英寸，分辨率为 300 像素/英寸。在 1 个 5 寸版面中制作 9 张 1 寸照片。(本题只讲裁剪方法，没有换背景，前面有换背景色内容)

操作步骤：

(1) 设定大小和分辨率：打开图像文件"2-9 照片.jpg"，选择"裁剪工具"，在工具选项栏中，选择 不受约束 下拉列表中的"大小和分辨率"，出现如图 2-55 的对话框，设置宽度为 1 英寸，高度为 1.5 英寸(若单位为厘米，则设置成 2.5 与 3.5)，分辨率为 300 像素/英寸。单击“确定”按钮。

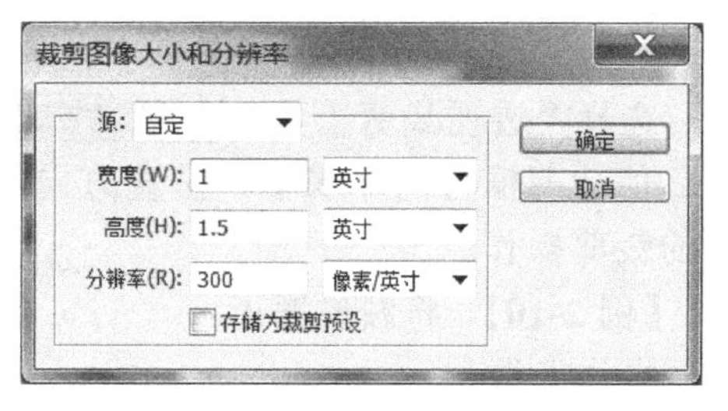

图 2-55　“裁剪图像大小和分辨率”对话框

(2)确定 1 寸照片的位置：直接拖动图像的边框或直接在画像中框选，调节其大小与位置。若要调整图像的位置，则拖动框内的图像部分。大小与位置调好后，在图像中双击确定或在工具选项栏中单击“提交”按钮✓。

(3)加白边：单击“图像”→“画布大小”命令，在对话框中选中“相对”复选框 ☑相对(R)，设置宽度为 30 像素，高度为 30 像素，如图 2-56 所示。单击“确定”按钮后出现白边，扩边效果如图 2-57 所示。

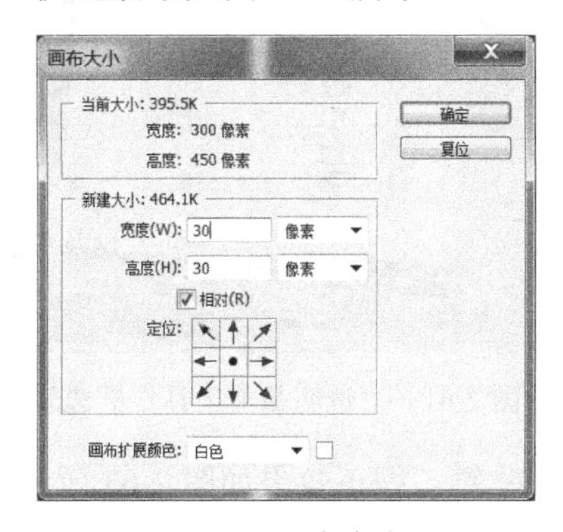

图 2-56　画布大小

图 2-57　扩边效果

(4)在 5 寸版面中放入 9 张 1 寸照片：新建文档，参数对应 5 寸版面照片的大小，宽度 8.9 厘米，高度 12.7 厘米，分辨率 300 像素/英寸，如图 2-58 所示。

(5)切换到 1 寸照片，用“移动工具”拖动图像到新的文档中，调整其位置，按住 Alt 键拖动，复制两次，共 3 张一行，调整好 3 张的位置。

(6)用“移动工具”框选 3 张照片，注意此时看不见框选的结果。按住 Alt 键拖动，复制两次，共出现 9 张照片，将其位置调整好，保存文件为 jpg 格式，加洗一张 5 寸照片就可以得到 9 张 1 寸的照片，如图 2-59 所示。

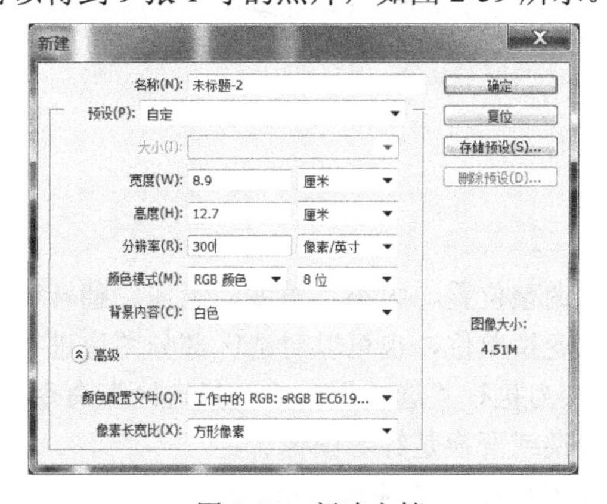

图 2-58　新建文档

图 2-59　排版效果

2. 透视裁剪工具

选择“透视裁剪工具” 透视裁剪工具 C ，根据整个画面绘制裁剪框，调整控制点，使裁剪框与物体水平、垂直方向的边缘线平行。按 Enter 键或双击选区，确认图片的裁剪操作。

【例 2-10】 将教材摆正。

操作步骤：

(1)打开文档，选择“透明裁剪工具”，对图像进行框选。步骤如图 2-60～图 2-62 所示。

图 2-60 原图

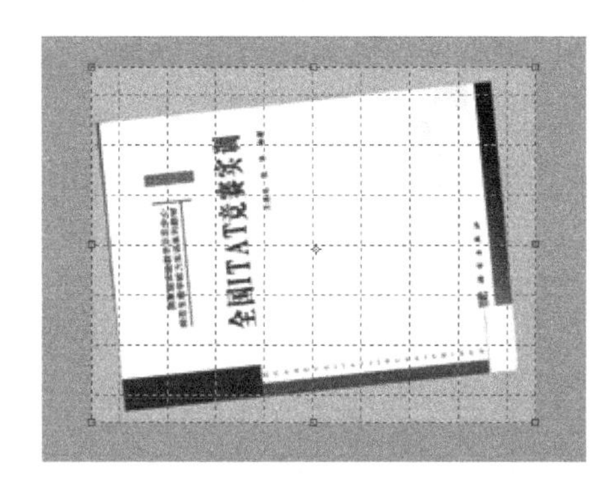

图 2-61 “透明裁剪工具”框选效果

(2)拖动四个角到书的四个角，提交或按 Enter 键。摆正效果如图 2-63 所示。

图 2-62 移动控制点到书角

图 2-63 摆正效果

2.4.2 自由变换和变换

1. 自由变换

自由变换是对图像的变换调整，包括调整位置、大小、角度、镜像、翻转等造型变化。一般情况下，是对图层或多个图层为变换单位，也可以对选区部分图像进行变换。注意，这与选区的变换有区别(选区的变换为执行“选择”→“变换选区”命令)，选区变换只针对选区，不针对图像，而自由变换或变换是针对图像。

单击“编辑”→“自由变换”命令或按 Ctrl+T 快捷键，就会出现自由变换控制框，控制框有 8 个控制点，如图 2-64 所示，用来调整变换造型，通过控制点进行变换。在中心位置有一个参考点，是图像变换的轴心，在图像旋转时作为参考点，参考点位置可以移动。

2. 变换

执行“编辑”→“变换”→“缩放”/“旋转”/“扭曲”等命令，与选区的变换基本相同，只是这儿图像与选区同时变化。注意，这些命令的执行，会出现一个中心点与四边上的八个控制点，操纵控制点即可操作图像。在自由变换的区域内右击，在快捷菜单中选择对应的选项，如图 2-65 所示。

图 2-64　图像自由变换

图 2-65　变换菜单

1) 图像缩放

图像的缩放，直接拖动变换的八个控制点进行图像的缩放。效果如图 2-66 所示。

2) 图像旋转

图像的旋转，直接将光标移到变换控制点的外侧，光标就会变为旋转图标，拖动即可旋转图像。效果如图 2-67 所示。

图 2-66　图像缩放效果

图 2-67　图像旋转效果

3) 图像扭曲

选择“扭曲”命令后，拖动控制框的四个角，可以任意扭曲图像。效果如图 2-68 所示。

【例 2-11】利用“扭曲”命令，制作有贴图的立方体。

操作步骤：

(1) 打开三张图，将另外两张复制到第三张中。复制图像的方法很多，可以全选复制，然后到需要粘贴的文件粘贴，也可以拖动图层到另外一个文件，或者利用“移动工具”，直接拖动图像。

(2) 选择图像，按 Ctrl+T 键进行变换，右击变换区，在弹出的快捷菜单中选择“扭曲”命令，拖动图像的四个角，对图像进行变换。

(3) 同时对另外两张图像进行变换，效果如图 2-69 所示。

图 2-68 图像扭曲效果

图 2-69 贴图立方体

2.4.3 图像的移动、复制和删除

1. 图像的移动

利用“移动工具”可以对图像进行移动操作。使用该工具时，要在工具选项栏中选中“自动选择”复选框，然后在图像文件窗口中拖动需要移动的图像。此工具在不同窗口中移动图像时是复制图像。

2. 图像的复制

在文件中复制图像，通常采用两种方式：

(1) 使用“移动工具”，按住 Alt 键不放，用鼠标指针指向要复制的图像，拖动图像到达目标位置后松开鼠标就实现了复制操作。

(2) 选择图像后，选择“编辑”→“拷贝”命令或按 Ctrl+C 键，再选择“编辑”→“粘贴”命令或按 Ctrl+V 键，将在图像文件窗口中复制一个图像。

3. 图像的删除

要删除图像，可以选择“编辑”→“删除”命令，或选择“编辑”→“剪切”命令或按 Delete 键都可以删除当前选择的图像。

2.4.4 恢复性操作

1. 还原操作

在处理图像过程中经常要使用恢复到上一次的操作，发现操作失误取消操作比较简单，快捷键为 Ctrl+Z，或单击“编辑”→“还原”命令，再按 Ctrl+Z 键会重做。

2. 恢复到任意操作

由按 Ctrl+Z 键只能恢复到上一次，在操作过程中要恢复前几步的操作，其快捷键为 Ctrl+Alt+Z，或是执行“编辑”→“后退一步”命令，可以执行几次来恢复前几次的操作，其实比较简单常用的方法是，调出“历史记录”面板，如图 2-70 所示。默认是保留最近 20 步操作的状态，记录的操作状态从上到下依次排列。可以根据自己的需要在其中选择还原操作，以提高工作效率。

2.4.5 选择性粘贴

选择性粘贴有三个下级菜单，它们分别是原位粘贴、贴入和外部粘贴。单击“编辑”→“选择性粘贴”命令的下级菜单，如图 2-71 所示。

图 2-70 “历史记录”面板

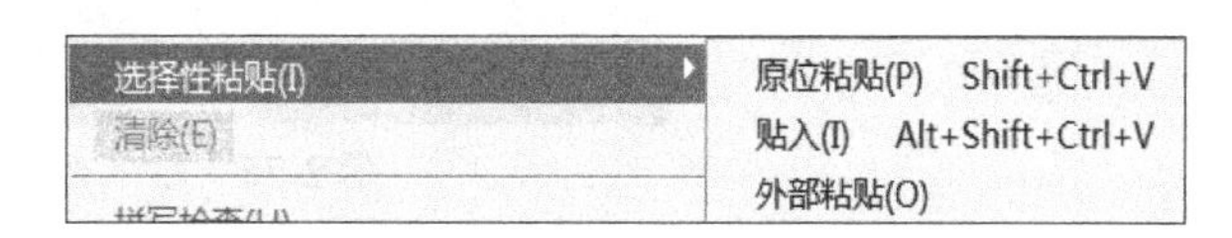

图 2-71 “选择性粘贴”下级菜单

1. 原位粘贴

原位粘贴将复制的图像按照其原来位置粘贴到图像中，而粘贴是粘贴在图像中央，如图 2-72 所示。

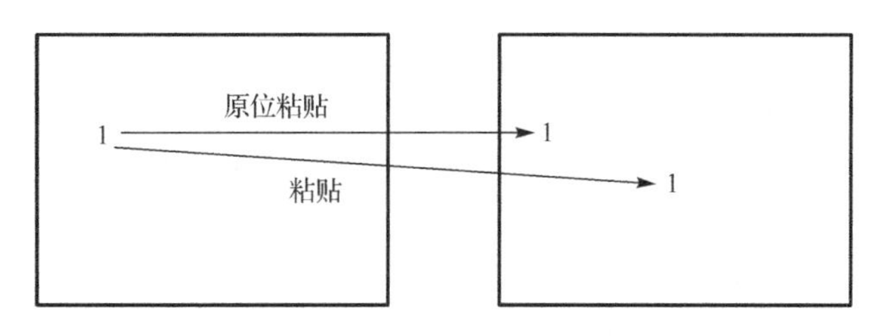

图 2-72 原位粘贴与粘贴的区别

2. 贴入

贴入是将复制的图像粘贴到选区内，其本质上是添加图层蒙版。有关图层蒙版的知识将在第 6 章进行学习。

【例 2-12】 贴入实例：将花贴入到“大楼”图像中。

操作步骤：

(1) 打开两个文档，如图 2-73 和图 2-74 所示。在“大楼”图像中制作椭圆选区。

(2) 切换到“花”文档，全选、复制。

(3) 切换到“大楼”图像中，单击“编辑”→“选择性粘贴”→“贴入”命令。

(4) 按 Ctrl+T 键，进行大小调整，如图 2-75 所示。

图 2-73　原图-大楼

图 2-74　原图-花

彩图 2-75

图 2-75　贴入效果

3. 外部粘贴

外部粘贴是将复制的图像内容粘贴到选区的外部，其本质也是添加图层蒙版，下面通过实例来学习外部粘贴操作。

【例 2-13】将“马”粘贴到“人”的后面。

操作步骤：

(1) 采用快速选择工具，分别在两图像中制作选区，选出“人”和“马”，如图 2-76(a)和图 2-76(b)所示，在图像中将“马”选择好后进行复制。

(2) 回到“人”图像，单击“编辑”→“选择性粘贴”→“外部粘贴”命令即可将“马”粘贴到“人”的后面，效果如图 2-76(c)所示。

(3) 按 Ctrl+T 键进行大小的调整即可。

彩图 2-76

(a)

(b)

(c)

图 2-76　外部粘贴

习　题　2

一、判断题(正确的填 A，错误的填 B)

1．经常使用取消选区的命令，其快捷键为 Ctrl+Q。(　　)

2．制作选区的目的，有时候需要对选区的部分进行处理，而对选区外的部分进行保护。(　　)

3．在操作过程中，使用参考线可以使编辑图像的位置更精确。(　　)

4．可以对选区进行扭曲变形。(　　)

5．在操作过程中，可以将选区存储起来，以后载入选区再使用。(　　)

二、单选题

1．利用“单行选框工具”可以选择的图像的高度是________。

A．1 像素　　B．10 像素

C．100 像素　　D．2 像素

2．利用“矩形选框工具”制作选区，然后用________可进行前景色填充。

A．Ctrl+Delete　　B．Alt+Delete

C．Shift+Ctrl+D　　D．Ctrl+Alt+D

3．选区组合方式，它具有________。

A．新选区　　B．添加到选区

C．从选区减去　　D．与选区交叉

4．如图 2-77 中，选区从图 2-77(a)变为图 2-77(b)的样式，其组合方式是________。

A．新选区　　B．添加到选区

C．从选区减去　　D．与选区交叉

5．图 2-78(a)与(b)中，已知其一的羽化值为 50，另一羽化值为 0，以下说法哪个是正确的________。

(a)　(b)

图 2-77

(a)　(b)

图 2-78

A．图 2-78(a)的羽化值为 50

B．图 2-78(b)的羽化值为 50

C．图 2-78(b)的羽化值为 0

D．图 2-78(a)与图 2-78(b)的羽化值都为 0

6．对图像选区不能进行的操作是________。

A．用“移动工具”移动选区内图像

B．保存在 Alpha 通道

C．以快速蒙版模式进行编辑

D．用选区工具移动选区内图像

7．根据颜色创建选区的工具是________。

A．矩形选框工具　　B．椭圆选框工具

C．魔棒工具　　D．套索工具

8．用“矩形选框工具”创建正方形选区应该按下________。

A．Shift　　B．Alt

C．Tab　　D．Ctrl

9．不能保留交叉选区的工具是________。

A．套索工具　　B．椭圆选框工具

C．快速选择工具　　D．魔棒工具

10．可以对所有图层进行取样的选区工具是________。

A．矩形选框工具　　B．套索工具

C．快速选择工具　　D．磁性套索工具

11．如果要修改“文件”菜单栏中“最近打开文件”内显示的文件数量，应在________中进行调整。

A．“首选项”对话框中的“常规”选项卡

B．“图像大小”对话框

C．“首选项”对话框中的“文件处理”选项卡

D．“新建”对话框

12．用“套索工具”创建选区后，若要扩大选区范围应该从选项栏中选择的图标是________。

A．　　B．

C．　　D．

13．根据图像的不规则边缘轮廓创建选区应该使用________工具。

A．矩形选框　　B．椭圆选框

C．多边形套索　　D．单行选框

14．用“椭圆选框工具”创建由中心开始的圆形选区应同时按下________键。

A．Ctrl+Alt　　B．Alt+Space

C．Shift+Space　　D．Shift+Alt

15．在选项栏中不能设置羽化值的选区工具是________。

A．矩形选框工具　　B．魔棒工具

C．椭圆选框工具　　D．套索工具

16．在 Photoshop 中允许一幅图像显示的最大比例是________。

A．100%　　B．200%

C．800%　　D．3200%

17．要换掉图 2-79 中天空部分，最合适的工具是________。

A．套索　　B．多边形套索

C．魔棒　　D．磁性套索

图 2-79

18．“魔棒工具”选项栏中的容差值越大，则表示________。

A．选区的羽化效果越强　　B．选区的羽化效果越弱

C．可选的颜色范围越广　　D．可选的颜色范围越小

19．在一幅图像中保留一部分图像而把图像其余部分去除所使用的工具是________。

A．裁剪工具　　B．切片工具

C．移动工具　　D．切片选择工具

20．对选区执行“反向”命令操作的快捷键为________。

A．Ctrl+D　　B．Ctrl+A

C．Shift+Ctrl+D　　D．Shift+Ctrl+I

三、多选题

1．放大图像方便精准操作，其放大方法有________。

A．Ctrl+“+”　　B．利用“缩放工具”

C．Ctrl+“]”　　D．Shift+“]”

2．打开标尺的方法有________。

A．Ctrl+M　　B．视图/标尺

C．Ctrl+R　　D．窗口/标尺

3．有关参考线，正确的有________。

A．参考线可以使编辑图像的位置更精确

B．参考线分为水平参考线与垂直参考线

C．水平参考线、垂直参考线可能有多根

D．只有一根水平参考线与一根垂直参考线

4．以下说法，正确的有________。

A．通过设置可以实现操作过程中历史记录状态达到 50 次

B．可以改变 Photoshop 外观的深浅颜色

C．可以改变标尺的单位

D．可以直接用鼠标的滚轮进行放大与缩小

5．当遇到需要的部分图像不好选择，而不需要的部分相当好选择时，可以先选择不需要的部分，然后进行反选操作，方法有________。

A．执行“选择”→“反向”命令

B．执行“图像”→“调整”→“反相”命令

C．按 Ctrl+Shift+I 键

D．按 Ctrl+Shift+A 键

四、操作题

1．利用工具，制作出图 2-80 的效果。

2．利用适当的工具，将图 2-81 效果绘制出来。

图 2-80

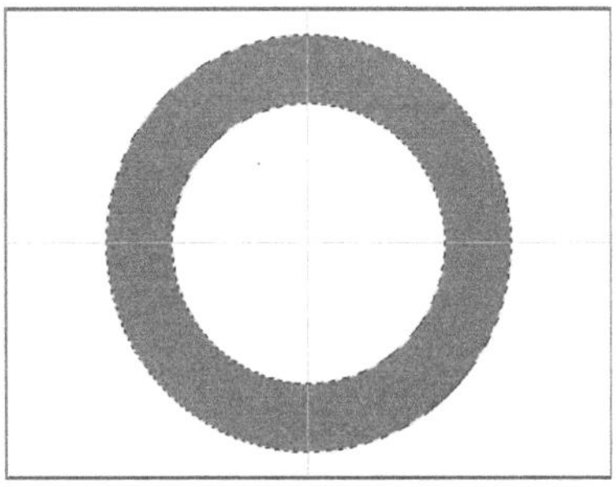

图 2-81

3．利用适当的工具，将电视框选择出来，如图 2-82 所示，新制作成一个新文档，并贴上新的图，如图 2-83 所示。

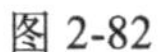

图 2-82

图 2-83

第3章　绘制和修饰图像

Photoshop 提供了功能强大的绘图与修图工具，每种工具都有其独特的功能，只有掌握了它们的使用方法与技巧，才能在图像处理中得心应手。本章重点学习 Photoshop 的画笔工具、填充工具、描边工具、修复工具、润饰工具以及擦除工具。

3.1　绘图与填充工具

3.1.1　绘图工具组

绘图工具组中包括画笔工具、铅笔工具、颜色替换工具和混合器画笔工具，这四个工具的主要功能是绘制图形和修改图像颜色，本节主要讲解画笔工具。

1. 画笔工具

在工具箱中选择“画笔工具”[画笔工具 B]后，选项栏中显示所选画笔及相关设置的属性，如图 3-1 所示，其重要属性有画笔预设、切换画笔面板、绘画模式、不透明度、流量等。还有其他工具属性与此相似，所以学好“画笔工具”的属性设置，对学习其他工具打下坚实的基础。注意，画笔的形状可以通过 Caps Lock 键来切换或通过“首选项”的光标设置选项来设置。

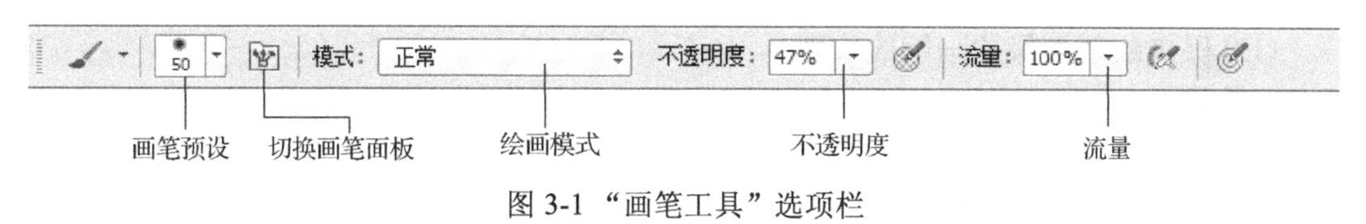

图 3-1 “画笔工具”选项栏

1) 画笔预设

画笔预设用于设置画笔的大小、画笔的硬度、画笔的样式等，如图 3-2 所示。在使用画笔过程中，其大小可以用快捷键“[”和“]”来缩小与放大。硬度可通过 Shift+“[”键和 Shift+“]”键来降低与升高。注意，输入法一定在英文状态，汉字输入法状态无效。

2) “画笔”面板

在“画笔”面板可设置画笔笔尖形状、大小、硬度、间距、形状动态、散布等，如图 3-3 所示。

(1) 画笔笔尖形状：设置画笔的各种笔触效果。

(2) 形状动态：设置画笔是否无序出现。

(3) 散布：设置画笔的分散程度。

(4) 纹理：设置画笔的纹理效果。

(5) 双重画笔：设置使用双画笔。

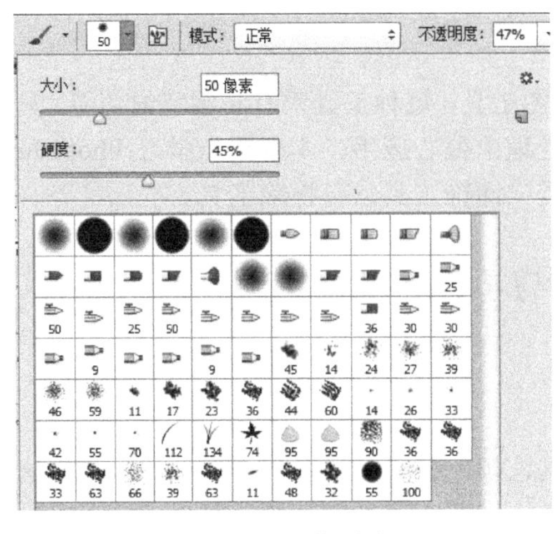

图 3-2　画笔预设

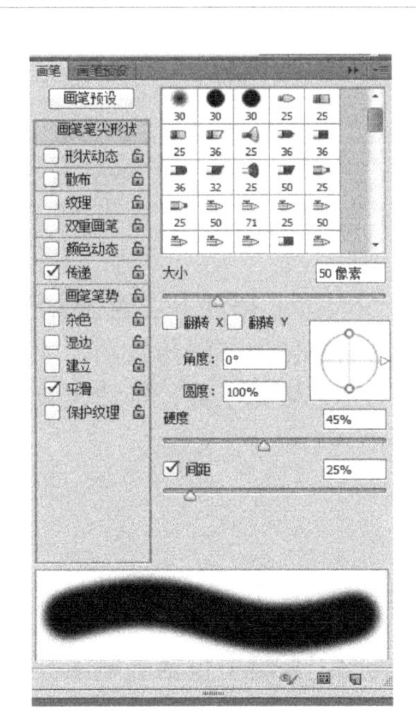

图 3-3　“画笔”面板

(6)颜色动态：设置画笔随机显示多色彩。

(7)传递：设置不透明度抖动、流量抖动等。

(8)杂色：为画笔添加杂色效果。

(9)湿边：设置画笔边缘的湿化程度。

(10)建立：使画笔具有类似喷雾剂功能。

(11)平滑：使画笔平滑化。

(12)保护纹理：保护画笔的纹理。

3)模式

颜色混合模式，表示画笔颜色与其作用图层的混合模式，其功能非常强大。部分混合模式的功能与效果详见表 3-1。

表 3-1　画笔或图层的混合模式功能与效果

分组	混合模式	功能与效果
组合模式	正常	默认的混合模式，上面图层的内容将覆盖下面图层的内容。只有降低不透明度才能与下层混合
	溶解	由上下两个图层的像素随机替换，溶解程度取决于上面图层的不透明度
	背后(画笔工具)	画笔只能涂抹在当前图层的透明部分，对非透明像素不会有任何作用，可以产生在图像背后着色的效果，主要用于修饰图像的边缘部分，对背景图层不起作用
	清除(画笔工具)	用于清除图像，相当于“橡皮擦工具”，对背景图层不起作用
加深模式	变暗	选择上下两个图层中颜色较暗的颜色作为结果色。如果下面图层为黑色，混合结果为黑色，如果下面图层为白色，混合结果是上面图层的图像色
	正片叠底	将上下两个图层的颜色相乘，然后除以 255 得到的结果色，将得到较暗的颜色。任何颜色与黑色混合产生黑色，与白色混合保持不变色。可以模拟色彩的相减混色效果
	颜色加深	通过增加对比度使下面图层的颜色变暗，以反映上面图层的颜色，与白色混合后不产生变化
	线性加深	通过降低亮度使下面图层的颜色变暗以反映上面图层的颜色

续表

分组	混合模式	功能与效果
减淡模式	变亮	选择上下两个图层中颜色较亮的颜色作为结果色。如果下面图层为黑色，混合结果为不变，如果下面图层为白色，混合结果是白色
	滤色	上下两个图层的混合为更浅的颜色。任何颜色与黑色混合保持不变，与白色混合变为白色。可以模拟色彩的相加混色效果
	颜色减淡	通过降低对比度使下面图层的颜色变亮，以反映上面图层的颜色，与黑色混合后不产生变化
	线性减淡	通过增加亮度使下面图层的颜色变亮以反映上面图层的颜色，与黑色混合后不产生变化
色彩模式	色相	用下面图层的亮度和饱和度，以及上面图层的色相创建结果色，利用“画笔工具”可以给彩色图像着色(或换颜色)，当前景为黑色或白色时，画笔将涂抹成灰度
	饱和度	用下面图层的亮度和色相，以及上面图层的饱和度创建结果色
	颜色	用下面图层的亮度，以及上面图层的色相和饱和度创建结果色。利用“画笔工具”可以给灰度图像着色，着色效果非常好
	亮度	用下面图层的色相和饱和度，以及上面图层的亮度创建结果色

4) 不透明度

决定画出的颜色是否透明，不透明度 0%表示完全透明，不透明度 100%是完全不透明。

5) 流量

流量用于设置画笔里的颜料流出来多少，当设定为 100%时，流出来为 100%；当设定为 50%时，只能流出 50%的颜色。

6) 画笔前景色与背景色的设置

设置前景色与背景色的方法很多，我们来学习以下四种方法。

(1) 通过前景/背景色工具设置。单击“前景色”或“背景色”工具，如图 3-4 所示，将打开“拾色器”对话框，如图 3-5 所示。

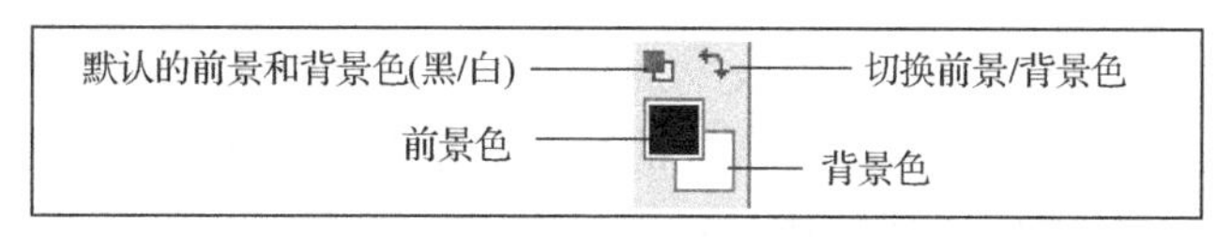

图 3-4　前景色与背景色工具

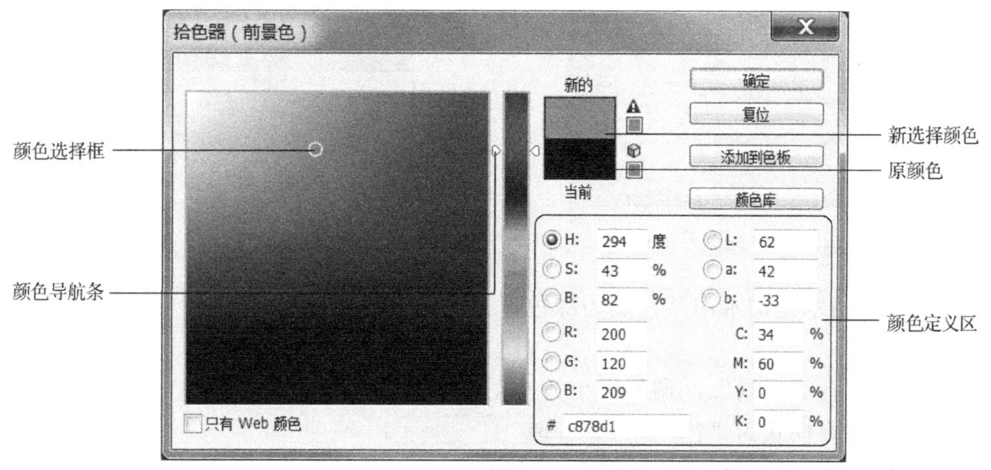

图 3-5　“拾色器”对话框

在拾色器进行颜色设置的方法如下：一是通过颜色导航器与颜色选择，在颜色导航条中拖动滑块选择色相，在颜色选择框中单击与移动鼠标调整饱和度与明度，在对话框右上角“新的”颜色色块显示出该颜色。二是在颜色定义区输入相应的数值，如在 RGB 中分别输入(200,120,209)，或在 CMYK 中输入数值，或在 HSB 中输入相应的数值。三是在颜色库中选择所需要的颜色，颜色库的颜色非常丰富，如图 3-6 所示。根据自己的爱好选择自己喜欢的颜色。

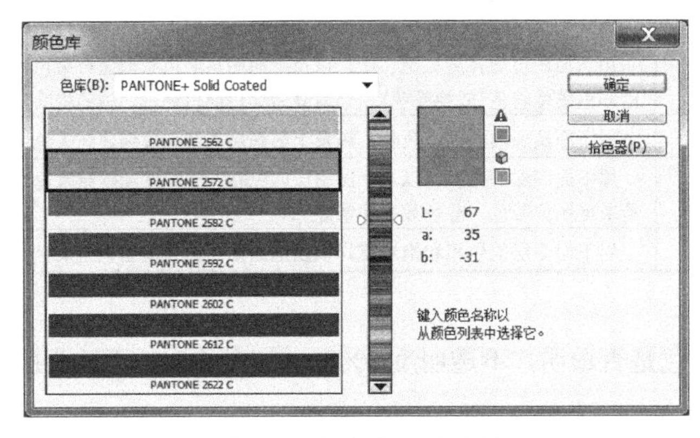

图 3-6 “颜色库”对话框

(2)通过“吸管工具”设置。在有图像打开的情况下，单击“吸管工具”，在图像中吸取颜色来改变前景色，或单击的同时按住 Alt 键，当前颜色会变为背景色。

(3)通过“颜色”面板设置。将鼠标指针移到“颜色”面板最下面的颜色条上时，此时指针变为吸管形状，在其中单击吸取所需要的颜色，位于上方的小颜色条也会发生变化。也可以通过输入 RGB 值进行设置或拖动小滑块进行设置。“颜色”面板如图 3-7 所示。

(4)通过“色板”面板设置。“色板”面板上列出了很多种色块，将鼠标指针移到色块上，当其变为吸管形状时，单击所需要的颜色，就为前景色，若按住 Ctrl 键再单击鼠标，可设置背景色。“色板”面板如图 3-8 所示。

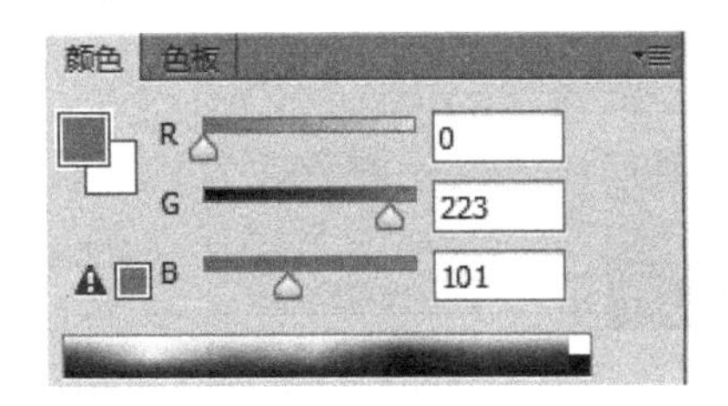

图 3-7 “颜色”面板

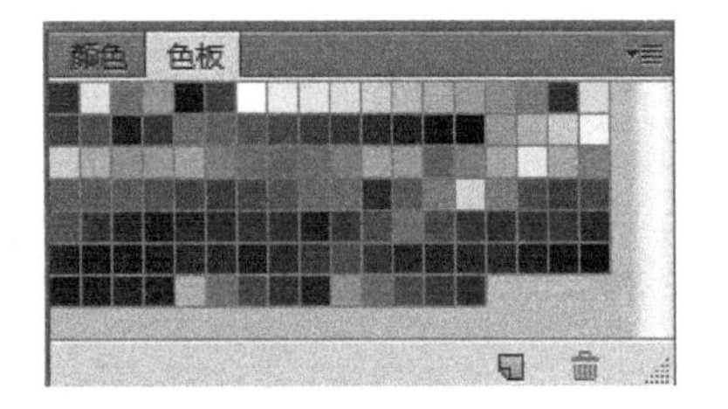

图 3-8 “色板”面板

【例 3-1】将水池的水由蓝色变为绿色，其亮度与饱和度不变。

操作步骤：

(1)选择“画笔工具”，调整大小为 90，硬度为 50%。

(2)选择混合模式为“色相” 模式: 色相 。

(3)调整前景颜色为绿色，RGB(56,244,61)。

(4) 将画笔在水的部分涂抹，就可以将水变为绿色，如图 3-9 所示。

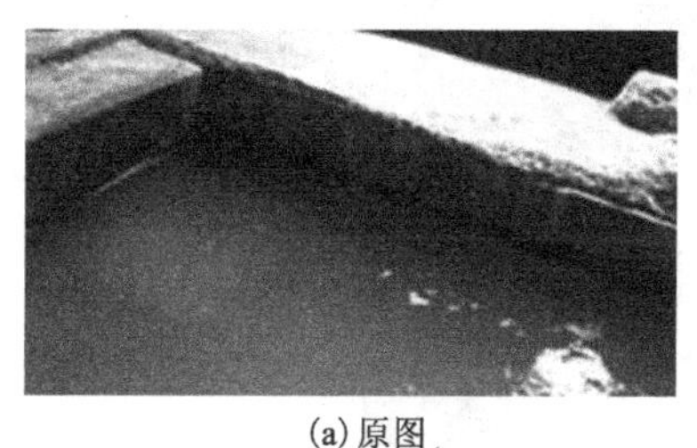
(a) 原图

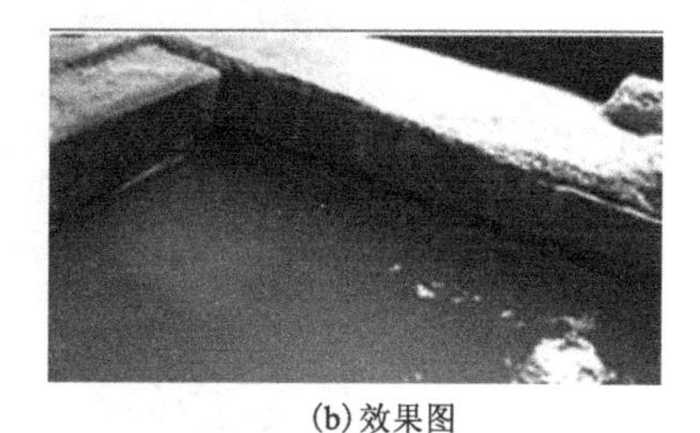
(b) 效果图

彩图 3-9

图 3-9　改变池水颜色

2. 铅笔工具

利用“铅笔工具” 铅笔工具 B 可以模拟真实的铅笔效果，创建硬边。“铅笔工具”主要用于绘制作品的线稿。“铅笔工具”使用的方法和画笔基本一致，不同之处在于，“铅笔工具”有一个“自动抹除”功能，它可以在前景色图像上绘制背景色。

3.1.2　图像填充工具

1. 渐变工具

“渐变工具” 渐变工具 G 是向图像填充渐变色的工具，操作方法是：在工具箱中选择“渐变工具”，选择渐变样式或编辑渐变样式，将鼠标指针移到图像中，按下鼠标左键并拖曳鼠标，完成渐变颜色的填充。“渐变工具”选项栏参数如图 3-10 所示。

图 3-10　“渐变工具”选项栏

例如：选择“渐变工具”，在渐变编辑器预设中选择“色谱”，在图层中从左上角向右下角拖动即可完成渐变的填充，如图 3-11 所示。

1) 选择渐变样式

单击选项栏中 右侧按钮，可弹出下拉列表。该列表是系统预设的一些渐变样式，选择后即可载入“渐变样式”面板中。

2) 选择渐变方式

“渐变工具”选项栏中包括 5 种渐变方式，效果如图 3-12 所示，它们分别是：

(1) 线性渐变：填充由光标起点到终点的线性渐变效果。

(2) 径向渐变：填充以光标起点为中心、以拖曳距离为半径的环形渐变效果。

(3) 角度渐变：填充以光标起点为中心、自拖曳方向起旋转一周的锥形渐变效果。

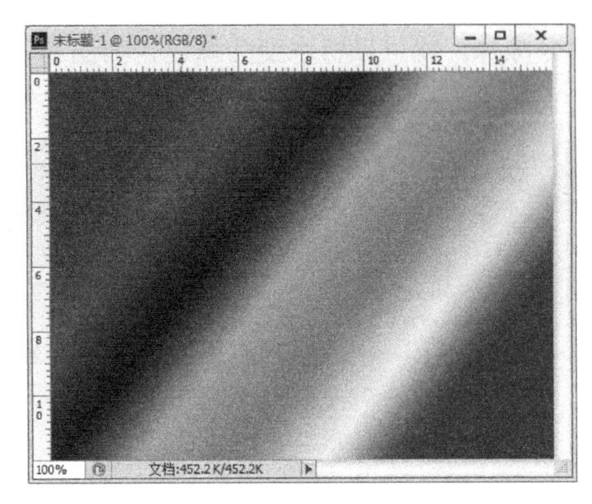

图 3-11　渐变填充

(4) 对称渐变：填充光标起点到终点的，以经过光标起点与拖曳方向垂直的直线为对称轴的轴对称直线渐变效果

(5) 菱形渐变：填充以光标的起点为中心，以拖曳的距离为半径的菱形渐变效果。当选择不同的渐变方式时，填充的渐变效果也各不相同。

彩图 3-12

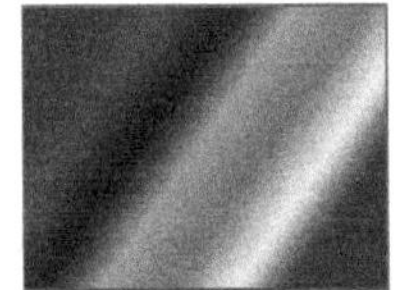

线性渐变

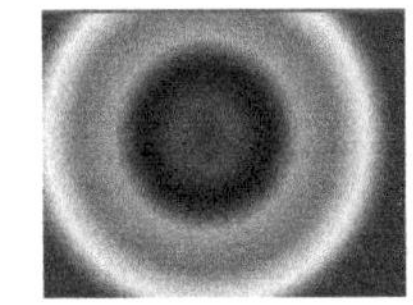

径向渐变

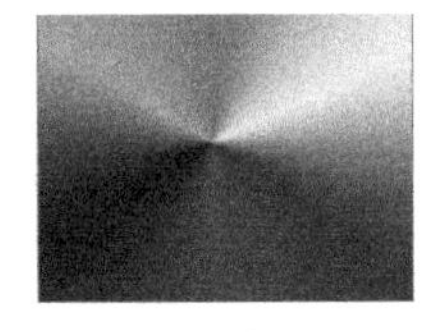

角度渐变

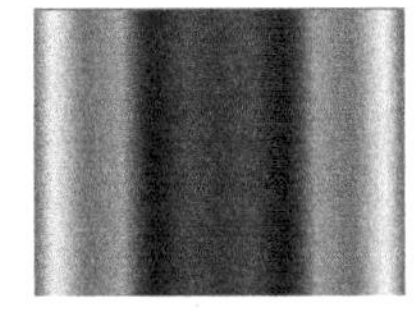

对称渐变

菱形渐变

图 3-12　五种渐变效果

3) 设置渐变颜色

在工具选项栏中单击“点按可编辑渐变”（注意不是下拉小三角按钮），将出现“渐变编辑器”对话框，如图 3-13 所示。

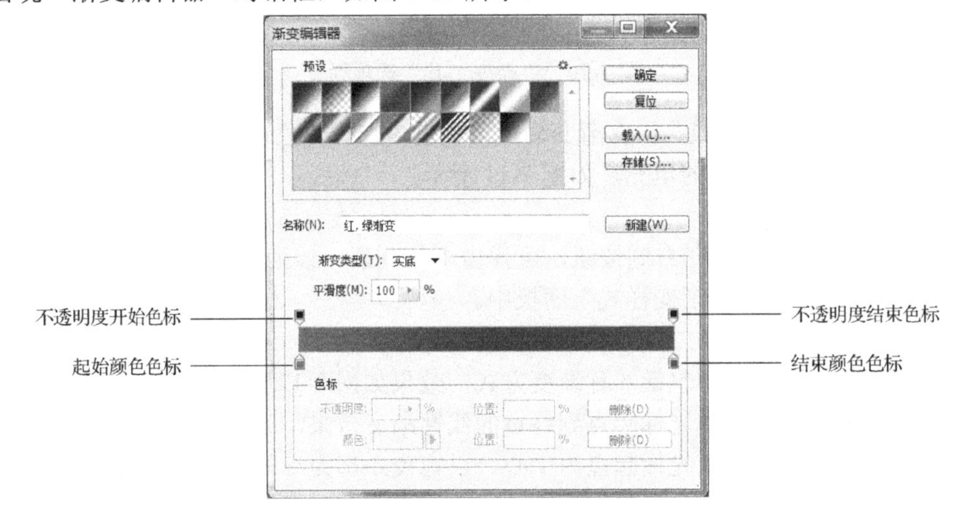

图 3-13　“渐变编辑器”对话框

(1) 设置不透明度：单击不透明度色标，进行不透明度及位置的设置，如图 3-14 所示。

(2) 设置颜色色标：单击起始或结束色标，可对起始或结束颜色及位置进行设置。在两色标的中间任意位置单击，可添加色标，并对其进行设置，可增加多个色标。若不需要中间的过渡色标，拖动其离开即删除。设置颜色及位置如图 3-15 所示。

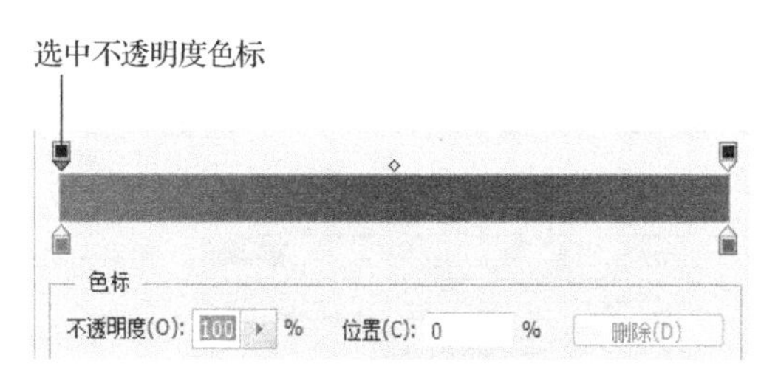

图 3-14　设置不透明度及位置

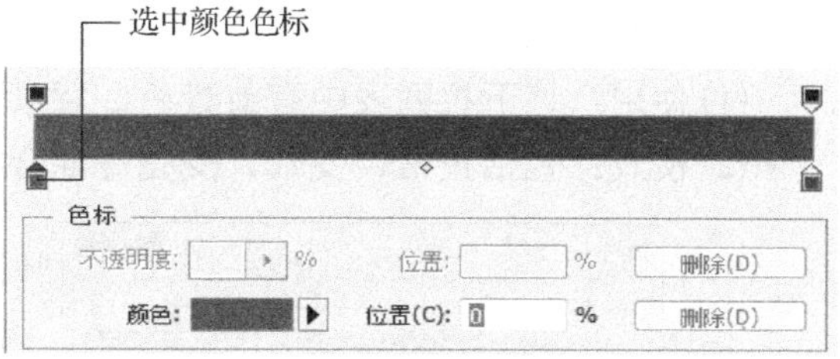

图 3-15　设置颜色及位置

【例 3-2】利用角度渐变制作色相圆。

操作步骤：

(1) 新建文档，执行“视图”→“标尺”命令或按 Ctrl+R 键调出标尺，拖动标尺拉出两条中心线，即参考线。

(2) 选择“渐变工具”，选择色谱样式，单击角度渐变，在图层从中心向上拖动，在图层上实现角度渐变。效果如图 3-16(a) 所示。

(3) 选择“椭圆选框工具”，注意，选项栏中羽化值设为 0 像素，将光标定位到中心处，按鼠标左键，同时左手按下 Shift+Alt 键拖动鼠标，形成正圆。

(4) 选择“选择”→“反向”命令，按 Delete 键删除选区图像。

(5) 单击“移动工具”，移出参考线或 Ctrl+H 隐藏参考线。效果如图 3-16(b) 所示。

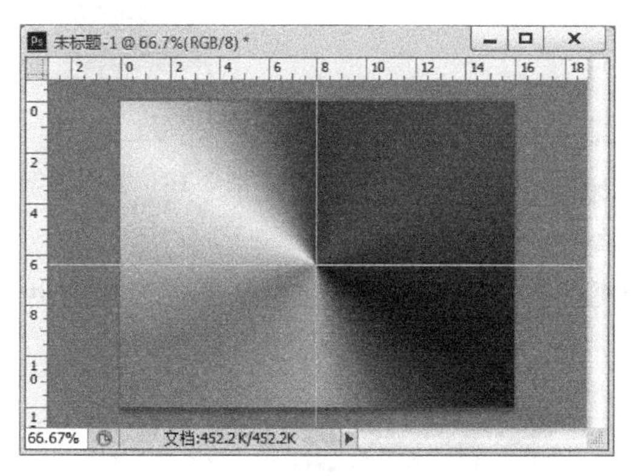

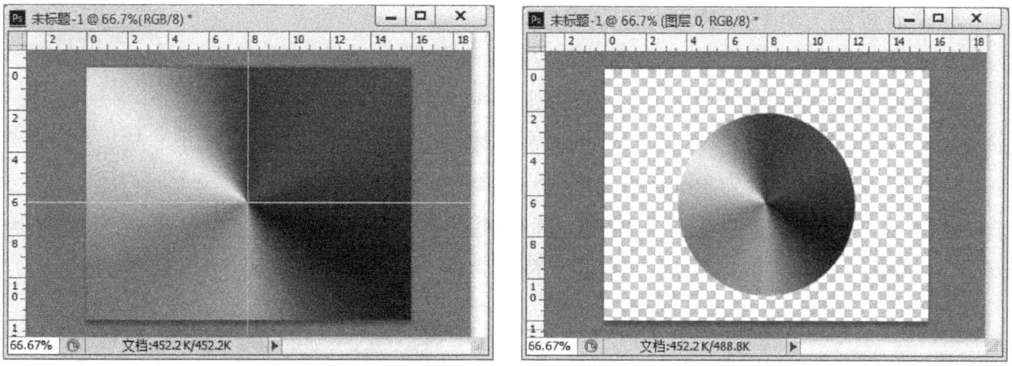

(a) 角度渐变

(b) 色相圆效果

图 3-16　制作色相圆

彩图 3-16

2. 油漆桶工具

“油漆桶工具”  油漆桶工具 G 的使用与渐变工具相似，选择工具后，调整填充前景或图案，在图层或选区上单击即可。

3.1.3 填充与描边

1. 填充

利用“填充”命令可对选区或图层着色或图案填充，单击“编辑”→“填充”命令打开“填充”对话框，如图 3-17 所示。

其参数含义如下：

(1) 使用：该下拉列表中有前景色、背景色、颜色、图案等，如图 3-18 所示。

(2) 模式：包括正常、变暗、变亮等混合模式。

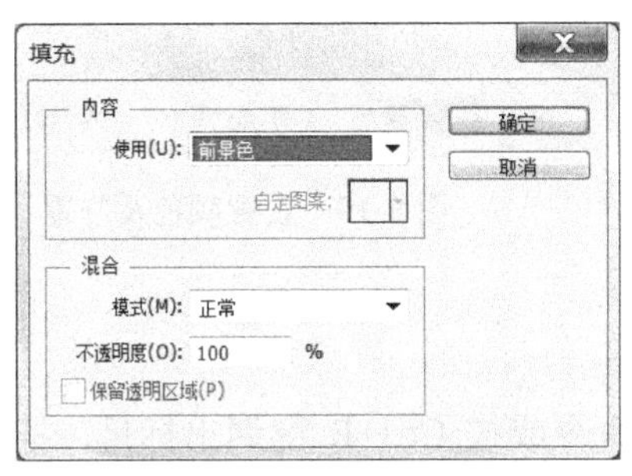

图 3-17 “填充”对话框

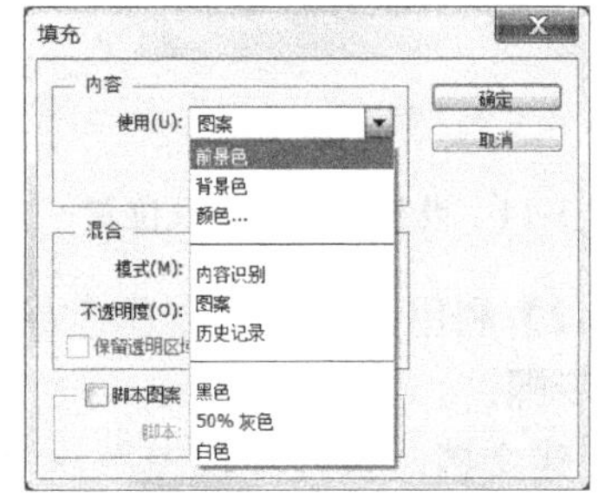

图 3-18 “使用”下拉菜单

经常使用的快捷前景填充快捷键为 Alt+Delete；背景色填充快捷键为 Ctrl+Delete。

使用羽化值为 0 的“矩形选框工具”，创建的选区能执行“编辑”→“定义图案”命令定义自己的图像用于填充。

【例 3-3】 定义图案以及使用图案进行填充。

操作步骤：

(1) 新建文件高、宽各 100 像素。

(2) 设前景色为红色，RGB(255,0,0)。

(3) 选择“画笔工具”，大小调整为 20，硬度为 100%。

(4) 在画布上画三笔红色，单击“编辑”→“定义图像”命令，输入名称“ABC”，单击“确定”按钮，图案如图 3-19 所示。

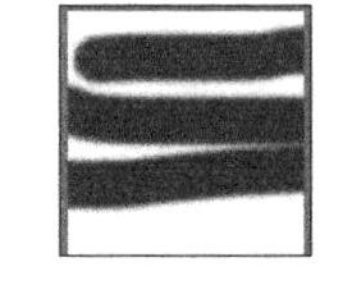

图 3-19 制作图案

(5) 新建文档，默认为 Photoshop 大小，单击“确定”按钮。

(6) 单击“编辑”→“填充”命令，选择使用为“图案”选项，自定图案选择刚定义的 ABC，如图 3-20 所示。单击“确定”按钮，将全部填充。效果如图 3-21 所示。

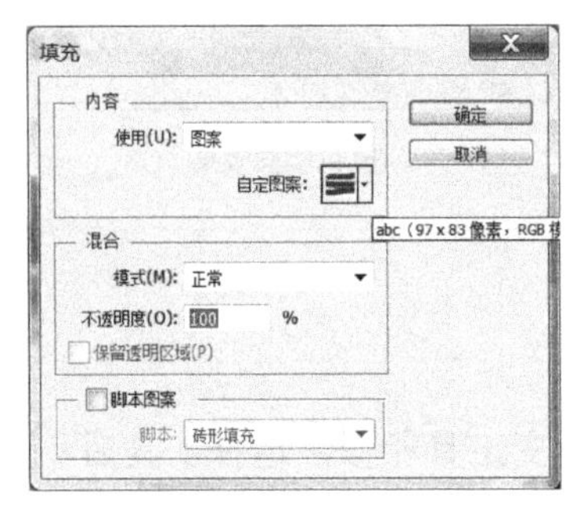

图 3-20 “填充”对话框

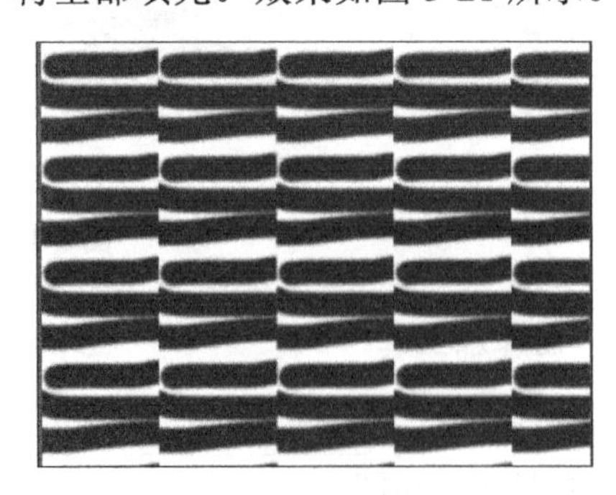

图 3-21 填充效果

2. 描边

利用“描边”命令可以在选区范围或非背景图层周围绘制边框。单击“编辑”→“描边”命令可打开“描边”对话框，对选区进行描边。其参数含义如下：

(1) 宽度：描边线条的宽度。

(2) 颜色：描边线条的颜色。

(3) 位置：“内部”就是选区内部，“居中”选区线的内外各一半，“外部”表示仅在外部。

【例 3-4】 先对选区进行图案填充，再对选区进行内部描边。

操作步骤：

(1) 新建文件 800 像素×800 像素，72 像素/英寸。

(2) 利用“矩形选框工具”，制作矩形选区。

(3) 单击“编辑”→“填充”命令，打开如图 3-22 所示的“填充”对话框，选择“使用”为“图案”，在自定图案下拉列表中选择“浅黄软牛皮纸”，单击“确定”按钮。效果如图 3-23 所示。

(4) 单击“编辑”→“描边”命令，在如图 3-24 的对话框中，选择宽度 50 像素，颜色 RGB(126,141,246)，选择“位置”为“内部”，“混合模式”为“正常”，不透明度为 100%，单击“确定”按钮，效果如图 3-25 所示。

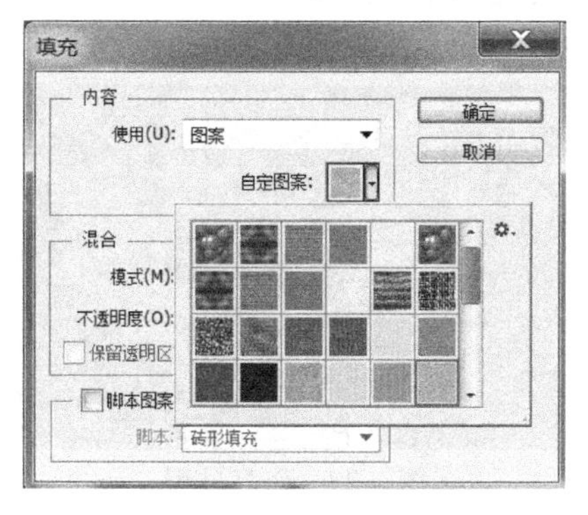

图 3-22　“填充”对话框

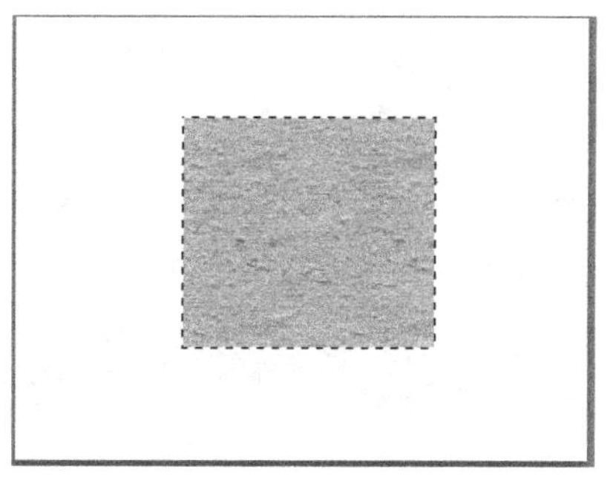

彩图 3-23

图 3-23　填充效果

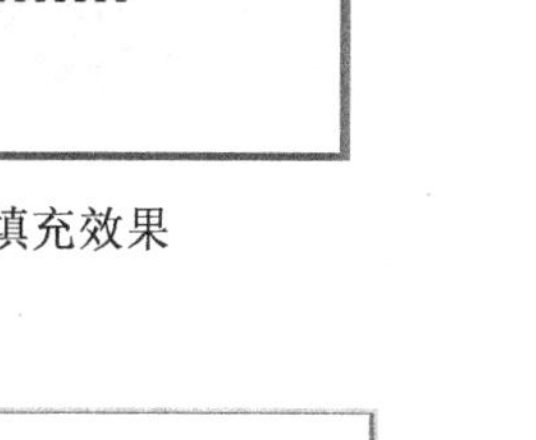

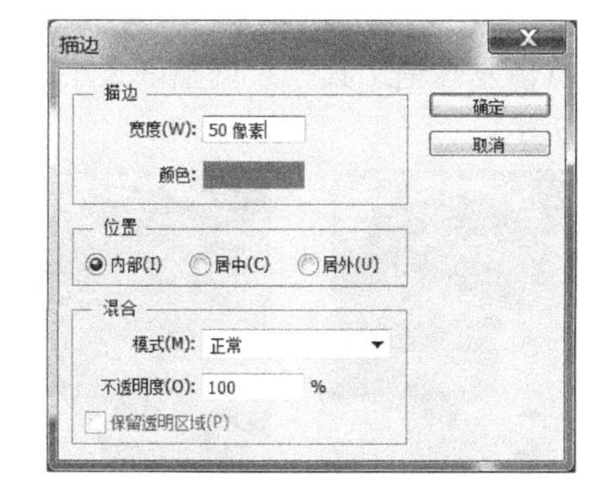

图 3-24　“描边”对话框

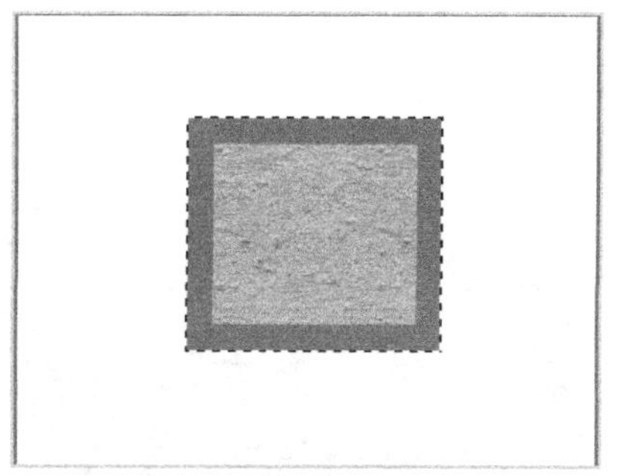

彩图 3-25

图 3-25　描边效果

3.2 修 图 工 具

本节介绍图像修复处理的工具，主要处理图片的瑕疵、水印、清晰度。

3.2.1 修复工具

1. 污点修复画笔工具

利用“污点修复画笔工具” 污点修复画笔工具 可以快速去掉图片中的污点或不需要的图像。其使用方法是选择“污点修复画笔工具”，调整好工具的大小，对于小污点只要单击一下即可，对于大范围的则要进行涂抹。此工具将从所修饰区域的周围取样进行处理，并将样本像素的纹理、光照、透明度和阴影与所修复的像素相匹配。它的重要应用场景是修复人脸上的小斑点或图像上的污点。

【例 3-5】 删除白玉石上的下一排文字。

操作步骤：

(1) 打开文档，原图如图 3-26 所示。

(2) 选择“污点修复画笔工具”，用“[”或“]”键调整好大小。

(3) 直接拖动鼠标经过第二排文字。效果如图 3-27 所示。

(4) 松开鼠标后，文字就被删除。效果如图 3-28 所示。

图 3-26 原图

图 3-27 修复过程

【例 3-6】 去除人脸上的黑色点。

操作步骤：

(1) 打开文档，如图 3-29(a) 所示，选择“污点修复画笔工具”，调整好大小。

(2) 单击黑色点即可修改。效果如图 3-29(b) 所示。

图 3-28 修复效果

(a)

(b)

图 3-29 原图及修改效果

2. 修复画笔工具

选择“修复画笔工具”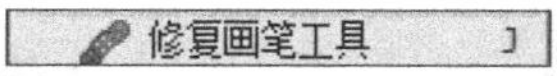
修复画笔工具 J
，按住 Alt 键拾取仿制源，使用仿制源来绘制修复。其使用方法是选择“修复画笔工具”，调整好大小，在想要被仿制的区域先按 Alt 键，再单击一下，拾取源样本信息，松开 Alt 键，此时源已准备好，在想要修复的区域绘制即可。它可将仿制源的纹理、光照、透明度和阴影与所修复的区域进行智能匹配，达到完美融入图像的效果。

【例 3-7】 采用“修复画笔工具”，去除脸上的黑点。

操作步骤：

(1) 打开文档，原图如图 3-30 所示。

(2) 选择“修复画笔工具”，调整好大小。

(3) 按下 Alt+单击鼠标进行取样。

(4) 在黑点处涂抹即可。效果如图 3-31 所示。

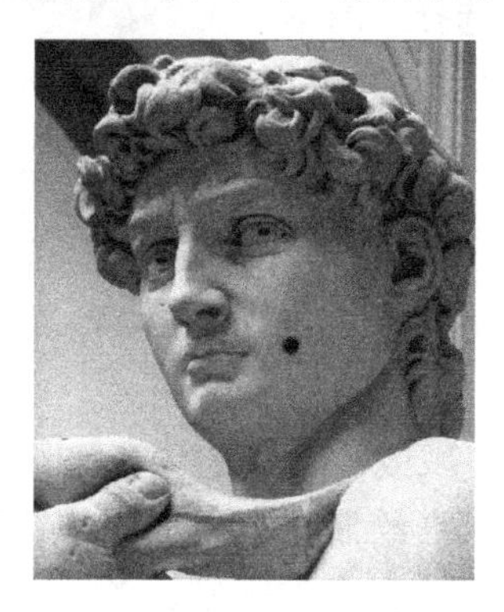

图 3-30　原图

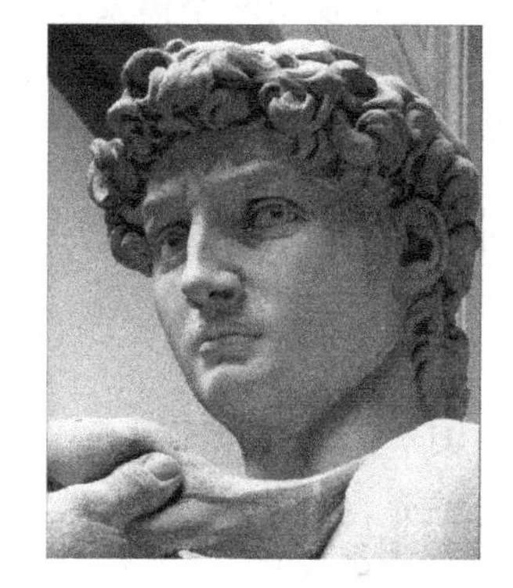

图 3-31　去除黑点效果

3. 仿制图章工具

利用“仿制图章工具”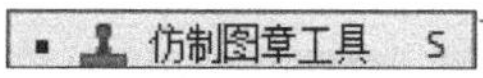
仿制图章工具 S
可将图像的一部分绘制到同一图像的另一部分。其操作方法是，选择“仿制图章工具”，调整好画笔的大小，在想要被仿制的区域先按住 Alt 键，再单击一下样本区，拾取源样本信息；松开 Alt 键，在想要修饰的区域绘制即可，绘制的图像将与仿制源完全相同。它的操作与修复画笔方法一样。其工具选项栏如图 3-32 所示。

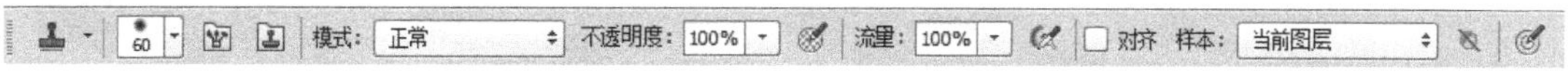
60
模式：
正常
不透明度：
100%
流量：
100%
对齐
样本：
当前图层

图 3-32　“仿制图章工具”选项栏

【例 3-8】 利用“仿制图章工具”，让图像上开更多的花。

操作步骤：

(1) 打开文档，原图如图 3-33(a) 所示，选择仿制图章工具。

(2) 按住 Alt 键单击鼠标左键对需要仿制的花朵进行取样。

(3) 在需要花朵的地方移动鼠标进行涂抹，效果如图 3-33(b) 所示。

彩图 3-33

(a) 原图

(b) 效果图

图 3-33 仿制效果

4. 图案图章工具

“图案图章工具”是使用图案作为仿制源，绘制图案内容，使用时不需要按 Alt 键。例如，选择“图案图章工具”，在选项栏中设置好属性，直接在图像中绘制即可，效果如图 3-34 所示。

图 3-34 图案图章效果

3.2.2 修补工具组

1. 修补工具

“修补工具”是用其他区域或图案中的像素来修改选中的区域。其使用方法是，选择修补为源，使用“修补工具”绘制一个包含要修补区域，拖动选区到图像中较好的区域。注意，工具选项栏中有源、目标的区别。源是框选坏区域拖动到好区域，坏区域被替换，如图 3-35 (a)、(b) 所示。目标是框选好区域拖动到坏区域，坏区域被替换，如图 3-35 (c)、(d) 所示。修补工具经常用来除去痕迹、皱纹、污点等。

(a) 选择源有效

(b) 效果图 (一)

(c) 选择目标有效

(d) 效果图 (二)

图 3-35 修复效果

2. 红眼工具

利用“红眼工具”可以快速消除用闪光灯拍摄照片中的红眼。使用方法是，选择该工具后，只需要框选红眼区域或者单击红眼区，就能消除红眼。

【**例 3-9**】消除红眼。

操作步骤：

(1)选择“红眼工具”，调整好大小。

(2)直接在红眼处单击或框选，松开鼠标即可去掉红眼。红眼图像如图 3-36(a)所示，修复效果图 3-36(b)所示。

(a)红眼图像

(b)效果图

图 3-36　消除红眼效果

彩图 3-36

3.3　图像润饰工具

3.3.1　模糊工具组

1. 模糊工具

利用“模糊工具”可以使图像的像素变模糊，其作用是，柔化边缘或减少图像中的细节。其使用方法是，选择该工具后，直接在相应区域涂抹，涂抹次数越多越模糊。

在处理图像时，有时为了突出某人物，将其他人或景物模糊处理，需要有远、中、近的景物，模糊近与远，保留中间清晰，突出中心与重点对象。如图 3-37(a)所示对近的花进行了模糊处理，突出了中间与右边的花朵。效果如图 3-37(b)所示。

(a)原图

(b)效果图

图 3-37　模糊效果

彩图 3-37

2. 锐化工具

利用“锐化工具”可以增强像素边缘的对比度，达到图像锐利清晰效果，它与模糊工具相反。

彩图 3-38

图 3-38 涂抹效果(注意花瓣)

3. 涂抹工具

利用“涂抹工具” 涂抹工具 可以模拟手指划过湿油漆时产生的效果。在工具选项栏中选中 手指绘画，则用“涂抹工具”将前景与图像上的颜色混合，并产生涂抹效果，如图 3-38 所示。

3.3.2 减淡工具组

1. 减淡工具

利用“减淡工具” 减淡工具 O 可以对图像进行减淡处理，次数越多就越明亮。选择该工具，直接在图像上涂抹即可。原图如图 3-39(a)所示，效果如图 3-39(b)所示。

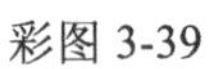

彩图 3-39

(a)原图

(b)效果图

图 3-39 减淡的花朵

2. 加深工具

利用“加深工具” 加深工具 O 可以对图像进行加深处理，次数越多就越暗。与“减淡工具”相反。原图如图 3-40(a)所示，效果如图 3-40(b)所示。

彩图 3-40

(a)原图

(b)效果图

图 3-40 加深效果

3. 海绵工具

利用“海绵工具” 海绵工具 O 可以精确地更改图像某个区域的色彩饱和度，通过模式选择“降低饱和度”或增加“饱和度”。例如，“模式”选择“饱和”，增加饱和度，经过多次涂抹后，原图如图 3-41(a)所示，效果如图 3-41(b)所示。

(a) 原图

(b) 效果图

彩图 3-41

图 3-41　海绵增加饱和度效果

3.4 擦除工具

1. 橡皮擦工具

“橡皮擦工具” 橡皮擦工具 E 用来擦除当前图像中的颜色。在普通图层上用透明色填充，在背景图层上用背景色填充。它使用方法是，选择“橡皮擦工具”，在图像上按住鼠标左键拖曳即可擦除图像。其效果类似于实际生活中的橡皮擦，对所触及的区域进行擦除，可调节透明度。优点是适合用于主体不突出或比较复杂或比较模糊的图像；缺点是耗时，细节不易控制，对于图片所被擦除的边缘部分处理需小心。按键盘上的“[”键或“]”键，可调整橡皮擦的笔画大小。

通过对“画笔”面板的设置，如图 3-42 所示，可以制作花边效果。其核心是在“画笔”面板中设置间距大约为 100%，就可以通过擦除图像制作出花边的效果，如图 3-43 所示。

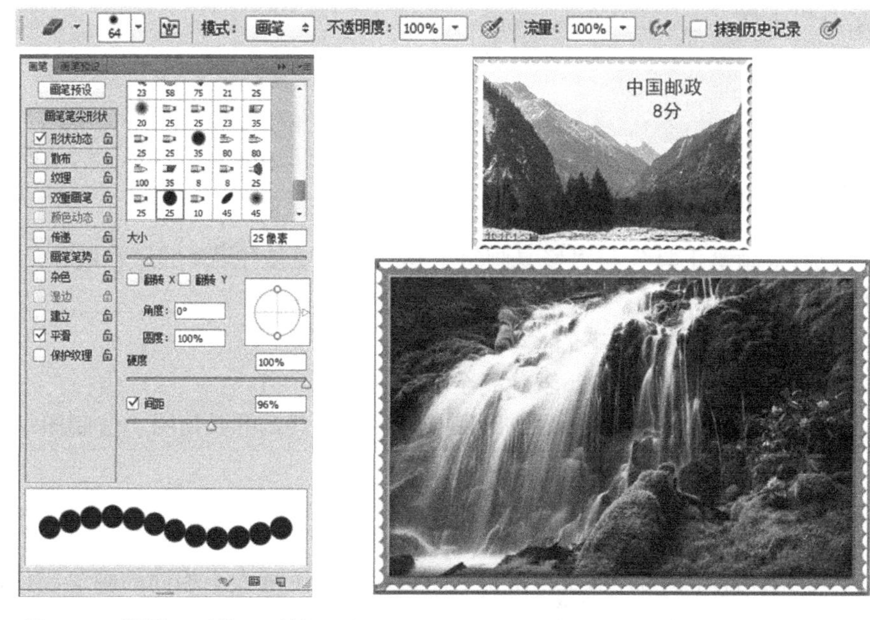

图 3-42　设置“画笔”面板

彩图 3-43

图 3-43　花边效果

2. 背景橡皮擦工具

利用“背景橡皮擦工具”可以将图像擦除到透明色，若为背景图层，将自动转换为普通图层。注意，在擦除过程中，鼠标左键一直不松开。其选项栏如图 3-44 所示。

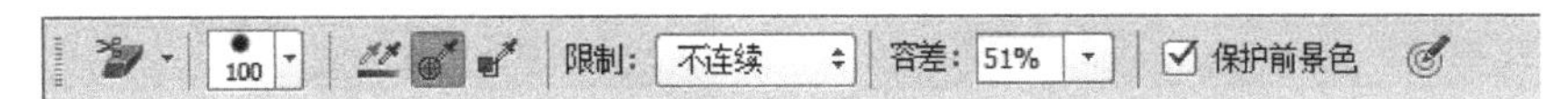

图 3-44　“背景橡皮擦工具”选项栏

使用“背景橡皮擦工具”去掉树后的背景，原图如图 3-45 所示，效果如图 3-46 所示，从而能实现为此图换背景。

图 3-45　原图

图 3-46　背景橡皮擦效果

3. 魔术橡皮擦工具

选择“魔术橡皮擦工具”，单击一次即可擦除所有与取样颜色相近的区域像素。其优点是比橡皮擦更快，适合删除大范围的纯色背景。其缺点是细节不容易控制。调整容差值容许选择颜色的差别度，数值越大，容许的范围越广。效果与“背景橡皮擦工具”一样。

习　题　3

一、判断题(正确的填 A，错误的填 B)

1.“污点修复画笔工具”与“修复画笔工具”都需要按住 Alt 键进行取样。(　　)

2. 画笔的颜色可以通过“吸管工具”吸取来设置。(　　)

3. 画笔预设中可以调节画笔的大小与硬度。(　　)

4. 画笔的不透明度设置为 0，表示完全不透明。(　　)

5. 在图画中有一只鸡，若要使画面出现 3 只相同的鸡，可以使用“仿制图章工具”实现。(　　)

二、单选题

1. 如下图所示的四个圆，都是由笔尖、不透明度、流量大小相同的画笔制作，画笔硬度最高的是________。

A. 　　B. 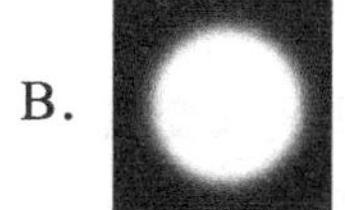

C. 　　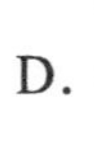D. 

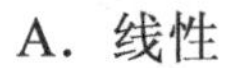

2. 如图 3-47 所示，它属于________渐变。

A. 线性　　B. 径向

C. 对称　　D. 角度

3. 由图 3-48(a)变为图 3-48(b)所示效果，使用的命令是________。

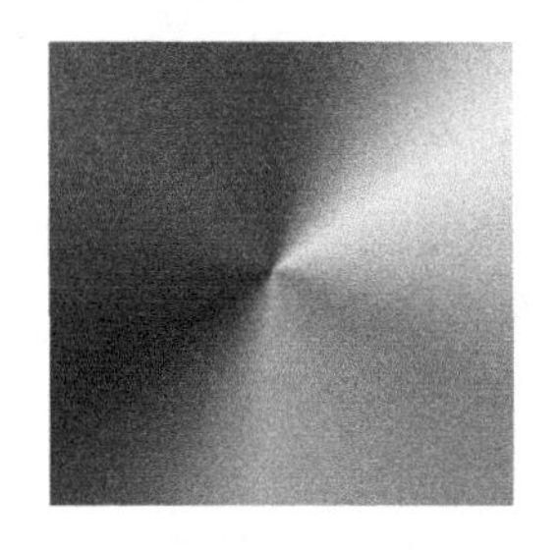

图 3-47

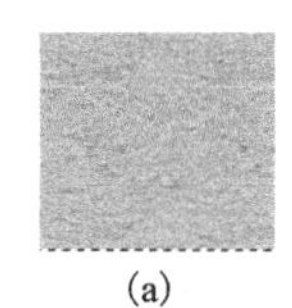

(a)

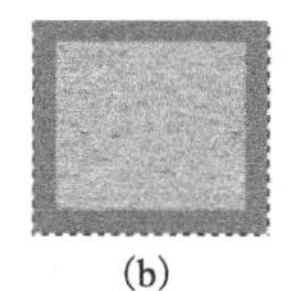

(b)

图 3-48

A. 描边　　B. 填充

C. 修复　　D. 红眼

4. 由图 3-49(a)变为图 3-49(b)所示效果，使用的工具是________。

(a)

(b)

图 3-49　原图与效果图(一)

A. 仿制图章工具　　B. 画笔工具

C. 污点修复画笔工具　　D. 加深工具

5. 利用“海绵工具”可以精确地更改图像某个区域的色彩________。

A. 色相　　B. 饱和度

C. 明度　　D. 亮度

6. 邮票的花边的制作，如图 3-50 所示，可以使用________工具来制作。

A. 背景橡皮擦工具　　B. 橡皮擦工具

C. 海绵工具　　D. 加深工具

图 3-50　邮票

7．“减淡工具”的基本功能是________。

A．使图像中某些区域变暗　　B．删除图像中的某些像素

C．使图像中某些区域变亮　　D．使图像中某些区域的饱和度增加

8．如图 3-51 所示，能把图中的文字抹掉的是________工具。

图 3-51　原图与效果图(二)

A．红眼　　B．颜色替换

C．图案图章　　D．修复画笔

9．在普通图层中，使用“橡皮擦工具”擦除图像，其结果是________。

A．删除像素　　B．填充前景色

C．填充背景色　　D．填充图案

10．在使用画笔的过程中，输入法在英文状态下，可以用快捷键________将画笔调大些。

A．Ctrl　　B．Shift

C．]　　D．{

11．如图 3-52 所示，用“画笔工具”把图中水池中水的颜色由蓝色转为绿色，画笔的混合模式是________。

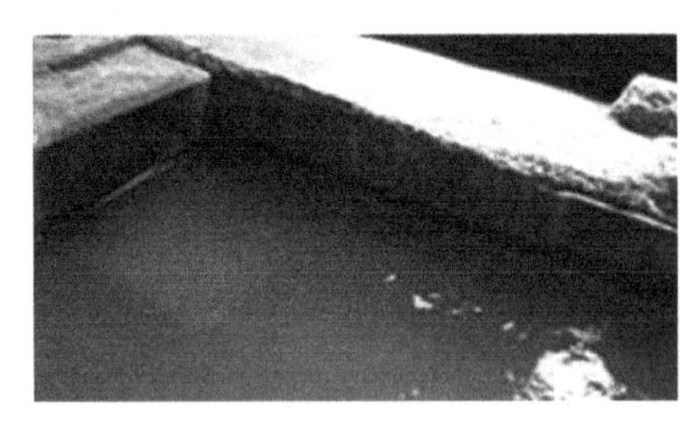

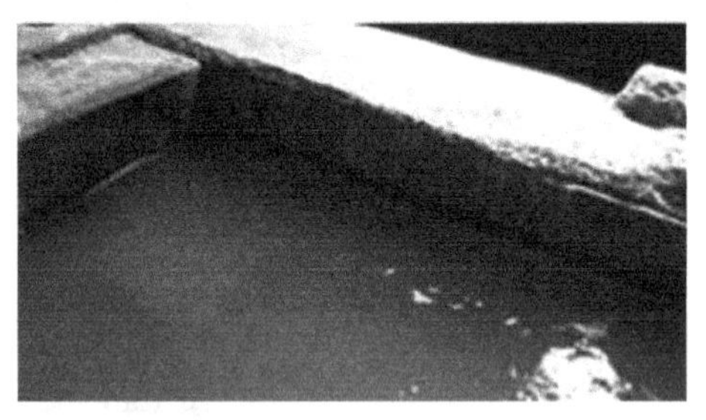

图 3-52　原图与效果图(三)

A．色相　　B．正常

C．明度　　D．饱和度

12．在使用画笔时，设置它的不透明度，若值越低，则线条透明度越________。

A．高　　B．低

C．不变　　D．变为前景色

13．下列可以利用样本或图案修复图像的工具是________。

A．模糊工具　　B．红眼工具

C．修复画笔工具　　D．污点修复工具

14．在图 3-53 的拾色器中，表示色彩纯度的属性是________。

A．H　　　　B．S

C．B　　　　D．L

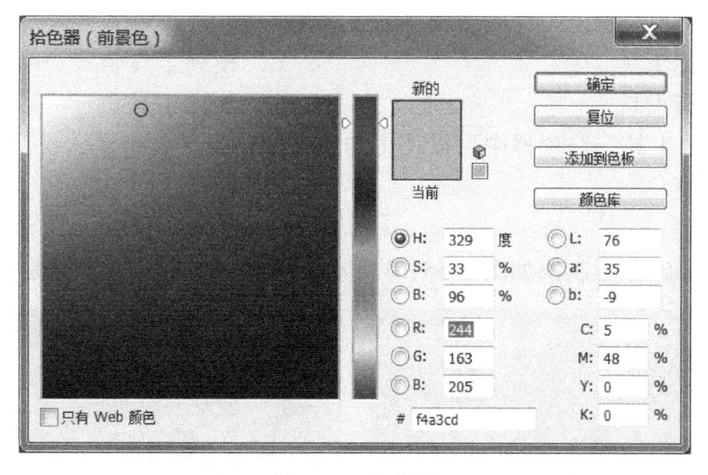

图 3-53　拾色器

15．对图 3-54(a)制作出图 3-54(b)所示的光晕效果，应该对小猪轮廓选区进行的操作是_________。

(a)

(b)

图 3-54　原图与效果图(四)

A．描边　　　　B．填充

C．移动　　　　D．清除

16．在背景图层中，使用“背景橡皮擦工具”擦除图像，其结果是________。

A．背景图层将自动转换为普通图层

B．背景图层不发生变化

C．填充前景色

D．填充背景色

17．下列不能用于复制图像的工具是________。

A．画笔工具　　　　B．修补工具

C．污点修复画笔工具　　　　D．仿制图章工具

18. 获取图像中某一点的颜色值应该使用________。

A. “文本”面板　　B. “图层”面板

C. “信息”面板　　D. “样式”面板

19. Photoshop 中能让图像局部变亮的工具是________。

A. 锐化工具　　B. 模糊工具

C. 减淡工具　　D. 加深工具

20. “油漆桶工具”选项栏中可以使用的填充选项是________。

A. 渐变色　　B. 背景色

C. 图案　　D. 样式

21. 将图 3-55(a)复制出如图 3-55(b)所示的水草，最有效的工具是________。

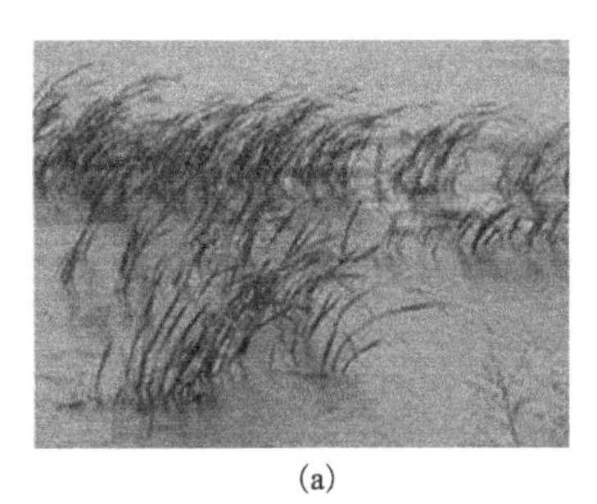

(a)

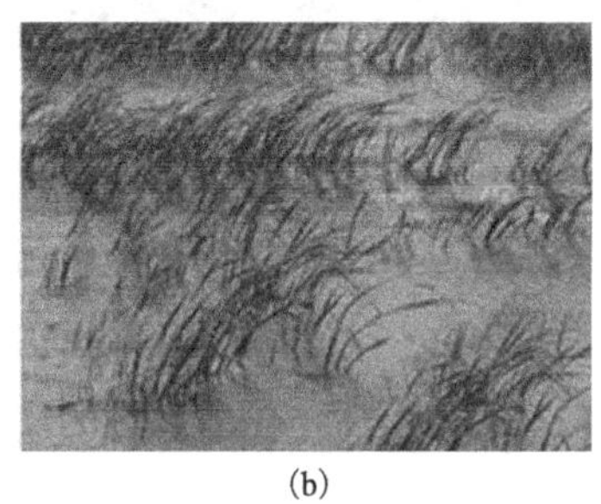

(b)

图 3-55 原图与效果图(五)

A. 红眼　　B. 图案图章

C. 仿制图章　　D. 污点修复画笔

22. 对“模糊工具”功能描述正确的是________。

A. “模糊工具”只能使图像的一部分边缘模糊

B. “模糊工具”的强度是不能调整的

C. “模糊工具”可降低相邻像素的对比度

D. “模糊工具”可提高相邻像素的对比度

23. 将图 3-56(a)处理为图 3-56(b)所示的色彩饱和度，效果最有效的工具是________。

(a)

(b)

图 3-56 原图与效果图(六)

A. 海绵工具　　B. 减淡工具

C. 加深工具　　D. 锐化工具

24. 以复制图像的方式进行图像处理的工具是________。

A. 红眼工具　　B. 颜色替换工具
C. 画笔工具　　D. 仿制图章工具

三、多选题

1. 将图 3-57(a)变为图 3-57(b)，去掉脸上的黑色点，可以使用哪些工具________。
A. 污点修复画笔工具　　B. 修复画笔工具
C. 魔棒工具　　D. 修补工具

(a)

(b)

图 3-57　原图与效果图(七)

2. 渐变模式有________。
A. 线性渐变　　B. 径向渐变
C. 角度渐变　　D. 菱形渐变

3. “填充”命令可对选区或图层进行________填充。
A. 前景色　　B. 背景色
C. 颜色　　D. 图案

4. 由图 3-58(a)变为图 3-58(b)所示的两个眼睛效果，采用的工具是________。

(a)

(b)

图 3-58　原图与效果图(八)

A. 仿制图章工具　　B. 修复笔画工具
C. 污点修复画笔工具　　D. 修补工具

5. 要改变画笔的前景色，以下哪些正确________。
A. 单击工具箱中的“前景”，在拾色器中设置
B. 利用“颜色”面板设置前景

C．利用色板的颜色块设置

D．利用吸管工具吸取颜色

四、操作题

1．选择恰当的工具，实现图 3-59(a)变为图 3-59(b)的效果。

2．利用图 3-60(a)，制作出其图 3-60(b)的效果。

(a)

(b)

图 3-59　原图与效果图(九)

(a)

(b)

图 3-60　原图与效果图(十)

3．利用图 3-61(a)，制作出图 3-61(b)的效果。

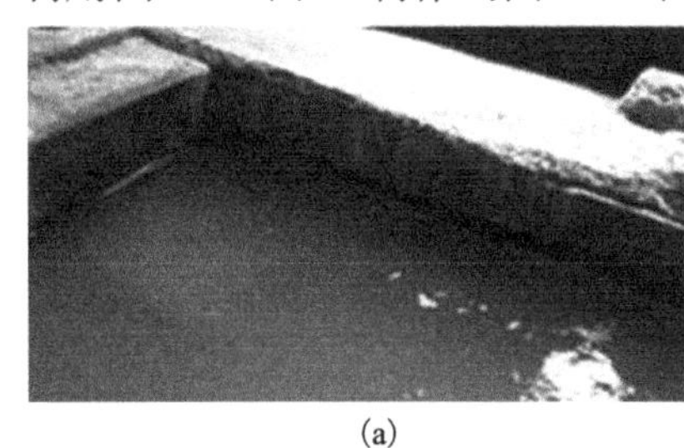

(a)

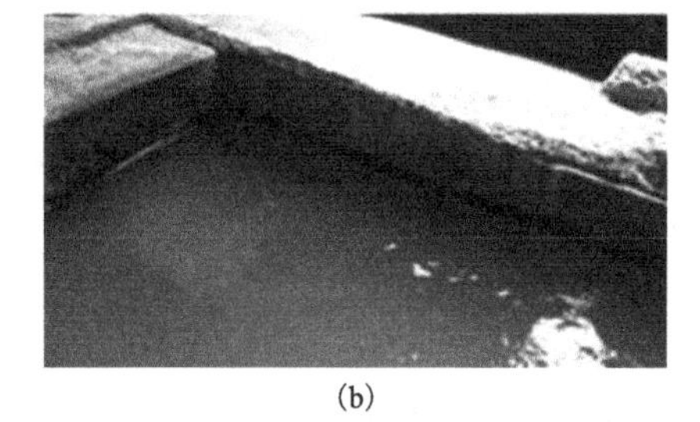

(b)

图 3-61　水变色原图与效果图

彩图 3

4．新建文档，制作图 3-62 的效果。

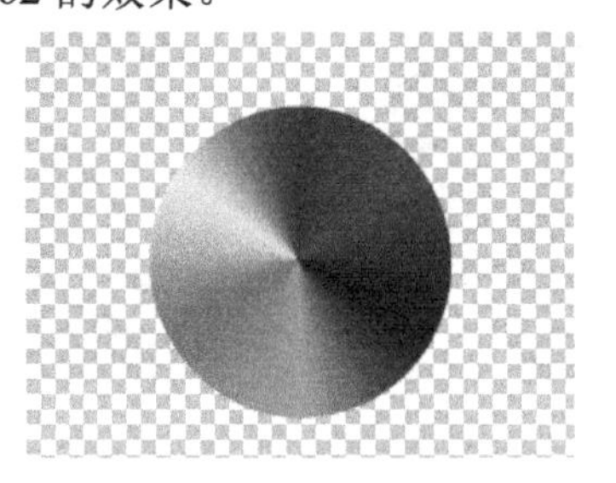

图 3-62　渐变效果

5．在 Photoshop 中打开任意素材，进行以下操作：

(1)将图像放大为 150%。

(2)设置前景色为 RGB(255,10,10)，背景色为 RGB(10,10,255)。

(3)交换前景与背景色。

(4)设置前景与背景为默认色。

第 4 章　图像色调与色彩

在 Photoshop 中，对色彩和色调的控制是编辑图像的关键，色彩能给我们带来不同的心理感受，巧妙地使用色彩，可以营造各种氛围和意境，使图像更具表现力。Photoshop 提供了大量的色彩和色调的调整工具，用于处理图像和数码照片，下面就来学习这些工具的使用方法。

4.1　图像色调的调整

4.1.1　颜色的基本概念

1. 冷暖色

色彩是通过眼、脑和我们的生活经验所产生的一种对光的视觉效果。颜色分为光色(光源发光的颜色)和物体色(光照射物体反射或透射的效果)。冷暖色是指色彩心理上的冷热感觉，分为暖色调(红、橙、黄、棕)、冷色调(绿、蓝、紫)和中性色调(黑、白、灰)。设计中，暖色调给人温暖、柔和之感，冷色调给人凉爽、通透之感。红、橙、黄、棕色往往使人联想到红色和橘黄色的火焰和太阳，棕黄的大地，因此有温暖的感觉，将其称为“暖色”；绿、蓝、紫色则往往使人联想到绿色的森林，蓝色的天空和冰雪，因此有凉爽的感觉，将其称为“冷色”；黑、白、灰等色给人的感觉是不冷不暖，将其称为“中性色”。色彩的冷暖感觉是相对的。在同类色彩中，含暖色调成分多的较暖，反之较冷。

色彩的三要素是色相、饱和度(纯度)、明度，调色就是调节这三种要素。实现的方法有很多，通过“调色”命令，利用图层、混合模式等都可以进行综合性的调色。

2. 色相

色相就是色彩的相貌称谓，就是色彩种类，调整色相就是调整颜色，例如，彩虹由红、橙、黄、绿、青、蓝、紫七色组成，那么它就有七种色相。色相是色彩的首要特征，是区别各种不同色彩的最准确的标准。注意，黑、白、灰是没有色相的，而黑、白、灰以外的颜色都有色相的属性。

3. 饱和度

饱和度是指图像颜色的浓度，也叫纯度。饱和度越高，颜色越饱满，即所谓的青翠欲滴的感觉。饱和度越低，颜色就会显得越陈旧、惨淡，饱和度为 0 时，图像就为灰度图像。纯的颜色都是高度饱和的，如鲜红、鲜绿，若加入白色或黑色，其饱和度都将降低。

4. 明度

明度是指色彩的明暗程度，即色彩的深浅差别，明度差别既指同色的深浅变化，也指不同色相之间存在的明度差别。

5. 对比度

对比度是指不同颜色之间的差别。对比度越大，不同颜色之间的反差越大，即所谓黑白分明，对比度过大，图像就会显得很刺眼。对比度越小，不同颜色之间的反差就越小。

对比度对视觉效果的影响非常关键，一般来说对比度越大，图像越清晰醒目，色彩也越鲜明艳丽；而对比度小，则会让整个画面都灰蒙蒙的。高对比度有利用图像的清晰呈现、细节表现、灰度层次表现。

6. 色调

色调是指一幅画中画面色彩的总体倾向，是大范围的色彩效果。不同颜色的物体或被映衬在金色的阳光之中，或被笼罩在轻纱薄雾似的蓝色的月色之中；或被秋天迷人的金黄色所渲染；或被披上银装素裹的外衣。在不同颜色的物体上，笼罩着某一种色彩，使不同颜色的物体都带有同一色彩的倾向，这样的色彩现象就是色调。

在色相、饱和度、明度这三个要素中，某种因素起主导作用，可以称之为某种色调。如图像整体偏蓝、绿、紫，则为冷色调，如图 4-1 所示。若图像整体偏红、橙、黄、棕，则为暖色调，如图 4-2 所示。

彩图 4-1

图 4-1 冷色调

7. 色阶

色阶是表示图像亮度强弱的指数标准，也就是我们说的色彩指数，在数字图像处理中，指的是灰度分辨率(又称为灰度级分辨率或者幅度分辨率)。

图像的色彩丰满度和精细度是由色阶决定的。色阶指亮度，它和颜色无关，最亮的只有白色，最不亮的只有黑色。

彩图 4-2

图 4-2　暖色调

8. 色偏

色偏是指图像的颜色跟真实的色调有差异，也就是某种颜色的色相、饱和度与真实的图像有明显的差别。在生活中，用手机照相后，经常发现眼睛看见的效果与手机上的照片有色差，这就是色偏。色偏可以通过视觉来辨别，主要集中在图像的主色调及反射高光上。

4.1.2　亮度/对比度

从色彩构成上来说，色相对比、饱和度对比、明度对比都是色彩表现的形式。在摄影、绘画、设计中都要体现明暗对比，有的对比强烈，有的对比柔和。不同的对比效果，营造出不同的视觉感受。

利用“亮度/对比度”命令可调整图像的明暗效果。执行“图像”→“调整”→“亮度/对比度”命令，弹出“亮度/对比度”对话框，如图 4-3 所示，它是对图像中所有像素进行相同程度的调整。

图 4-3　“亮度/对比度”对话框

向右滑动“亮度”滑块，图像亮度增加，图像变亮，向左滑动“亮度”滑块则图像变暗。向右滑动“对比度”滑块，图像对比度增加，向左滑动“对比度”滑块则图像对比度减弱。

亮度/对比度使用简单，其采用的是一种固定算法，对图像的亮调、暗调、中间调同时进行调节。

【例 4-1】将原图“亮度与对比度调整.jpg”进行亮度与对比度的调整，其参数亮度为 100，对比度为 27。

操作步骤：

(1)打开图像文件“亮度与对比度调整.jpg”，如图 4-4(a)所示。

(2)单击“图像”→“调整”→“亮度/对比度”命令。

(3)调整对话框的参数：亮度为 100，对比度为 27，单击“确定”按钮，其参数与效果图如 4-4(b)所示。

彩图 4-4

(a)原图

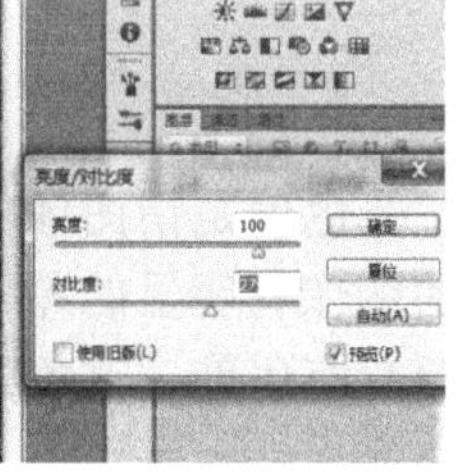

(b)参数设置及效果

图 4-4 亮度/对比度效果

4.1.3 色阶

“色阶”命令用于精确调整图像的阴影、中间调与高光的关系。打开一幅图像，选择“图像”→“调整”→“色阶”命令，或按 Ctrl+L 快捷键，弹出“色阶”对话框，如图 4-5 所示。

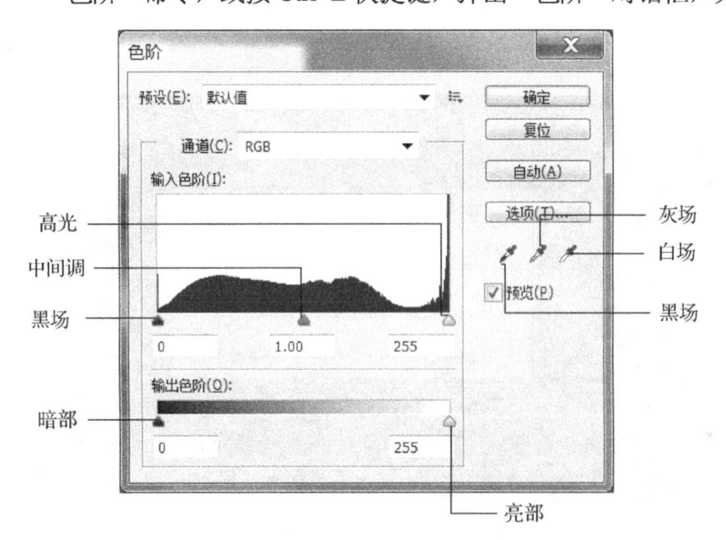

图 4-5 “色阶”对话框

“色阶”命令的优点在于我们能够自己控制，使图像变亮或变暗，也可以调整单一通道的明度，并设置它们的强度。

色阶的调整方式有三种：一种是调整输入色阶，另一种是调整输出色阶，第三种同时调整输入与输出色阶。输入色阶的调整有三种方式：合并黑场、合并白场、改变黑白场之间的比例。

1. 直方图

直方图以波浪的黑色线段来预览图像当前色调的变化范围，横坐标表示像素发光强度，纵坐标表示像素的数量，左侧黑色滑块最暗为 0，代表图像中最暗的部分，即不发光(黑场)。右侧白色滑块最亮是 255 的发光强度(白场)，代表最亮的部分。中间的灰色滑块表示图像中等亮度的部分。直方图中峰值的高度代表像素数量的多少。通过直方图，便可看出图像的亮度分布是否合理，如图 4-6 所示。

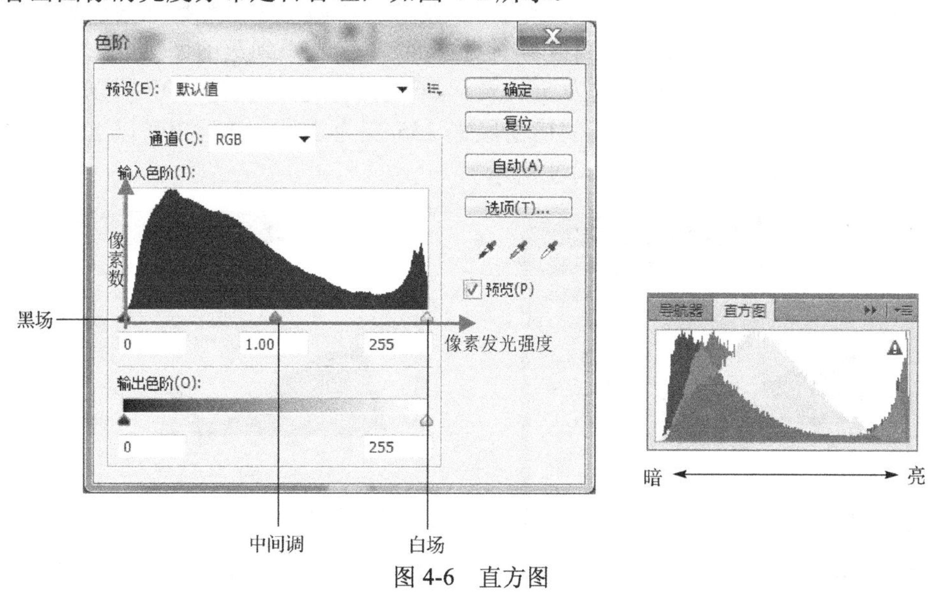

图 4-6　直方图

【例 4-2】根据图 4-7 所示的 3 幅直方图，辨别出哪幅为正常图，哪幅为太暗、哪幅太亮？

对于一幅正常的图像来说，直方图应该是中间高、两边低，要求暗部、亮部较少，中性灰较多。图 4-7(a)为正常图，图 4-7(b)偏暗，因为黑场到灰场占的数量值太大。图 4-7(c)偏亮，由于灰场到白场的数量值太大。

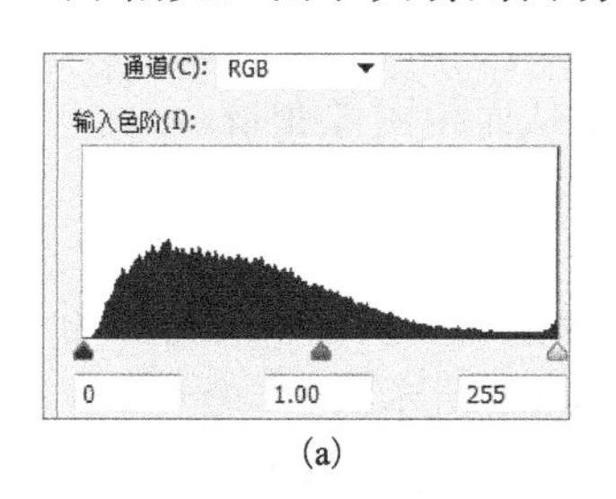

(a)

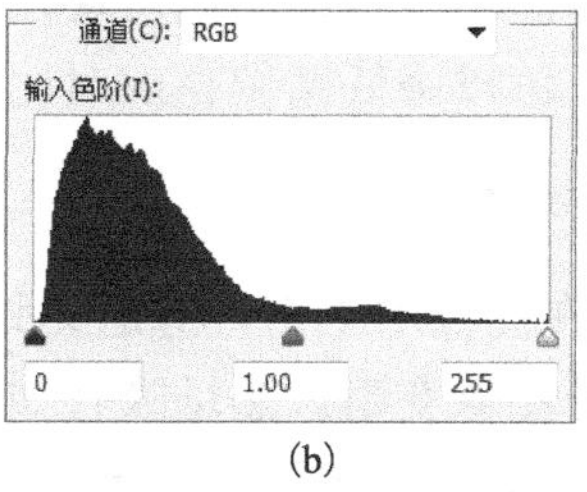

(b)

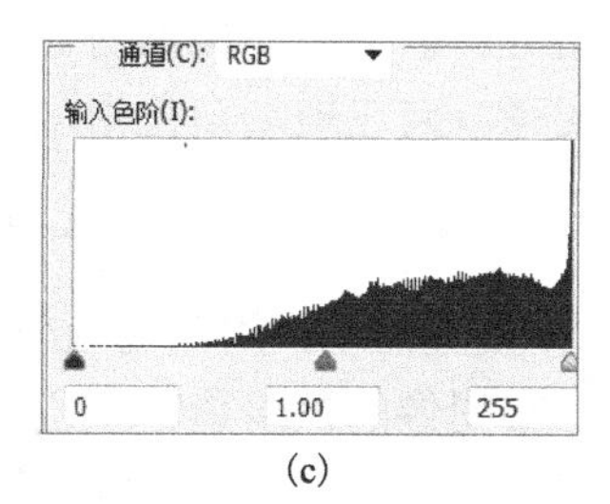

(c)

图 4-7　直方图辨别

2. 通道调整

在“通道”下拉列表中选择要调整的通道。在不同的颜色模式下，该下拉列表将显不同的选项。如果要对图像的全部色调做调整，则要选择 RGB 或 CMYK 模式，否则仅选择其中之一，以调整该色调范围内的图像。

3. 输入色阶调整

对于“输入色阶”，其左端的黑色滑块表示不发光，代表黑场，右端的白色滑块表示发光最强，代表高光(白场)，位于中间灰色的滑块就是中间调(灰场)。

分别拖动“输入色阶”直方图下面的黑、灰、白色滑块或在“输入色阶”文本框中输入数值，可以对应地改变图像的暗调、中间调或高光比例，从而改变图像的对比度。向左拖动白色滑块或灰色滑块，可以加亮图像。向右拖动黑色滑块或灰色滑块，可以使图像变暗。灰色滑块左右移动，表示改变明暗像素的比例，灰色滑块左移图像变亮，代表灰到白的区域变大；灰色滑块右移动图像将变暗，代表黑到灰的比例变大。

例如，将黑场值由原来的 0 改为 56，表示 56 以下的值全部变为 0，所以图像整体变暗。参数如图 4-8 所示。如将白场的值由原来 255 变为 208，表示 208 以上的值全部变为 255，整个图像变亮。参数如图 4-9 所示。

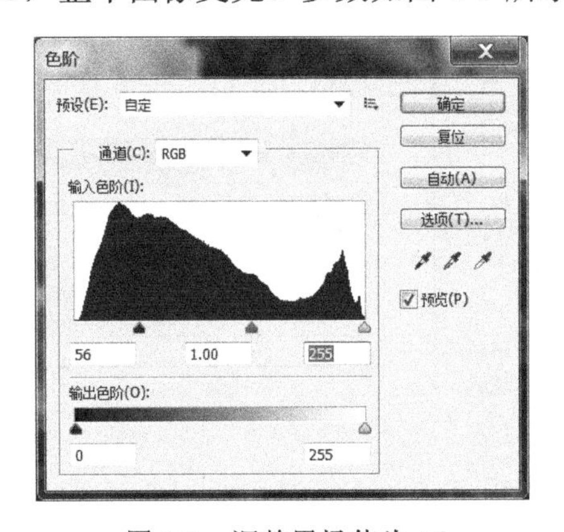

图 4-8 调整黑场值为 56

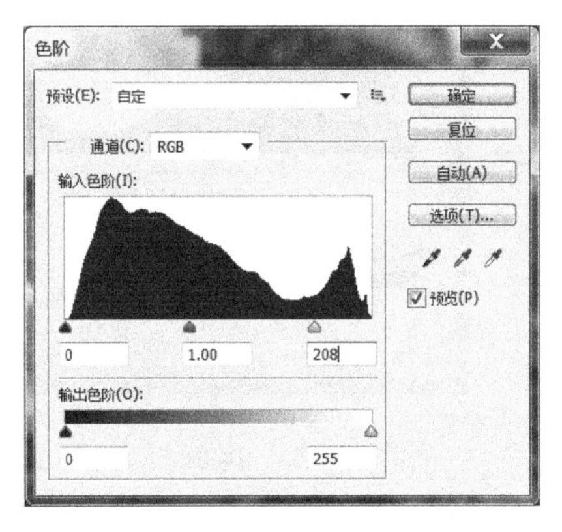

图 4-9 调整白场值为 208

4. 输出色阶调整

“输出色阶”主要用来限制图像的亮度范围，就是限定了黑场、白场的最高值。分别拖动“输出色阶”下面的滑块或在“输出色阶”文本框中输入数值，可以重新定义暗调和高光值，以降低图像的对比度。向右拖动黑色滑块，可以降低图像暗部对比度从而使图像变亮。向左拖动白色滑块，可以降低图像亮部对比度从而使图像变暗。

5. 用吸管定义黑场、灰场与白场

(1) 设置黑场：用黑场吸管在图像中单击，将定义此像素灰度及以下均为黑场 0，并重新分布图像的色阶值，从而使图像变暗。黑场吸管如图 4-5 所示。

(2) 设置白场：用白场吸管在图像中单击，将定义此像素灰度及以上均为白场 255，并重新分布图像的色阶值，从而使图像变亮。

(3) 设置灰场：用灰场吸管在图像中单击，将单击位置处的颜色定义为灰色，从而使图像的色调比例重新分布。

4.1.4　曲线

利用“曲线”命令不但可以调整图像整体的明暗度及色调，还可以精确地分别控制图像中多个色调区域的明暗度及色调。

执行“图像”→“调整”→“曲线”命令或者按 Ctrl+M 快捷键，弹出“曲线”对话框，如图 4-10 所示。曲线的水平轴表示像素原来的色值即输入色阶，垂直轴表示调整后的色值即输出色阶。在对话框中，主要工作就是调整曲线。向上拖动表示调亮，向下拖动表示调暗。

彩图 4-10

图 4-10　“曲线”对话框

曲线的调整方法是，拖动其直线变为我们想要效果的曲线，如图 4-11 所示，直接单击曲线上的点向上拖动，变为上弯曲线，将整个图像的亮度值提高，图像变亮。

彩图 4-11

图 4-11　整体变亮

单击曲线上的点向下拖动，变为下弯曲线，将整个图像的亮度值降低，图像变暗，如图 4-12 所示。

彩图 4-12

图 4-12 整体变暗

单击曲线上的上部点向上拖动，变为向上弯曲线，再单击曲线上的下部点向下拖动，变为下弯曲线，整个曲线为 S 形，这时暗部更暗，亮部更亮，增加了比对度，如图 4-13 所示。

彩图 4-13

图 4-13 暗部调暗，亮部调亮，增加对比度

4.1.5 阴影/高光

“阴影/高光”命令用于修正照片的曝光效果，执行“图像”→“调整”→“阴影/高光”命令，打开“阴影/高光”对话框如图 4-14 所示。其作用是增加或降低图像中暗部区域的亮度，或降低亮部区域的亮度。“阴影/高光”命令不是简单地使图像变亮或变暗，

它基于暗调或高光中的周围像素(局部相邻像素)增亮或变暗，该命令允许分别控制暗调和高光。

利用“阴影/高光”命令可以快速改善图像中曝光过度或曝光不足区域的对比度，同时保持照片的整体平衡，也可用于校正由于光线不足或强逆光而形成的阴暗效果的照片，以及校正由于曝光过度而形成的发白照片。

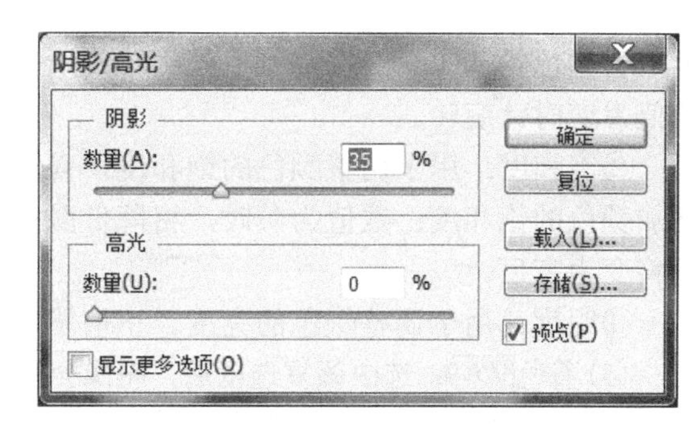

图 4-14　“阴影/高光”对话框

4.2　图像色彩的调整

4.2.1　色相/饱和度

“色相/饱和度”命令用于调整图像的色相、饱和度和明度，它既可以作用于整个图像，也可以单独调整指定的颜色。单击“图像”→“调整”→“色相/饱和度”命令或按Ctrl+U快捷键，弹出“色相/饱和度”对话框，如图4-15所示。

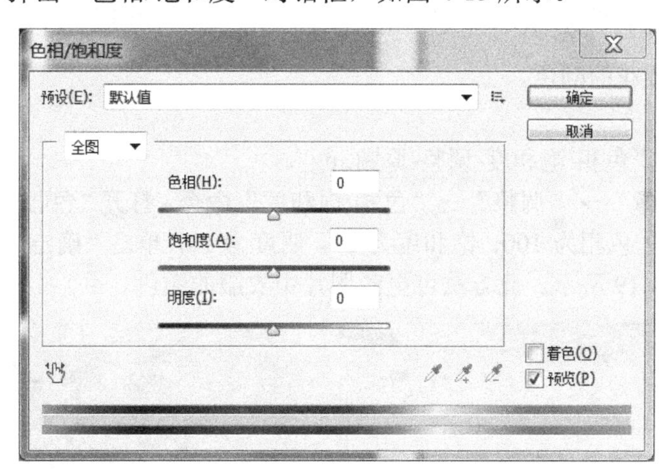

图 4-15　“色相/饱和度”对话框

(1)若选择“全图”选项，通过拖动下面“色相”、“饱和度”和“明度”三个滑块将同时改变整个图像中所有色彩的色相、饱和度和明度。若只选择“红色”、“黄色”、“绿色”、“青色”、“蓝色”和“洋红色”等原色中的一种，只调整图像中相应的颜色。

(2)选择某一种原色选项，“色相/饱和度”对话框右下方的“吸管工具”被激活，利用“吸管工具”在图像中单击要调整的颜色，“编辑”下拉列表框将自动选择此颜色名称。拖动下面三个滑块，只对吸取的颜色进行调整。

(3)利用“吸管工具”吸取颜色时，还可以拖动吸管下面的滑块来选择颜色的范围。

(4)三个滑块的使用：

①色相：左右拖动滑块可调整所选颜色的色相。文本框中显示的数值代表在色轮图

上沿着颜色轮从像素的原始颜色处旋转到所需颜色时旋转的度数。正值为顺时针旋转；负值为逆时针旋转。

②饱和度：用于调整颜色的饱和度，向右拖动滑块或在数值框中输入正数值时，将增加颜色的饱和度；数值为负时，将降低颜色的饱和度。如果数值为－100 时，所选颜色将变为灰度。

③明度：用于调整颜色的亮度。正值增加图像的亮度，负值则降低图像的亮度。

(5) 着色☑(O)：选中该复选框后，图像会整体偏向于单一的色调，还可以通过拖动三个滑块来调整图像的色调。“色相/饱和度”对话框如图 4-16 所示，着色效果如图 4-17 所示。

彩图 4-17

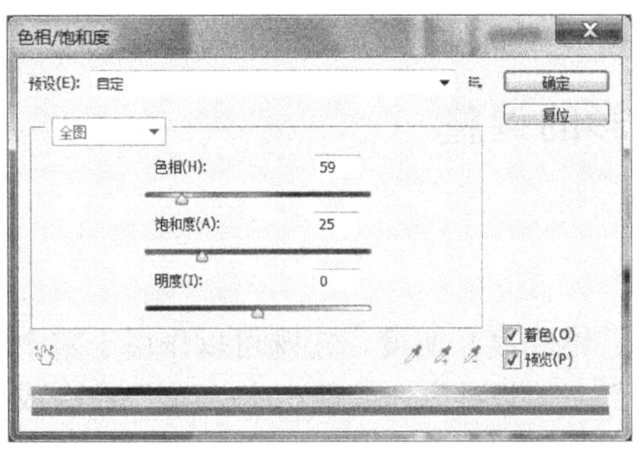

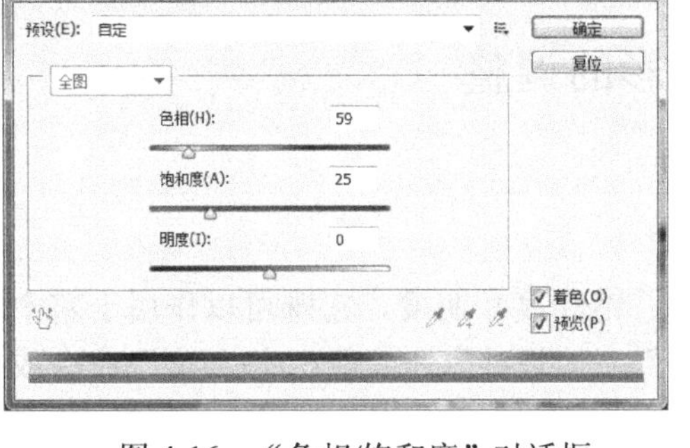

图 4-16 “色相/饱和度”对话框

图 4-17 着色效果

【**例 4-3**】更改花的颜色。

操作步骤：

(1) 打开文件“色相/饱和度-调整-原图.jpg”。

(2) 单击“图像”→“调整”→“色相/饱和度”命令，打开“色相/饱和度”对话框。

(3) 参数调整：色相为 100，饱和度为 15，明度为 10，单击“确定”按钮，如图 4-18 所示。效果如图 4-19 所示。此方法可更改图片中衣服的颜色。

彩图 4-19

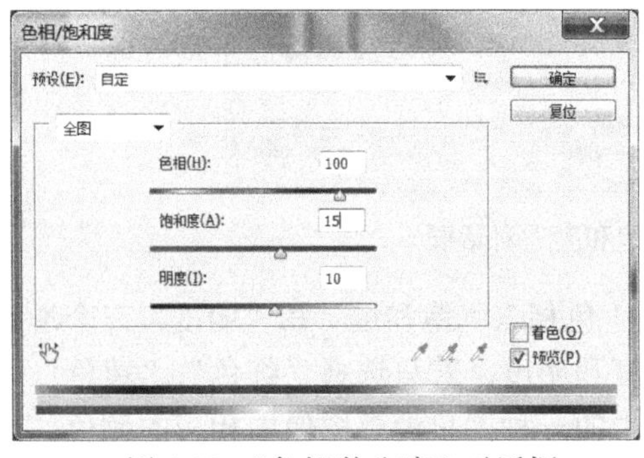

图 4-18 “色相/饱和度”对话框

图 4-19 效果

4.2.2 色彩平衡

“色彩平衡”命令是通过调整各种颜色的混合量来调整图像的整体色彩，可以校正图像色偏、过度饱和或者饱和度不足的情况，也可以根据自己的喜好和制作需要来调整色彩，制作自己所需要的画面效果。

“色彩平衡”命令是在图像原色的基础上根据需要添加或减少颜色，从而改变图像的色调。例如，我们既可以为图像增加红色或黄色使图像偏暖，也可以为图像增加蓝色或青色使图像偏冷。

利用“图像”→“调整”→“色彩平衡”命令或按 Ctrl+B 快捷键，弹出“色彩平衡”对话框。若要减少某个颜色，则增加这种颜色的补色。它能进行一般性的色彩校正，可以改变图像颜色的构成，但不能精确控制单个颜色成分(单色通道)，只能作用于复合颜色通道。

【例 4-4】 使用“色彩平衡”命令，将图像调出暖色调的感觉。

操作步骤：

(1)打开原图文件如图 4-20 所示。单击“图像”→“调整”→“色彩平衡”命令，弹出“色彩平衡”对话框，如图 4-21 所示。

(2)将其参数色阶分别调整为+94(偏红)，–24(偏洋红)，–30(偏黄)。色调平衡选择“中间调”单选项。

(3)单击“确定”按钮，即可调出暖色调的感觉，暖色调效果如图 4-2 所示。

图 4-20　原图

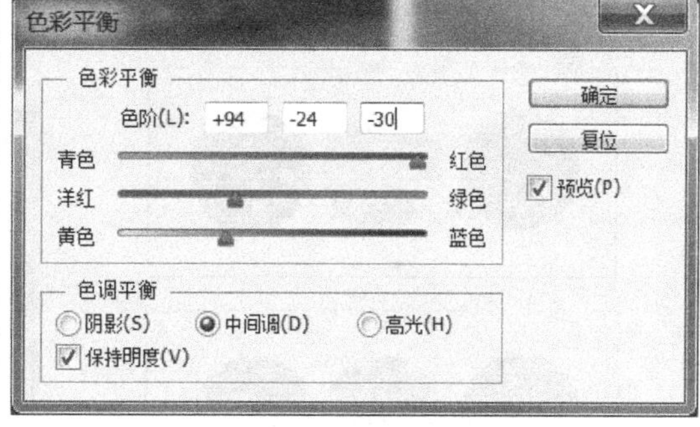

图 4-21　“色彩平衡”对话框

4.2.3　照片滤镜

“照片滤镜”命令用来改善存在色彩缺陷的照片，其作用是调整图像的色调。其使用方法是，打开准备调整的图像，选择“图像”→“调整”→“照片滤镜”命令，打开“照片滤镜”对话框，如图 4-22 所示，在“使用”栏中选择滤镜或自定义滤镜的颜色，拖动“浓度”滑块，以调整滤镜颜色与图像混合的程度，如图 4-23 所示。最后单击“确定”按钮即可实现操作。

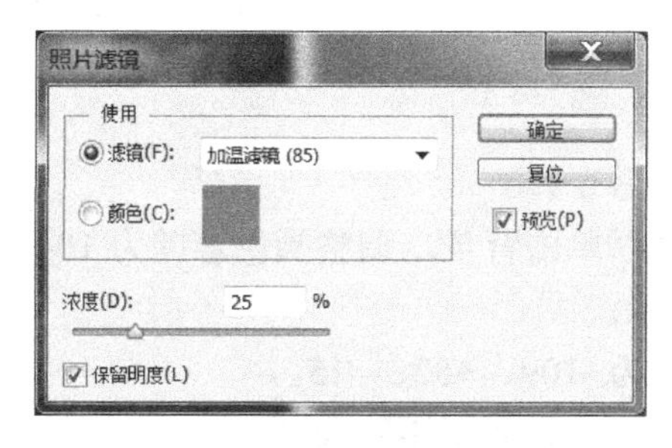

图 4-22　“照片滤镜”对话框

图 4-23　加温滤镜(85)效果

彩图 4-23

4.2.4 通道混合器

利用“通道混合器”命令可校正照片偏色，它是通过从每个颜色通道中选取它所占的百分比来创建高品质的灰度图像，还可以创建高品质的棕褐色调或其他彩色图像。使用“通道混合器”命令还可以对用其他色彩调整工具不容易实现的操作进行创意色彩调整。

执行“图像”→“调整”→“通道混合器”命令，弹出“通道混合器”对话框。在对话框中，其本质是在源色通道中，加入所选“输出通道”的颜色，与源色混合。若在对话框中的“输出通道”→“红”选项，并将“源通道”的“蓝色”文本框中输入数值“100”，表示在“蓝色”通道中，加入 100 份的红色，此时蓝色+红色就会变成品红色，如图 4-24 所示。可以看到图像中蓝色加入 100 份的红色，其颜色发生了改变。

彩图 4-24

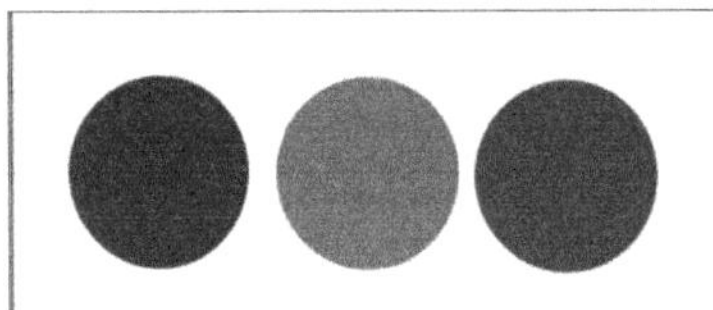

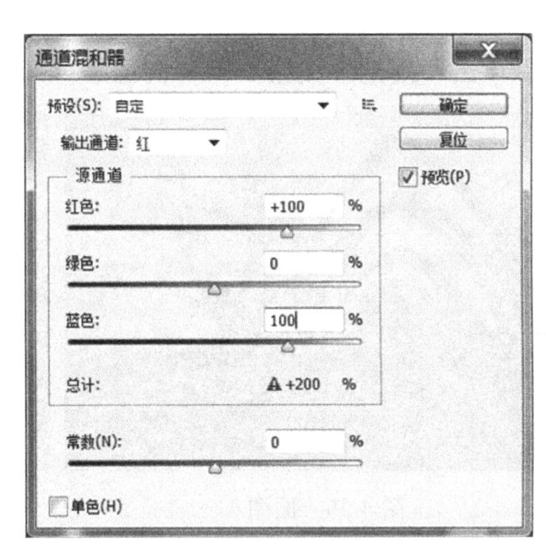

图 4-24 通道混合器效果及参数设置

4.2.5 替换颜色

利用“替换颜色”命令可以用颜色样本来替换图像中指定的颜色范围，其工作原理是，先执行“色彩范围”命令，选择要替换的颜色范围，再执行“色相/饱和度”命令调整选择图像的色彩。

【例 4-5】利用“替换颜色”命令更换背景，不用做选区也可以更换背景颜色。原图如图 4-25(a)所示。

操作步骤：

(1)执行“图像”→“调整”→“替换颜色”命令。

(2)在“替换颜色”对话框中，用“吸管工具”单击背景，调整颜色容差为 104。

(3)选中“图像”单选按钮，如图 4-25(b)所示。

(4)选择替换颜色的色相、饱和度、明度分别为+109、+52、–15。

(5)单击“确定”按钮，即可更改背景的颜色。效果如图 4-25(c)所示。

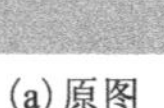

(a) 原图

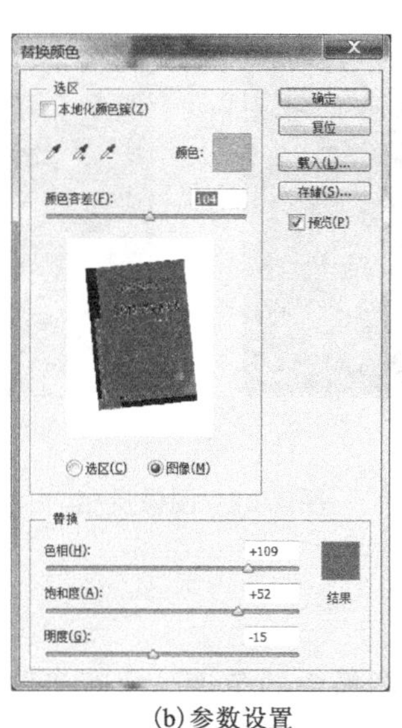

(b) 参数设置

(c) 效果

彩图 4-25

图 4-25　更换背景色

4.2.6　去色

“去色”命令用于去除图像中的颜色，在不改变色彩模式的前提下，将图像变为灰度图像。当需要制作一些特殊的怀旧效果时，可以将彩色图像的一部分变为黑白效果，以更突出重点。要制作这种效果可以执行“图像”→“调整”→“去色”命令或按 Shift+Ctrl+U 快捷键，此命令没有任何参数和选项设置。“去色”命令用于图像的选区，将选区中的图像进行去色的处理。原图和去色效果如图 4-26 所示。

(a) 原图

(b) 效果图

彩图 4-26

图 4-26　图像去色

4.3　特殊色调的调整

4.3.1　反相

使图像中的颜色和亮度反转成补色，可以生成一种照片的负片效果。执行“图像”→“调整”→“反相”命令，或按 Ctrl+I 快捷键，将图像或选区的像素反转为其补色，使其出现底片效果。原图及不同色彩模式的图像反相后的效果如图 4-27 所示。

彩图 4-27

(a) 原图

(b) 效果图

图 4-27 图像反相

4.3.2 色调分离

“色调分离”命令用于分离图像中的色调。执行“图像”→“调整”→“色调分离”命令，弹出“色调分离”对话框，如图 4-28 所示。

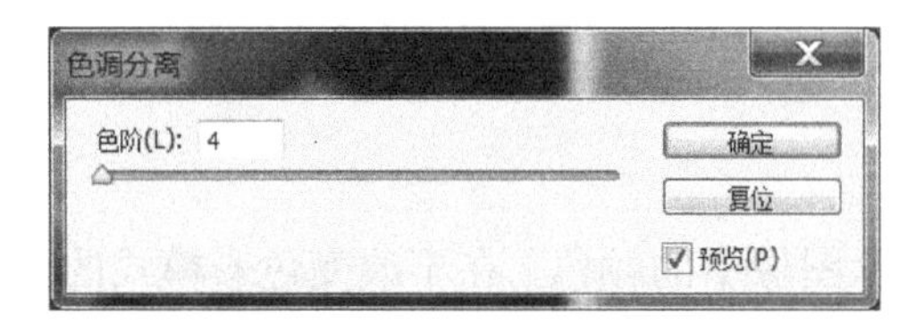

图 4-28 “色调分离”对话框

在“色阶”数值框中设置一个适当的数值(2～255)，可以指定图像中每个颜色通道的色调级或亮度值数目，并将像素映射为与之最接近的一种色调，从而使图像产生各种特殊的色彩效果。原图和色调分离的效果如图 4-29 所示。

彩图 4-29

(a) 原图

(b) 效果图

图 4-29 图像色调分离

4.3.3 阈值

利用“阈值”命令可以将彩色图像转换为高对比度的黑白图像，用于提高图像色调的反差度。执行“图像”→“调整”→“阈值”命令，弹出“阈值”对话框。在“阈值”对话框中拖动滑块或在“阈值色阶”数值框中输入数值(1～255)，可以改变图像的阈值，系统会使大于等于阈值的像素变为白色，小于阈值的像素变为黑色，使图像具有高度反差。

【例 4-6】利用阈值将照片变为黑白图像。

操作步骤：

(1) 打开原图文件，如图 4-30 所示。

图 4-30　原图

(2) 单击“图像”→“调整”→“阈值”命令，弹出“阈值”对话框如图 4-31 所示。设置“阈值色阶”值为 128，表示 128 及 128 以上的变白色，128 以下的变为黑色。

(3) 单击“图像”→“调整”→“阈值”命令，在图 4-32 所示的对话框中将“阈值色阶”值设置为 100，表示 100 及 100 以上的变白色，100 以下的变为黑色。

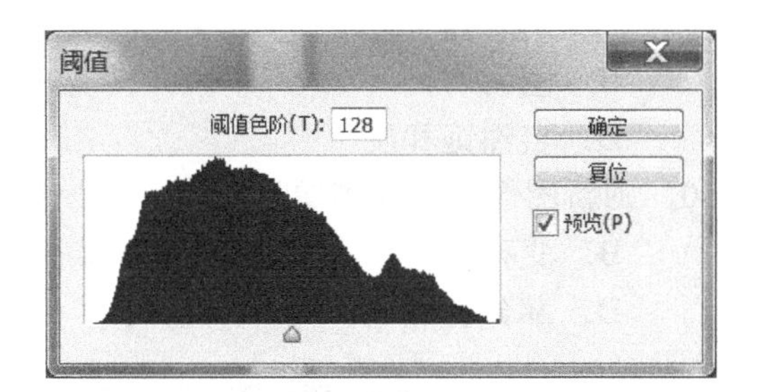

图 4-31　“阈值”对话框及图像效果(阈值色阶 128)

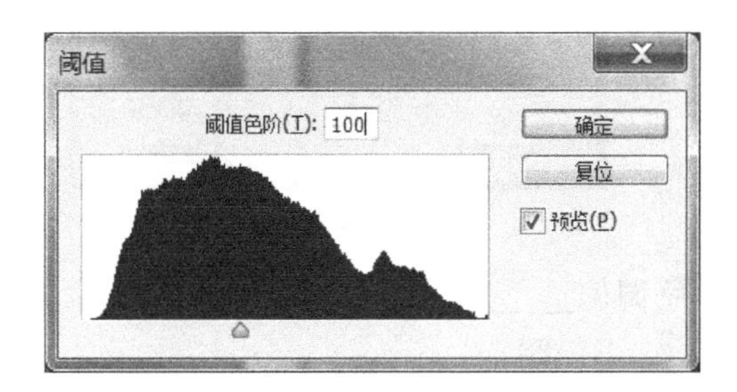

图 4-32　“阈值”对话框及图像效果(阈值色阶 100)

习　题　4

一、判断题(正确的填 A，错误的填 B)

1. 暖色调给人温暖、柔和之感，冷色调给人凉爽、通透之感。(　　)
2. 黑、白、灰等色给人的感觉是不冷不暖，将其称为“中性色”。(　　)
3. 色相就是色彩的相貌称谓，就是色彩种类。(　　)
4. 饱和度是指图像颜色的浓度，也叫纯度。(　　)
5. 对比度指不同颜色之间的差别。对比度越大，不同颜色之间的反差越小。(　　)
6. 输出色阶主要用来限制图像的亮度范围，就是限定了黑场、白场的最高值。(　　)
7. “曲线”命令用于调整图像整体的明暗度及色调。(　　)
8. 利用“阈值”命令可以将彩色图像转换为高对比度的黑白图像。(　　)

9．“去色”命令用于去除图像中的颜色，在不改变色彩模式的前提下，将图像变为灰度图像。(　　)

10．“替换颜色”命令可以用颜色样本来替换图像中指定的颜色范围，利用它可以实现抠图。(　　)

二、单选题

1．在“色彩范围”对话框中调整选区范围的选项是________。

A．反相　　B．消除锯齿

C．颜色容差　　D．羽化

2．要将图 4-33(a)黄花进行调整，使其变为图 4-33(b)红花的操作是应用______命令。

A．色相/饱和度　　B．色调均化

C．阈值　　D．自然饱和度

3．在图 4-34 中，若将亮度值由 0 变为 50，则新图像相对原图像是________。

A．变暗　　B．变亮

C．不变　　D．部分变

(a)黄花　(b)红花

图 4-33

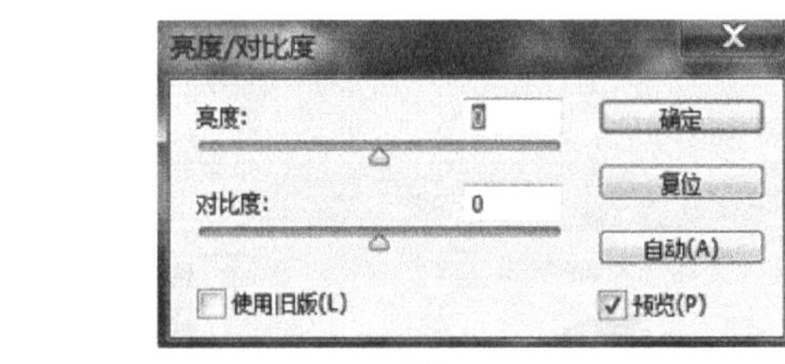

图 4-34

4．从下面的直方图(图 4-35)可知，此图色调偏________。

A．亮　　B．暗

C．中性灰　　D．白

5．如图 4-36 所示，在输入色阶中，将黑场的值由 0 变为 56，其含义为________。

A．56 及以上全部变黑　　B．56 及以下全部变黑

C．只有 56 以下变黑　　D．56 上全部变黑

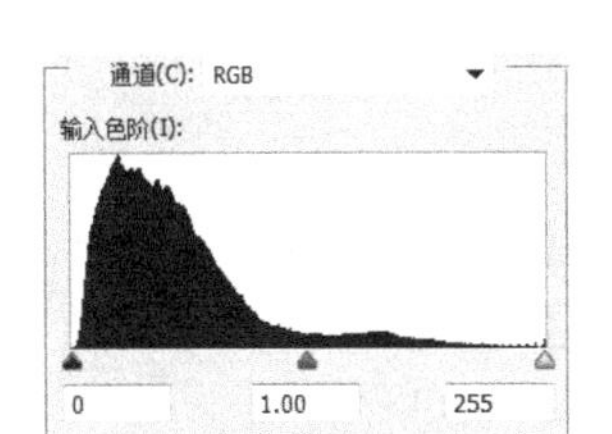

图 4-35

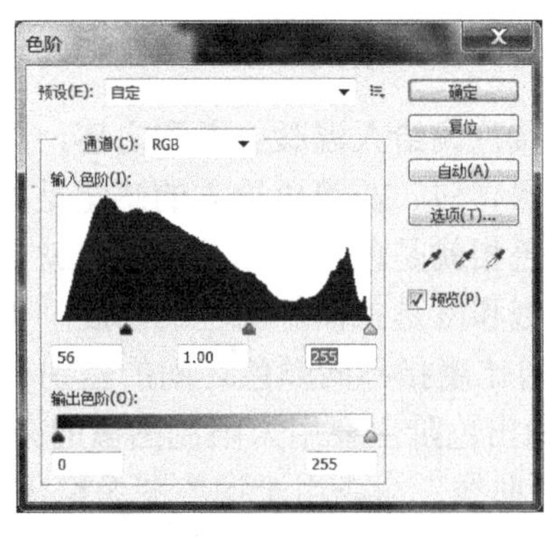

图 4-36

6．由图 4-37 中的曲线可知，此图像较原来________。

A．变暗　　B．变亮

C．不变　　D．变红

7．在图 4-38 中，由其曲线可知，此图像较原来________。

A．变暗　　B．变亮

C．不变　　D．变红

8．由图 4-39 中的曲线图可知，此图像较原来________。

A．暗部变暗，亮部变亮　　B．暗部变亮，亮部变亮

C．暗部变亮，亮部不变　　D．亮部变暗，亮部变暗

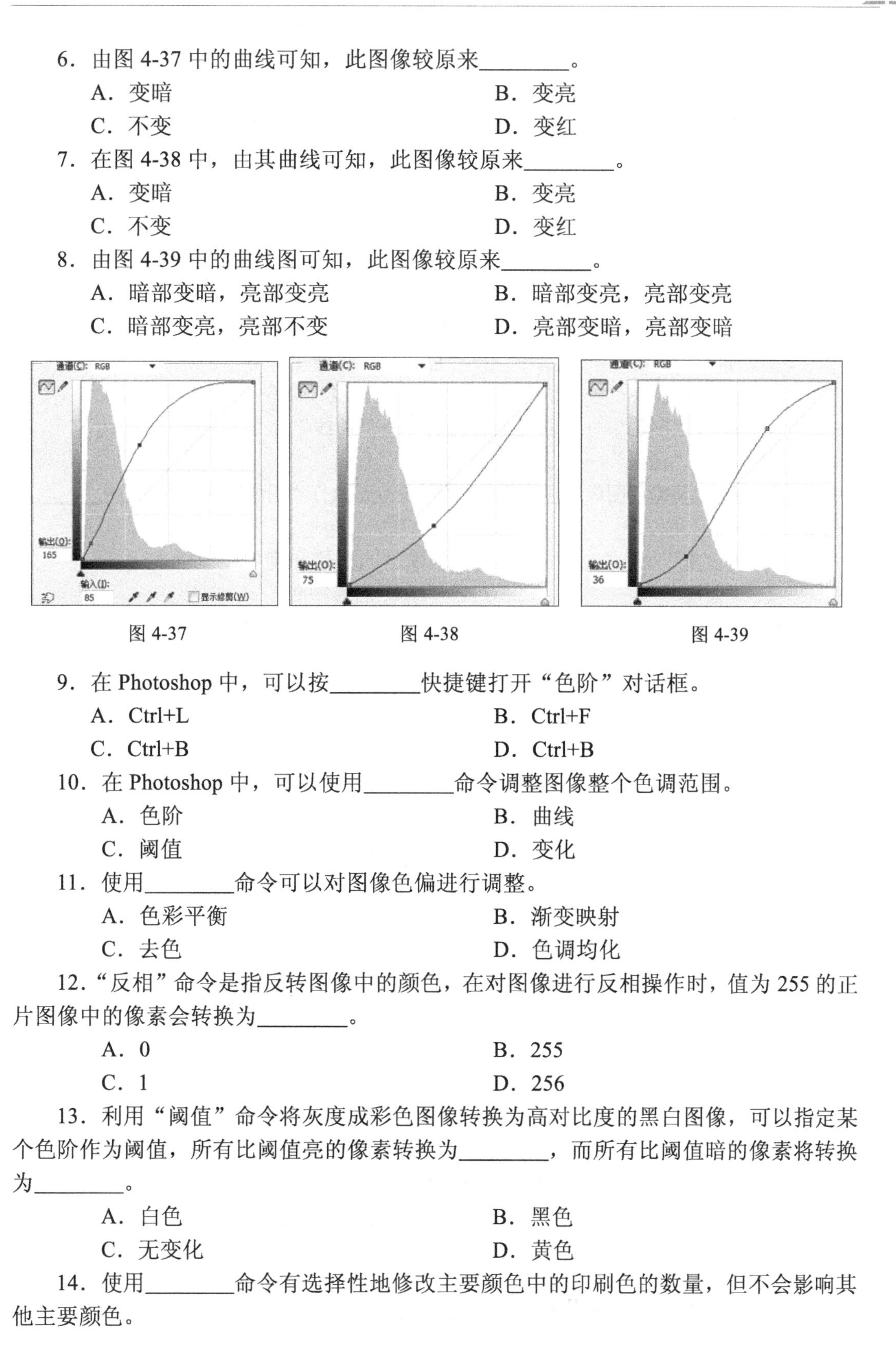

图 4-37　　图 4-38　　图 4-39

9．在 Photoshop 中，可以按________快捷键打开“色阶”对话框。

A．Ctrl+L　　B．Ctrl+F

C．Ctrl+B　　D．Ctrl+B

10．在 Photoshop 中，可以使用________命令调整图像整个色调范围。

A．色阶　　B．曲线

C．阈值　　D．变化

11．使用________命令可以对图像色偏进行调整。

A．色彩平衡　　B．渐变映射

C．去色　　D．色调均化

12．“反相”命令是指反转图像中的颜色，在对图像进行反相操作时，值为 255 的正片图像中的像素会转换为________。

A．0　　B．255

C．1　　D．256

13．利用“阈值”命令将灰度成彩色图像转换为高对比度的黑白图像，可以指定某个色阶作为阈值，所有比阈值亮的像素转换为________，而所有比阈值暗的像素将转换为________。

A．白色　　B．黑色

C．无变化　　D．黄色

14．使用________命令有选择性地修改主要颜色中的印刷色的数量，但不会影响其他主要颜色。

A．可选颜色　　B．匹配颜色
C．色调分离　　D．色彩平衡

15．使用________命令将彩色图像转换为相同颜色模式下的灰度图像。
A．去色　　B．变化
C．色调均化　　D．可选颜色

16．不能调整图像亮度与对比度的命令是________。
A．色阶　　B．曲线
C．亮度/对比度　　D．反相

17．下列可以保护图像原始信息的命令是________。
A．执行“图像”→“调整”→“色彩平衡”命令
B．执行“图像”→“调整”→“色相/饱和度”命令
C．执行“图层”→“新建调整图层”→“曲线”命令
D．执行“图像”→“调整”→“变化”命令

18．下列可以将彩色图像调整为黑白图像的命令是执行“图像”→“调整”→________命令。
A．“色阶”　　B．“自然饱和度”
C．“曲线”　　D．“色彩平衡”

19．将一幅图像调整为如图 4-40 所示单一色彩图像的命令是________命令。
A．去色　　B．“色相/饱和度”命令中的“着色”选项
C．替换颜色　　D．反相

图 4-40

20．关于图像色彩调整，描述错误的是________。
A．使用“反相”命令可以将黑白图像转换为底片效果
B．使用“去色”命令可以将彩色图像转换为相同颜色模式下的灰度图像
C．使用“照片滤镜”命令可以调整彩色图像的冷暖色调
D．使用“黑白”命令可以将当前图像转换为灰度模式的图像

三、多选题

1．“色相/饱和度”命令用于调整图像________。

A．色相　　B．饱和度
C．明度　　D．透明度

2．以下哪些方法可以进行色调的调整________。

A．亮度/对比度　　B．色阶
C．曲线　　D．阴影/亮光

3．以下哪些方法可以进行颜色的调整________。

A．色相/饱和度　　B．色彩平衡
C．照片滤镜　　D．通道混合器

4．以下颜色，哪些是暖色________。

A．红　　B．橙
C．黄　　D．蓝

5．色彩的要素有________。

A．色相　　B．饱和度
C．青色　　D．明度

四、操作题

1．打开图像文件，如图 4-41(a)所示，由于图片太暗，请采用适当工具，将图 4-41(a)调亮为图 4-41(b)的效果。

(a)原图

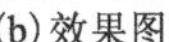

(b)效果图

彩图 4-41

图 4-41

2．打开图像文件，图 4-42(a)所示，利用色相/饱和度将左图花的颜色进行调整为图 4-42(b)效果。

(a)原图

(b)效果图

彩图 4-42

图 4-42

3．打开图像文件，如图 4-43(a)所示，采用“去色”命令，照片调整为老照片的黑白效果，如图 4-43(b)所示。

彩图 4-43

(a)原图

(b)效果图

图 4-43

4．打开图像文件，如图 4-44(b)所示，利用替换颜色，将草坪的颜色变黄，调出图 4-44(b)秋天的感觉。

彩图 4-44

(a)原图

(b)效果图

图 4-44

第 5 章　绘制路径和图形

矢量图是根据几何特性来绘制的图形，矢量图只能靠软件生成，文件占用内存空间小，这种类型的图像文件包含独立的分离图像，可以自由无限制的重新组合。它的特点是放大后图像不会失真，和分辨率无关，适用于图形设计、文字设计和一些标志设计、版式设计等。Photoshop 虽然是图像处理软件，但也具有强大的绘制和编辑矢量图形的功能，下面我们就来学习钢笔工具、矢量形状等内容。

5.1　绘 制 路 径

在 Photoshop 中，路径是不可打印的线条，它由锚点和连接锚点的线组成，它的主要作用是对图像进行精确定位和调整，同时还可以创建不规则的选区。

路径是根据“贝塞尔曲线”理论进行设计的。曲线上的每个点(锚点)都有两条调整手柄，如图 5-1 所示，调整手柄的方向和长度决定了与它所连接曲线的形状，移动锚点的位置可以修改曲线的形状。路径就是用一系列锚点连接起来的直线或曲线，并可以沿着这些线段或曲线进行描边或填充，还可以转换为选区。下面对路径的组成进行详细讲解。

“路径工具”主要用于对光滑图像选择区域及辅助抠图、绘制光滑线条、定义画笔等绘制轨迹以及选择区域之间转换，在设计作品时路径和选区相结合使用往往会起到事半功倍的效果。

绘制路径时涉及锚点、线段和调整手柄，如图 5-1 所示，路径每一部分都可以进行随意编辑，从而改变路径形状。

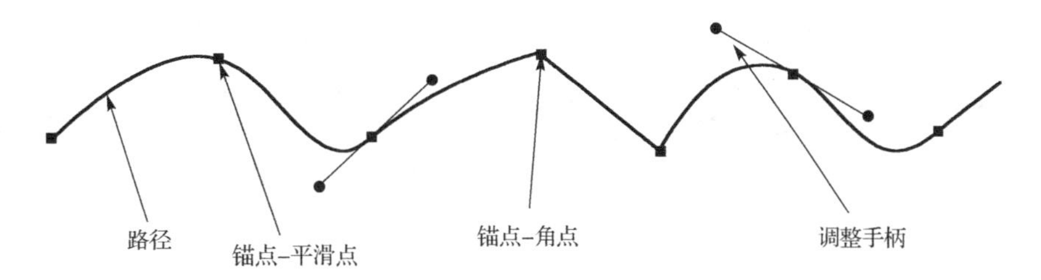

图 5-1　路径、锚点、调整手柄

锚点：是标记路径段的端点，用小方形表示，有平滑点与角点两种形式。

线段：线段分为直线和曲线，使用“钢笔工具”，在图像中单击创建直线，拖动锚点形成曲线。

调整手柄：选择一个锚点后，会在该锚点上显示调整手柄，拖动调整手柄一端的小圆点可修改与之关联线段的形状和曲率。

1. 钢笔工具

选择“钢笔工具”，在图像中单击可以创建直线路径，拖曳鼠标可以创建平滑曲线路径。建立路径时，鼠标指针回到第一个锚点上，笔尖旁出现小圆圈时单击即可创建闭合路径。要创建非闭合路径，结束路径绘制的方法有按 Enter 键，或按 Esc 键，或按住 Ctrl 键并在路径外单击，都可创建开放路径。绘制路径的效果如图 5-2 所示。

“钢笔工具”重要的应用场景是通过锚点及其调整手柄创建贴合图像的精准手绘路径并转换为选区。其优点是抠出的图像质量高，可保留图像细节、圆滑度等，是抠图的首选工具，适用于背景复杂，主体不突出，边缘不清晰的图像。缺点是耗时，需要有一定的操作基础与耐心。抠图效果如图 5-3 所示，利用“钢笔工具”也可绘制图形，如绘制五角星如图 5-4 所示。

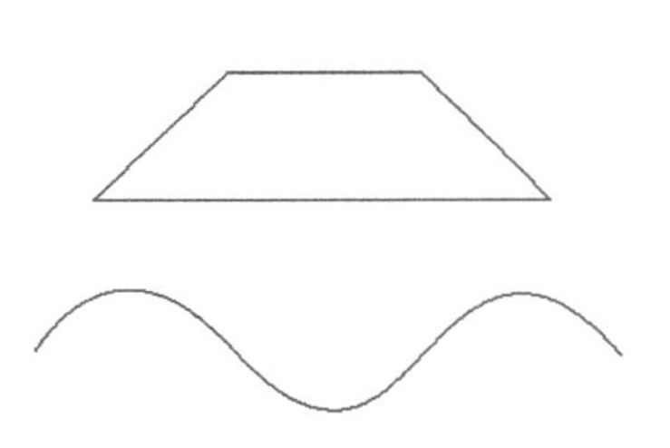

图 5-2　绘制直线与曲线

图 5-3　抠图效果

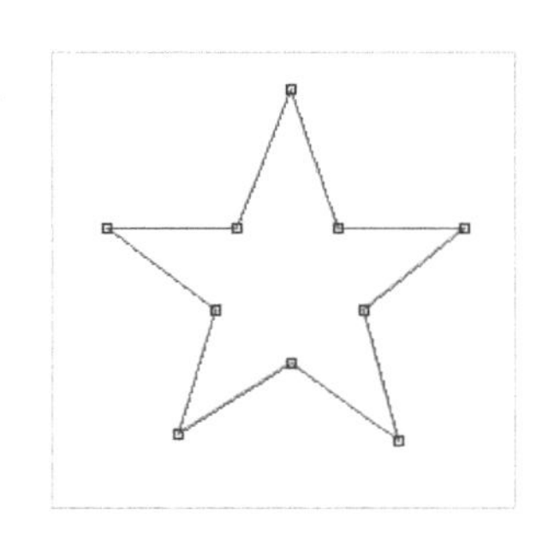

图 5-4　绘制图形

2. 添加与删除锚点工具

“添加锚点工具”的使用方法：选择“添加锚点工具”，将光标移动到要添加锚点的路径上，当鼠标指针显示为添加锚点符号时，单击鼠标即可在路径上添加锚点，如图 5-5 所示。如果在单击的同时拖动鼠标，可在路径上添加平滑锚点并更改路径的形状。“删除锚点工具”的使用方法：选择“删除锚点工具”，将光标移动到要删除的锚点上，当鼠标指针显示为删除锚点符号时，单击鼠标即可将锚点删除，如图 5-6 所示。

图 5-5　添加锚点

图 5-6　删除锚点

3. 转换点工具

“转换点工具”的使用方法：选择“转换点工具”，使锚点在角点和平滑点之间切换，其使用方法有差异。将“平滑点”转换为“角点”时，单击“平滑点”即可。将“角点”转换为“平滑点”时，需要按住鼠标左键拖动，就可以将角点(图 5-7)转换为平滑点(图 5-8)，并可以通过拖动调整手柄的长度和方向来改变路径的形状。按住 Alt 键的同时用鼠标拖曳角点，调整角点一侧的路径形状。

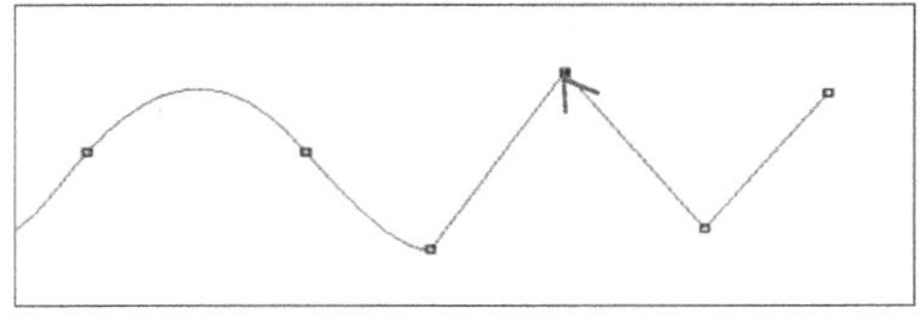

图 5-7　角点

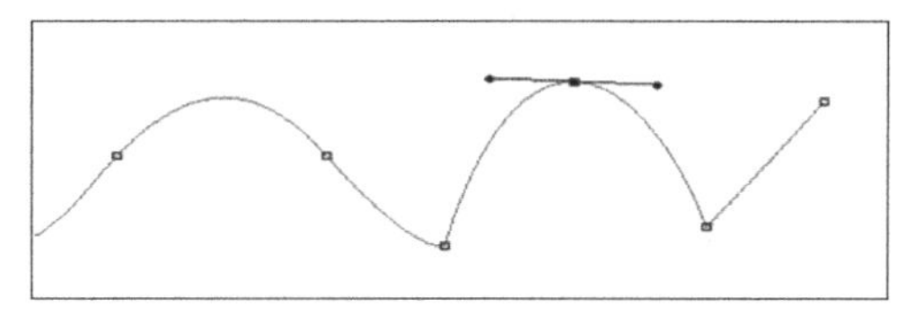

图 5-8　平滑点

4. 自由钢笔工具

选择“自由钢笔工具”，按住鼠标左键并拖动，沿着鼠标指针的移动轨迹自动添加锚点并生成路径。当鼠标指针回到起始位置时，其右下角出现一个小圆圈，此时，释放鼠标左键即可创建闭合的钢笔路径。

5.2　选择和编辑路径

1. 路径选择工具

“路径选择工具”用于选择整个路径，单击路径即可选中路径，单击空白处可以取消选择，拖动路径可移动路径，如图 5-9 所示。还可以对路径进行复制、对齐和分布等操作。按住 Alt 键并拖动可以复制路径，按 Ctrl+T 键可以对路径进行自由变换。

2. 直接选择工具

“直接选择工具”用于选择或移动锚点、调整手柄、线段、曲线，可以对路径进行局部编辑调整。利用“直接选择工具”在路径上单击，路径上会出现各个锚点，单击锚点，该锚点被选中，用鼠标拖动锚点可改变该锚点的位置，如图 5-10 所示。“路径选择工具”与“直接选择工具”在使用的过程中，按住 Ctrl 键后，两者可以互换。

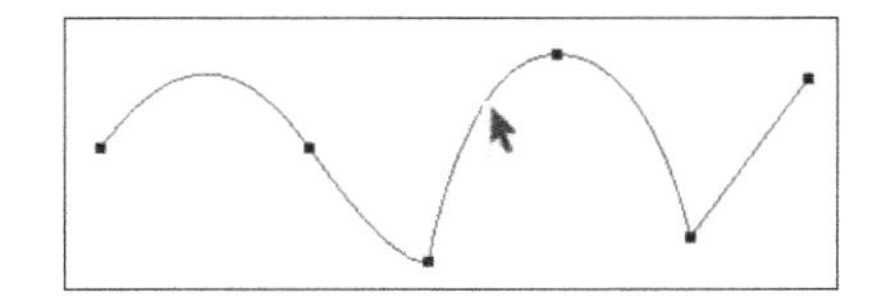

图 5-9　路径选择工具(黑箭头)

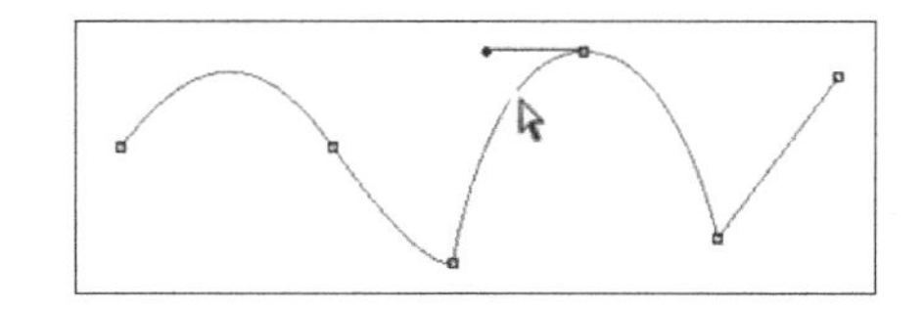

图 5-10　直接选择工具(白箭头)

【例 5-1】使用“钢笔工具”的绘制一个初始心形，再用“直接选择工具”进行调整。

操作步骤：

(1)新建文档，默认 Photoshop 大小。

(2)打开标尺，拉出 2 条水平参考线，限制心形的高度，垂直参考线 1 条，确定对称轴。

(3)选择“钢笔工具”，设置工具选项栏参数为形状、无填充、红色描边、大小为 0.66 点、实心线。参数效果为。

(4) 从最下面交叉点单击，确定起始点，移动光标到左上角点，拖动鼠标制作曲线，单击正上方点，拖动右上角点，最后回到最低点单击。效果如图 5-11 所示。

(5) 选择“直接选择工具”，在心形形状上单击，出现可以编辑的锚点，拖动锚点的调整手柄，进行幅度与长度的调整，基本上对称即可。效果如图 5-12 所示。

(6) 移去参考线，完成心形的绘制，如图 5-13 所示。

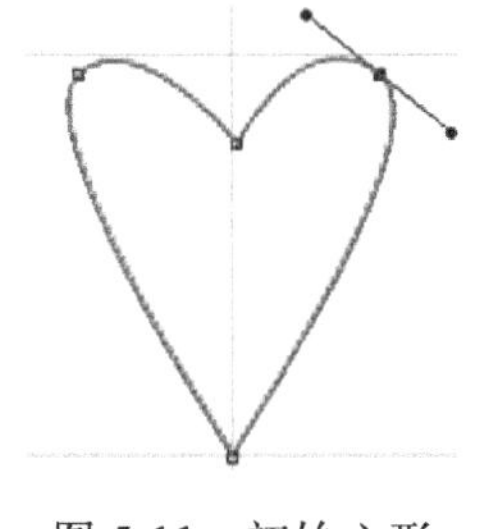

图 5-11　初始心形

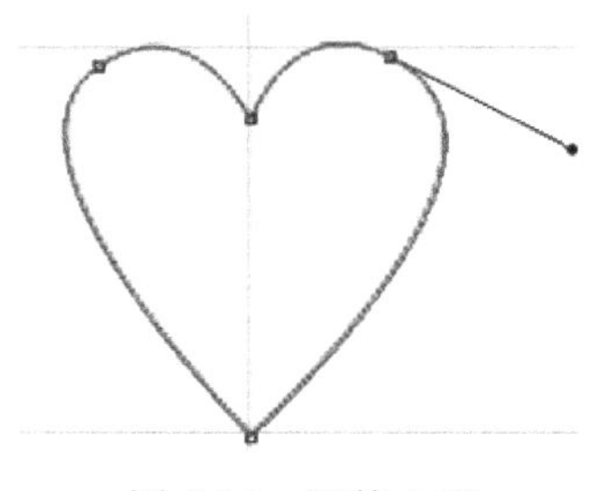

图 5-12　调整心形

图 5-13　最终心形

5.3　绘 制 图 形

在平面设计中，常要在图像中绘制需要的形状。Photoshop 工具箱的矩形工具组中有 6 个形状工具，如图 5-14 所示。通过它们就可以绘制出一些基本的形状图案，如人物、图形、动物等。下面我们来学习这些工具绘制图形的操作方法与技巧。

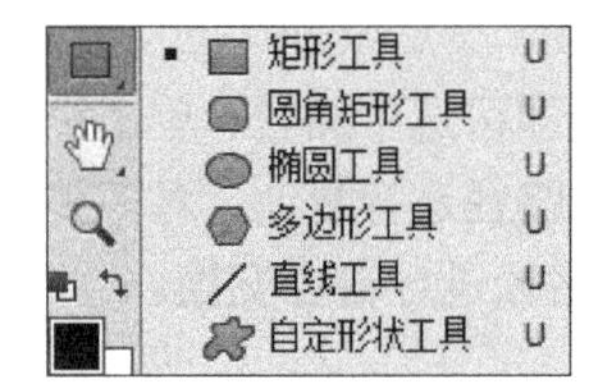

图 5-14　矩形工具组

1. 矩形工具

利用“矩形工具” 矩形工具 U 可以制作出矩形。“矩形工具”选项栏如图 5-15 所示，可对其模式、填充、描边、线型等参数进行设置。

图 5-15　“矩形工具”选项栏

选择模式为“形状”，填充色为“棕色”，描边为“红色”，线宽为“2 点”，线型为“实线”。选项设置为“不受约束”。按 Enter 键或在图像外单击，如图 5-16 所示。

(1) 不受约束：选择此选项，可以自由控制矩形的大小，这也是默认选项，如图 5-17 (a) 所示。

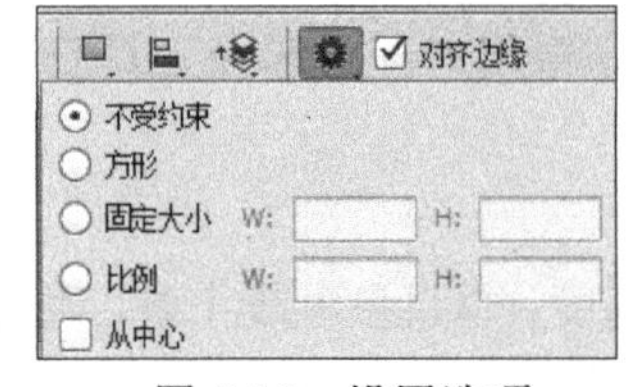

图 5-16　设置选项

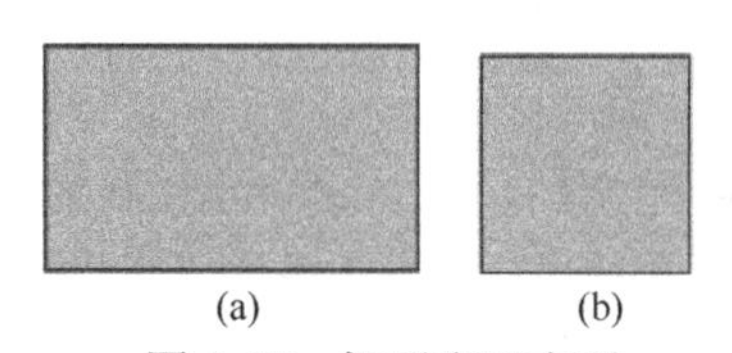

图 5-17　矩形和正方形

(2) 方形：选择此选项，绘制的形状都是正方形，如图 5-17 (b) 所示。

(3)固定大小：选择此选项，可以在 W 和 H 文本框中输入数值，精确定义矩形的宽和高。

(4)比例：选择此选项，可以在 W 和 H 文本框中输入数值，定义矩形宽、高的比例。

(5)从中心：选择此选项，以单击点为中心绘制矩形。

2. 圆角矩形工具

利用“圆角矩形工具” 圆角矩形工具 U 可以制作圆角矩形。选择“圆角矩形工具”，工具选项栏中会显示“半径”选项，该文本框中的数值用于设置圆角半径的大小，数值越大，角度越圆滑。

3. 椭圆工具

“椭圆工具” 椭圆工具 U 与“矩形工具”基本相似，选择“椭圆工具”可以绘制圆形，也可以拖动时按 Shift 键绘制正圆。

【例 5-2】制作圆角矩形、椭圆和正圆。

操作步骤：

(1)新建文档，大小为 800 像素×600 像素，选择“圆角矩形工具”，设置工具选项的模式为“形状”，选择填充色为“棕色”，描边为“红色”，线宽为“2 点”，线型为“实线”，选项设置为“不受约束”，半径为“20 像素”，画出圆角矩形，如图 5-18(a)所示。

(2)选择“椭圆工具”，画出椭圆，如图 5-18(b)所示。

(3)按住 Shift 键画出正圆，如图 5-18(c)所示。

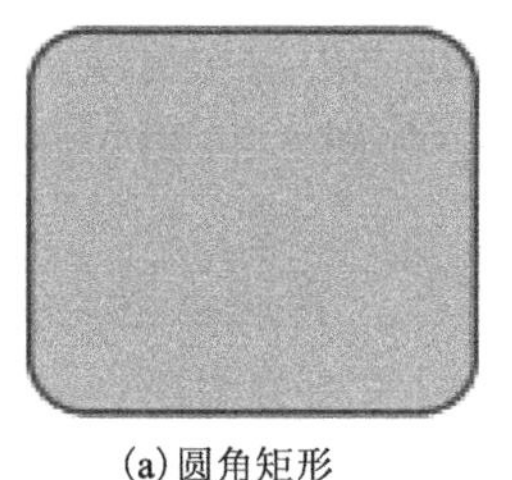
(a)圆角矩形

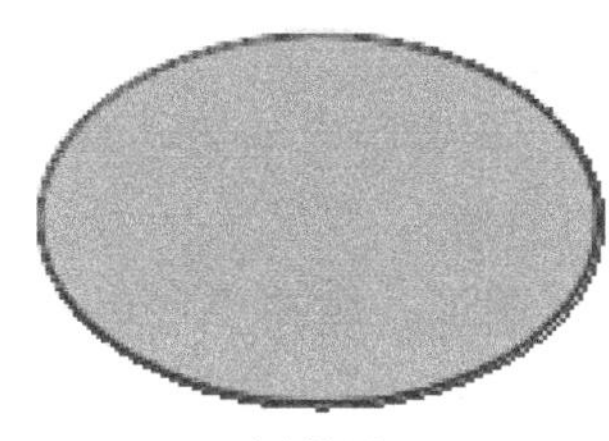
(b)椭圆

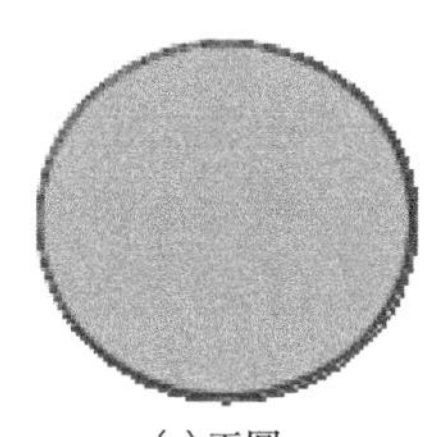
(c)正圆

彩图 5-18

图 5-18　制作圆角矩形、椭圆和正圆

4. 多边形工具

选择“多边形工具” 多边形工具 U，工具选项栏中出现“边”选项，如图 5-19 所示。在“边”文本框中输入数值可以控制多边形或星形的边数。

图 5-19　“多边形工具”选项栏

【例 5-3】制作五边形、五角星、九边形、九边平滑拐角星形。

操作步骤：

(1)画五边形：设置边为 5，在画布中拖动即可画出五边形。其参数与效果如图 5-20 所示。

(2)画五角星：设置边为 5，在下拉列表中选择“星形”，在画布上拖动即可画出五角星。其参数与效果如图 5-21 所示。

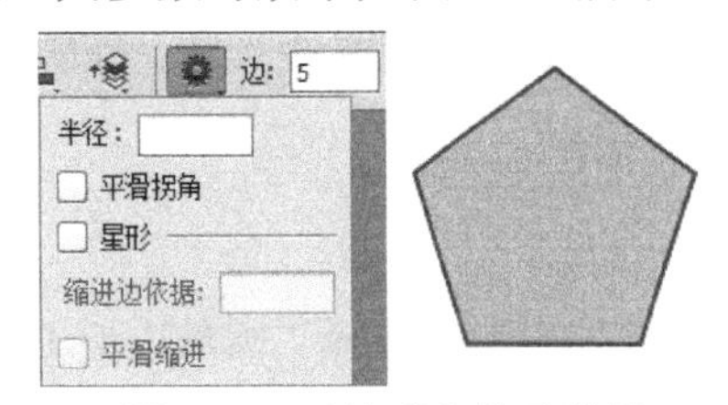

图 5-20　五边形参数及效果

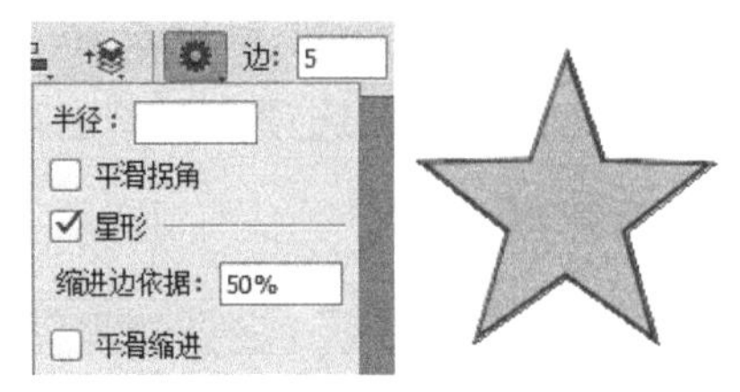

图 5-21　五角星参数及效果

(3)画九边形：设置边为 9，直接拖动即可画出九边形。其参数与效果如图 5-22 所示。

(4)画九边平滑拐角图形：设置边为 9，选中“平滑拐角”复选框，选择“星形”，设置“缩进边依据”为 50%，选中“平滑缩进”复选框，拖动即可画出九边平滑拐角图形。参数及效果如图 5-23 所示。

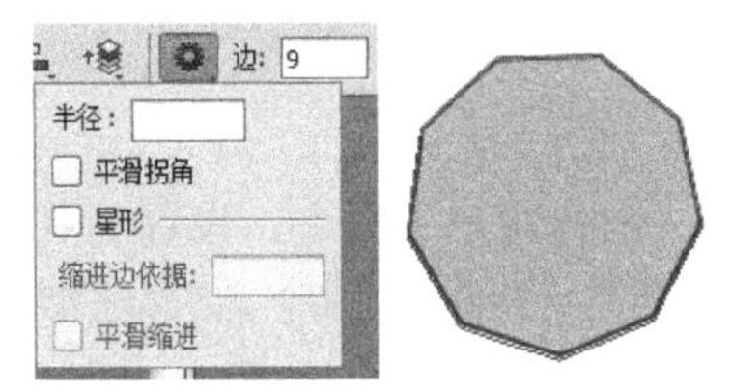

图 5-22　九边形参数及效果

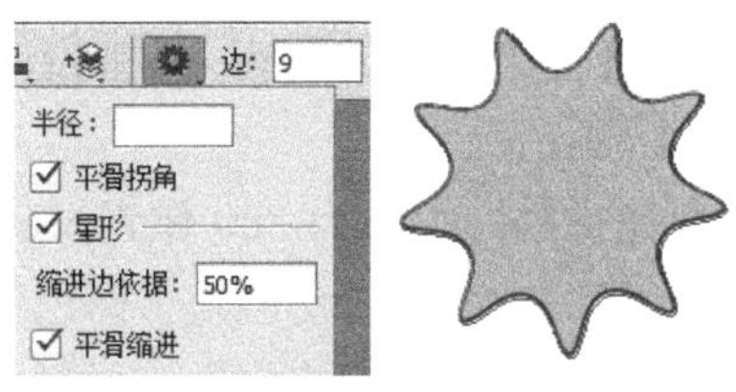

图 5-23　九边平滑拐角图形参数及效果

5. 自定形状工具

选择“自定形状工具” 自定形状工具 U，工具选项栏中出现“形状”选项，单击选项提示符，在调出的“形状”下拉列表中显示系统自带的形状，如图 5-24 所示。选中需要的图形，拖动即可制作相应的图形。

【例 5-4】绘制如图 5-25 所示图形。选择“自定义形状工具”，再选择相关的图形，设置填充色为“棕色”，描边色为“红色”，直接拖动鼠标即可制作相关图形。

彩图 5-25

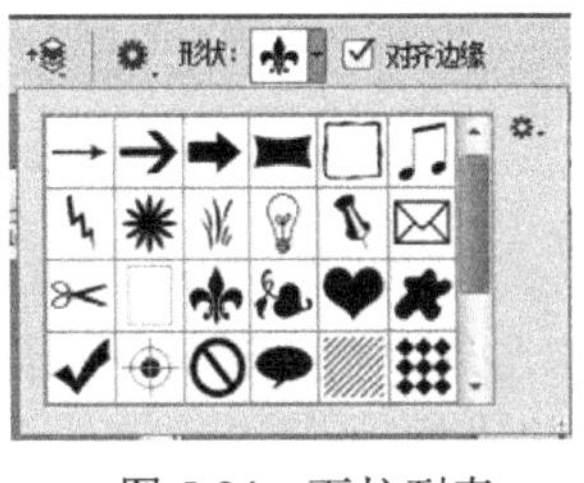

图 5-24　下拉列表

图 5-25　制作图形

习　题　5

一、判断题(正确的填 A，错误的填 B)

1. 选择“钢笔工具”，在图像中单击可创建直线路径；拖曳鼠标可以创建平滑曲线路径。(　　)

2．建立路径后，鼠标指针回到第一个锚点上，笔尖旁出现小圆圈时单击即可创建闭合路径。(　　)

3．“转换点工具”不可以在锚点、角点和平滑点之间进行转换。(　　)

4．使用“多边形工具”可以制作五角星。(　　)

5．使用“自定形状工具”，可以制作多种矢量图形。(　　)

二、单选题

1．精准手绘路径并转换为选区的首选工具是________。

A．自由钢笔　　B．钢笔工具

C．矩形工具　　D．多边形工具

2．选择“添加锚点工具”，将鼠标指针移到要添加锚点的________，当鼠标指针显示为添加锚点符号时，单击即可在路径上添加锚点。

A．路径上　　B．路径内

C．路径外　　D．锚点上

3．选择“删除锚点工具”，将鼠标指针移动到要删除的________，当鼠标指针显示为删除锚点符号时，单击即可删除锚点。

A．锚点左侧　　B．锚点上

C．锚点右侧　　D．锚点外

4．利用“转换点工具”使锚点________转换。

A．既可以将角点转换平滑点，也可以将平滑点转换为角点

B．只能将角点转换为平滑点

C．只能将平滑点转换为角点

D．只有由小角点转换为空心角点

5．Photoshop 软件，它________。

A．具有位图与矢量图的处理功能　　B．只具有位图图像处理功能

C．只具有矢量图形的处理功能　　D．具有较弱的位图、较强的矢量图处理功能

6．在工具箱中出现的图标，它为________。

A．移动工具　　B．转换点工具

C．钢笔工具　　D．直接选择工具

7．能在图像文件中绘制矢量图形的工具是________。

A．吸管工具　　B．画笔工具

C．钢笔工具　　D．铅笔工具

8．在 Photoshop 中，下列不属于矢量类的工具是________。

A．自定形状工具　　B．钢笔工具

C．直线工具　　D．画笔工具

三、多选题

1．在 Photoshop 中，下列属于矢量类的工具是________。

A．自定形状工具　　B．钢笔工具

C．直线工具 D．画笔工具

2．路径由以下________组成。

A．锚点 B．线段

C．选区 D．调整手柄

3．使用“钢笔工具”，结束路径的方法有________。

A．按 Enter 键 B．按 Esc 键

C．按住 Ctrl 键并在路径外单击 D．按住 Ctrl 键并在路径上单击

4．“直接选择工具”有以下________功能。

A．选择或移动锚点 B．移动控件杆

C．可以对路径进行局部编辑调整 D．移动线段、曲线

5．有关“多边形工具”，说法正确的有________。

A．多边形工具可以制作五角星 B．多边形工具可以制作等边三角形

C．多边形工具可以制作等边梯形 D．多边形工具可以制作八角形

四、操作题

1．根据图 5-26 所示样例，进行钢笔路径练习。

图 5-26 样例

2．选择相关工具，制作如图 5-27 所示图形。

3．选择“钢笔工具”，从图 5-28 中，分别将盘子、蓝色瓶子抠出来，并将倾斜的瓶子摆正。

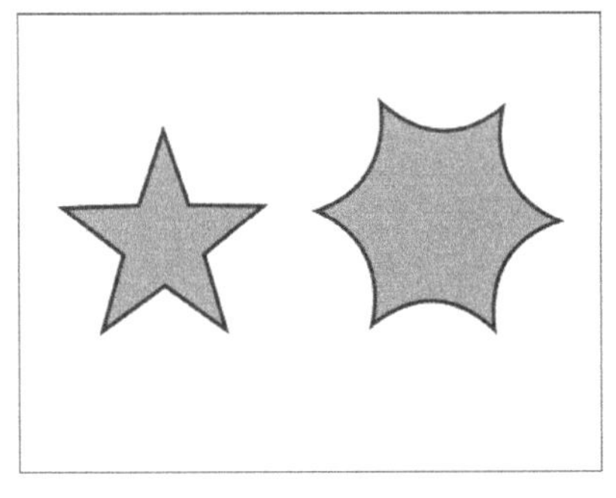

图 5-27 图形

图 5-28 原图

第 6 章　图层、通道与蒙版的应用

图层、通道、蒙版是 Photoshop 软件的特色，也是应用操作的重点与难点，本章通过图层、通道与蒙版的学习，可以方便、轻松、有效地处理图像，能创作出令人赞叹的精美图像。

6.1　图　　层

6.1.1　图层的基础知识

1. 图层的概念

图层是 Photoshop 中核心的概念之一。图层就像一张张透明的纸，可以在这些透明的纸上画画，有画的地方就有图像，而没画到的地方是透明的。我们可以在不同的透明纸上绘制不同的画，然后将它们叠放在一起，形成一幅图像。当要修改叠放在图层中某个图像时，只修改该图像即可，而不会影响其他图层的图像。

2. “图层”面板

“图层”面板如图 6-1 所示，各按钮的功能如下。

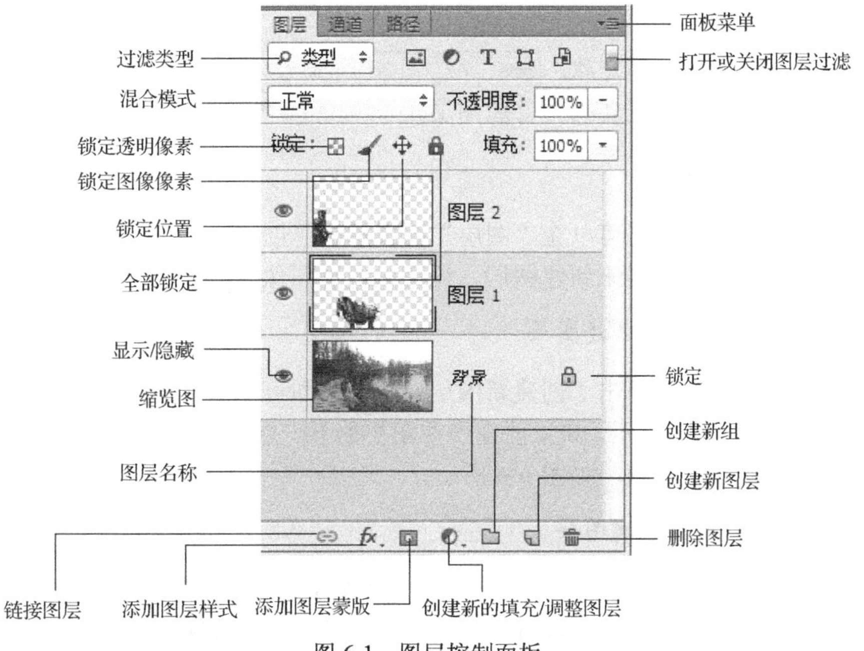

图 6-1　图层控制面板

(1)混合模式：选择此选项，设定图层间图像的色彩混合模式。

(2)锁定透明像素：选择此按钮，图层中的透明部分不可操作，不透明部分可操作。

(3)锁定图像像素：选择此按钮，图层中的图像像素不可操作。

(4)锁定位置：选择此按钮，图层中的图像位置不可移动。

(5)全部锁定：选择此按钮，图层中的图像不可进行任何改动。

(6)显示/隐藏：单击“显示”按钮切换成“隐藏”按钮，再单击就互换。

(7)链接图层：单击此按钮，将选中的多个图层链接在一起，仅选中一个图层，此按钮呈灰色，不可使用。

(8)添加图层样式：单击此按钮，在弹出的快捷菜单中选择任一命令，调出“图层样式”对话框，在图层上可以设定新样式，也可以修改已有样式。

(9)添加图层蒙版：单击此按钮，在当前图层上添加图层蒙版。

(10)创建新的填充/调整图层：单击此按钮，弹出快捷菜单。该快捷菜单相当于“图层”菜单中“新填充图层”和“新调整图层”的组合。

(11)创建新组：图层组是用来分类管理图层的。单击该按钮，即建立一个新的图层组。图层组默认的第 1 个名称为“组 1”。双击组名称，对名称进行修改。拖动图层到组上，可将图层放入该组中。在图层组里还可以建立下级组。

(12)创建新图层：单击此按钮，可以在当前图层上方建立新的图层。

(13)删除图层：将图层或组拖到该按钮上即被删除。也可以先选中图层，再单击“删除”按钮。

(14)填充：设置图层的内部图像的不透明度，不影响图层样式效果。

(15)不透明度：设置图层整体的不透明度。单击此选项提示符出现滑块，拖动滑块或直接在文本框中输入数值，即可改变图层的透明度，同时影响图层样式的不透明度。

(16)背景图层默认是锁定状态，双击图层(除显示/隐藏区域)，出现对话框，可将背景图层转换为普通图层。

6.1.2 新建图层

新建图层的方法很多，可以在“图层”面板单击“创建新图层”按钮新建图层，也可以通过复制已有的图层来新建图层，还可以通过图像的选区新建图层。

1. 在“图层”面板中新建图层

在“图层”面板底部单击“创建新图层”按钮，即可在当前图层的上一层新建一个图层，如图 6-2 和图 6-3 所示。如果要在当前图层的下一层新建一个图层，可以按住 Ctrl 键单击“创建新图层”按钮，如图 6-4 所示。

2. 用“新建”命令新建图层

如果要在创建图层时设置图层属性，则执行“图层”→“新建”→“图层”命令，在弹出的“新建图层”对话框中设置名称、颜色、模式等参数，如图 6-5 所示。对话框中的颜色是指图层标签的颜色，单击“确定”按钮。这相当于按 Alt 键单击“新建图层”按钮。

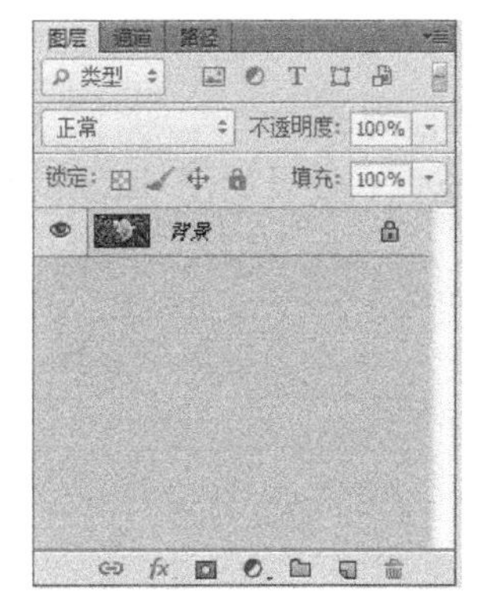

图 6-2 “图层”面板

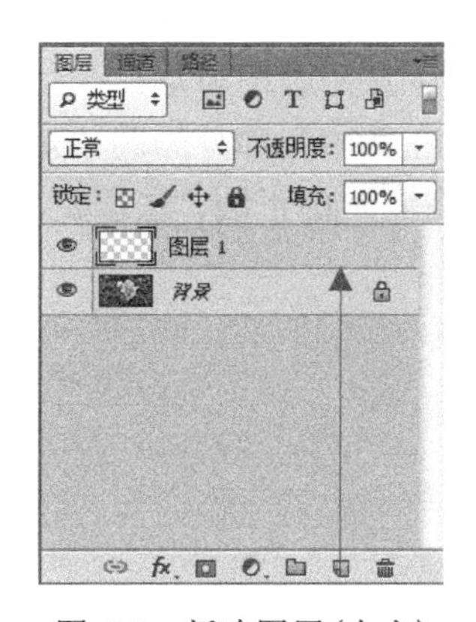

图 6-3　新建图层(上方)

图 6-4　新建图层(下方)

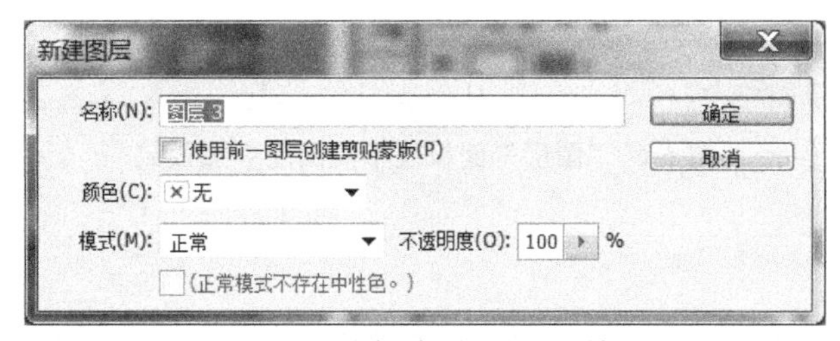

图 6-5　“新建图层”对话框

3. 通过复制图层来新建图层

选择一个图层，执行“图层”→“新建”→“通过拷贝的图层”命令或按 Ctrl+J 快捷键来复制当前图层。如果当前图层存在选区，则将选区中的图像复制到一个新的图层中，这个命令经常使用。

4. 背景图层与普通图层之间的转换

(1)背景图层转换普通图层：通常情况，背景图层都是处于锁定状态，无法编辑。有时需要将背景图层转换为普通图层，其常用的方法有 4 种。

①在背景图层上右击，选择“背景图层”命令，单击“确定”按钮即可。

②双击背景图层，在对话框中单击“确定”按钮。

③按住 Alt 键，双击背景图层，此方法不会出现对话框。

④执行“图层”→“新建”→“背景图层”命令可以实现图层转换。

(2)将普通图层转换为背景图层的方法。

①在图层上右击，在快捷菜单中选择“拼合图层”命令。

②执行“图层”→“新建”→“背景图层”命令，即可将当前图层转换为背景图层。

【例 6-1】分别在三个不同的图层绘制三个图形。

操作步骤：

(1)新建宽 800 像素，高 600 像素，颜色模式为 RGB，其余参数为默认值，文件名为 6-1.psd。

(2)双击背景图层将其转为普通图层“图层 0”。

(3) 新建“矩形”图层，在其上左侧画出矩形。

(4) 新建“圆角矩形”图层，在其中间部分画圆角矩形，半径为 20。

(5) 新建“正圆”图层，在其右侧画出正圆，注意要求无填充色。效果如图 6-6 所示。

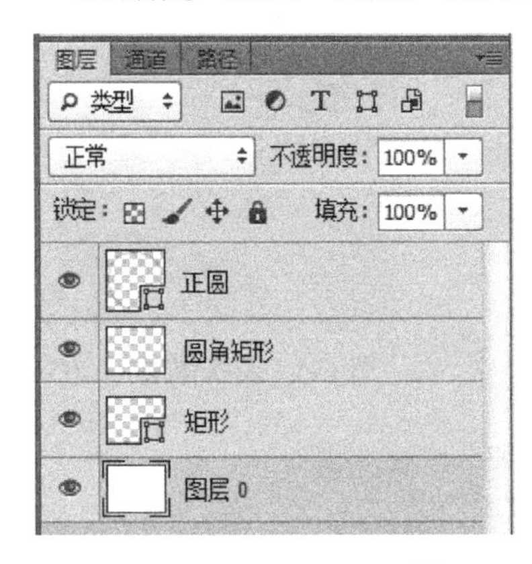

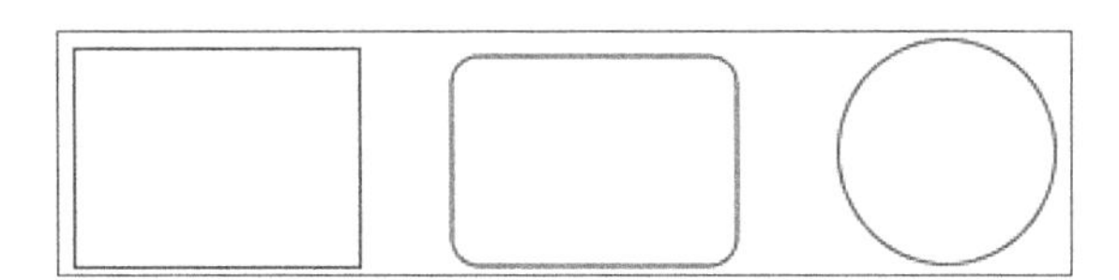

图 6-6 “图层”面板及不同图层叠加效果

6.1.3 编辑图层

编辑图层包括选择图层、复制图层、删除图层、显示与隐藏图层以及栅格化图层等。

1. 选择图层

选择一个图层，只需要在该图层上单击。选择连续的多个图层，选择第一个图层后，按住 Shift 键单击最后一个图层。选择不连续图层，只需要按住 Ctrl 键单击图层。取消选择图层，只需要在图层下面的空白处单击。

2. 移动图层

在“图层”面板中，单击某个图层，拖动到其他图层的上方或下方，松开鼠标即可移动图层。

3. 复制图层

复制图层的常用方法有 4 种。

(1) 右击图层，在快捷菜单中选择“复制图层”命令；

(2) 单击“选择”→“复制图层”命令；

(3) 将图层拖动到“创建新图层”按钮上；

(4) 按 Ctrl+J 键。

4. 删除图层

删除图层的常用方法有 3 种：

(1) 右击图层，在快捷菜单中选择“删除图层”命令；

(2) 选择图层，单击“图层”面板上的“删除”按钮；

(3) 将图层拖动到“删除”按钮上。

5. 隐藏/显示图层

单击“图层”面板上的👁图标可以隐藏该图层的图像，同时图标消失，若单击👁图标消失后空白按钮，将出现👁图标，图层图像又会显示出来。

6. 锁定图层

单击“图层”面板中的“锁定”后面的🔒图标，即可将此图层的透明像素、图像像素、位置全部锁定。

7. 栅格化图层

对于文字图层、形状图层、矢量蒙版图层和智能对象等包含矢量数据的图层，不能直接进行图像处理的操作命令，需要将图层栅格化处理后才能进行相应图像处理的操作。其操作方法是，右击“文字图层”或“形状图层”，在快捷菜单中选择“栅格化文字”或“栅格化图层”命令可实现对文字或形状的栅格化。

6.1.4　图层的样式

1. 阴影效果

阴影效果可以使图像产生立体的投影效果。阴影效果分“投影”和“内阴影”两种。“投影”效果是在图像的下面增加阴影，产生图像的立体感，如图 6-7(a)所示，注意与无图层样式的图 6-7(b)的区别。内阴影效果是在图像的里边产生阴影效果，如图 6-7(c)所示。

(a)阴影效果

(b)无图层样式

(c)内阴影效果

彩图 6-7

图 6-7　阴影效果与无图层样式

【**例 6-2**】制作邮票的花边，要求有立体感。

操作步骤：

(1)打开图像文件“例 6-2-原图.jpg”，按 Ctrl+“−”键对图像进行缩小。

(2)单击“图像”→“画布大小”命令，选中“相对”复选框☑相对(R)，宽度与高度都扩大 200 像素，画布扩展颜色为“白色”，单击“确定”按钮，参数如图 6-8 所示。扩展白色效果如图 6-9 所示。

(3)将背景图层转为普通图层“图层 0”：在“图层”面板中双击背景图层，在对话框中单击“确定”按钮，将背景图层转为普通图层“图层 0”。

(4)在“图层”面板的最下方单击“创建新图层”按钮，新建“图层 1”，设置前景色 RGB 为(162,215,240)。

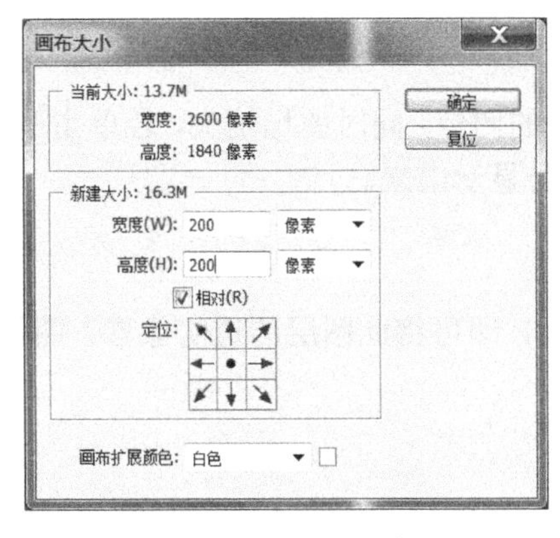

图 6-8　设置画布大小

彩图 6-9

图 6-9　扩展白色效果

(5) 在新图层中按 Alt+Delete 键填充前景色。拖动“图层 1”到“图层 0”的下方。

(6) 选择“图层 0”，选择“橡皮擦工具”，单击，在画笔预设中设置大小为 100，硬度为 100。

(7) 单击“切换画笔”面板，选择画笔笔尖形状，设置间距为 100%，如图 6-10 所示。

(8) 用“橡皮擦工具”单击一个角，按住 Shift 键盘，再单击另外一个角，这时删除白色的边，制作出花边，同时制作其余 3 条边。

(9) 在“图层”面板最下方单击“添加图层样式”→“投影”命令，如图 6-11 所示的对话框，设置重点参数角度为 120，设置距离、大小都为 5 像素，单击“确定”按钮。效果如图 6-12 所示。

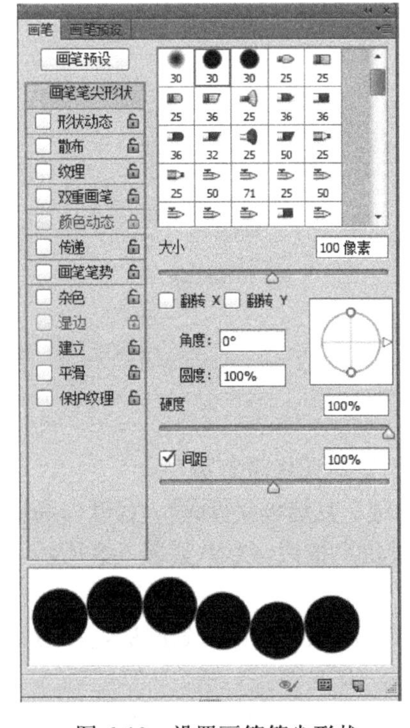

图 6-10　设置画笔笔尖形状

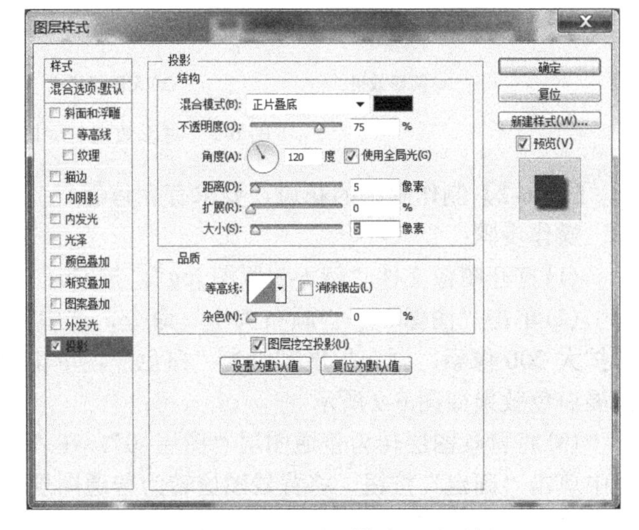

图 6-11　“图层样式”对话框

彩图 6-12

图 6-12　邮票最终效果

2. 发光效果

发光效果分“内发光”和“外发光”两种。内发光是向图像内部发光。如图 6-13 所示为内发光参数及效果。外发光是图像向外部发光，如图 6-14 所示为外发光参数及效果。

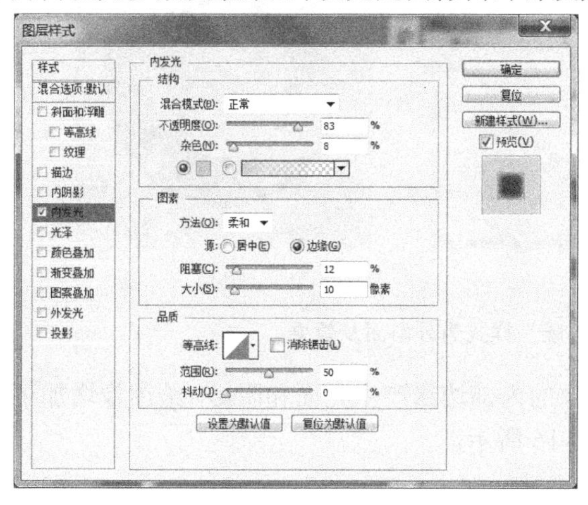

(a)

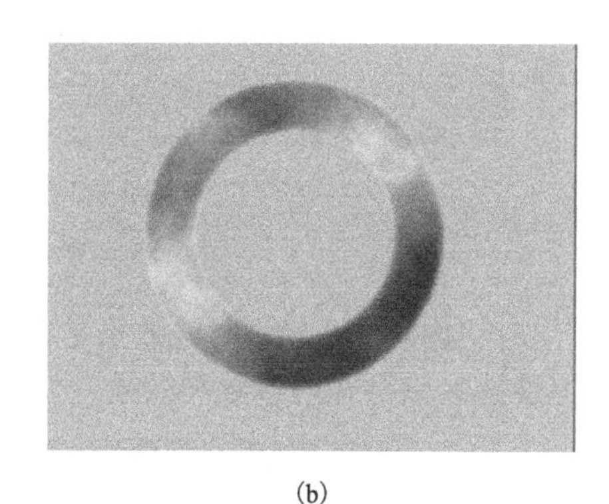

(b)

彩图 6-13(b)

图 6-13　内发光参数及效果

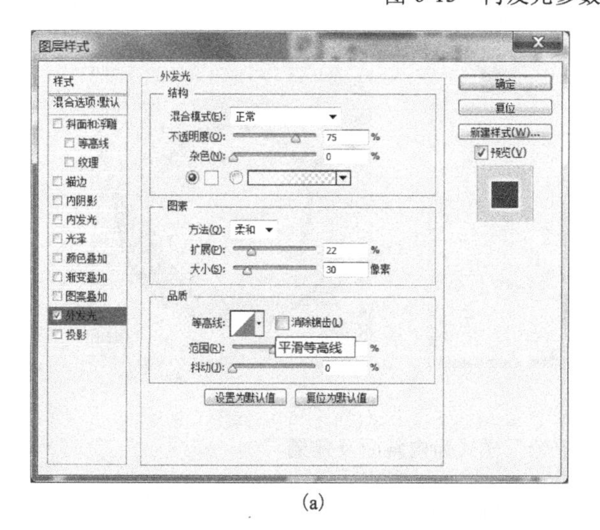

(a)

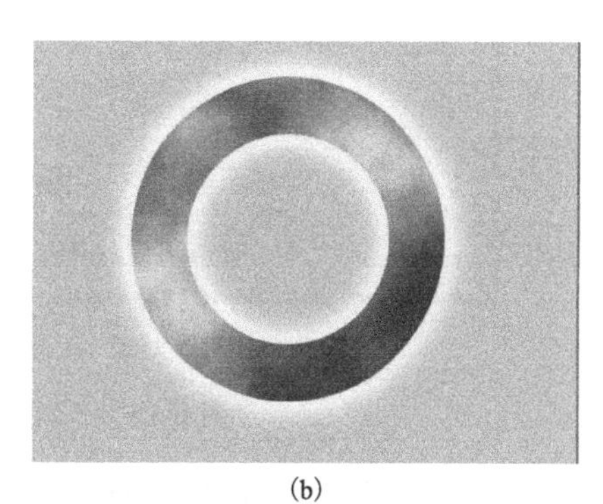

(b)

彩图 6-14(b)

图 6-14　外发光参数及效果

3. 斜面和浮雕效果

利用“斜面和浮雕”功能可以使图层中的图像产生立体的浮雕效果，在图像处理中经常使用。

(1)“外斜面”选项：此效果类似于投影效果，在图像的下面产生阴影，使图像有一种升起的效果。与投影不同的是外斜面效果不仅在背光面产生阴影，在光照面也会产生亮面，增加了图像的立体感。该样式参数和效果如图 6-15 所示。

彩图 6-15(b)

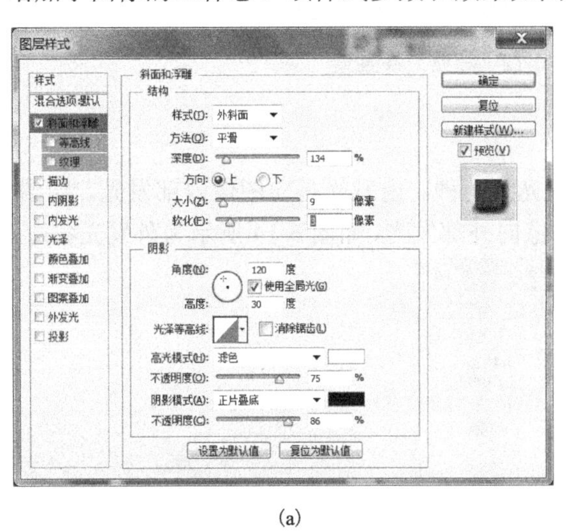

(a)

(b)

图 6-15 “斜面和浮雕”样式为外斜面及效果

(2)“内斜面”选项：该效果是在图像的内部边缘产生亮面和阴影，给图像增加了立体厚度感。该样式的参数和效果，如图 6-16 所示。

彩图 6-16(b)

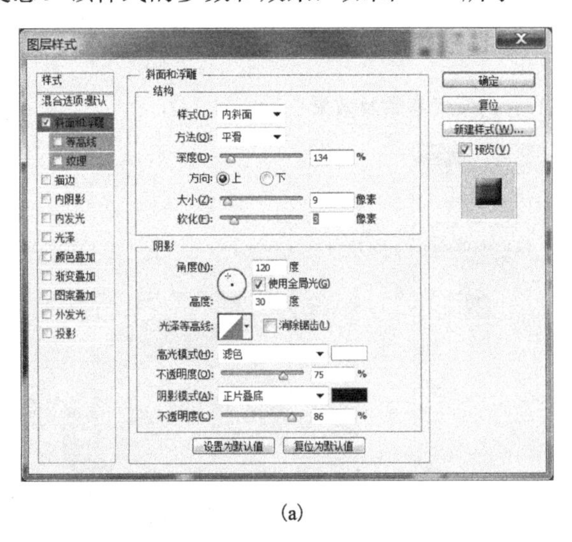

(a)

(b)

图 6-16 “斜面和浮雕”样式为内斜面及效果

(3)“浮雕效果”选项：该样式是前两种样式的综合，既有外斜面效果又有内斜面效果，使图像的立体感更加强烈。该样式的参数和效果如图 6-17 所示。

(4)“枕状浮雕”选项：该样式既有外斜面效果又有内斜面效果，其不同之处是外斜面产生的方向是由背景向图像的边缘过渡，使图像在产生厚度的同时又增加了陷入背景的感觉。此样式适合制作雕刻文字效果。

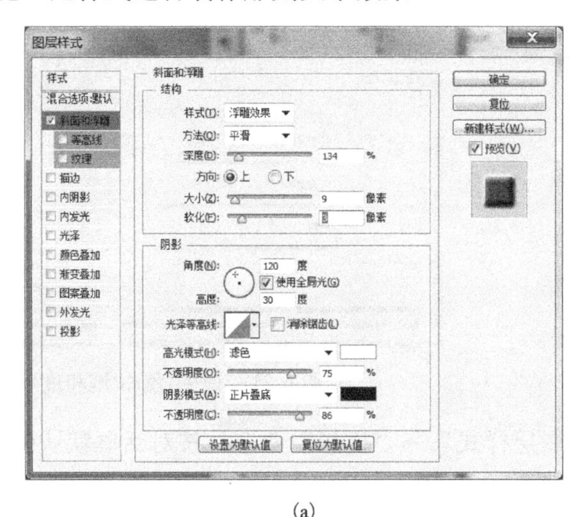

(a)

(b)

彩图 6-17(b)

图 6-17　“斜面和浮雕”样式为浮雕及效果

(5)“方法”选项：用来确定斜面的表现方式，共有 3 种方式。

①平滑：该方式产生的斜面较圆滑。

②硬浮雕：该方式产生的斜面棱角分明，使图像产生一种金属般的坚硬感。

③软浮雕：该方式与“硬浮雕”方式接近，只是产生的棱角平缓些，增加了一些过渡的刻痕。

【例 6-3】制作玉石手镯。

操作步骤：

(1)新建文件，默认 Photoshop 大小。

(2)设置前景色 RGB(208,122,205)，按 Alt+Delete 键填充前景色。

(3)新建图层，设置默认的前景色与背景色(黑白)。

(4)单击“滤镜”→“渲染”→“云彩”命令(第 8 章学滤镜，此处体会一下其神奇功能)，效果如图 6-18 所示。

(5)打开标尺，拖动形成参考线，选择“椭圆选框工具”，在交叉处画圆，按 Alt+Shift 键拖动，对图像反选，删除不需要的部分。效果如图 6-19 所示。

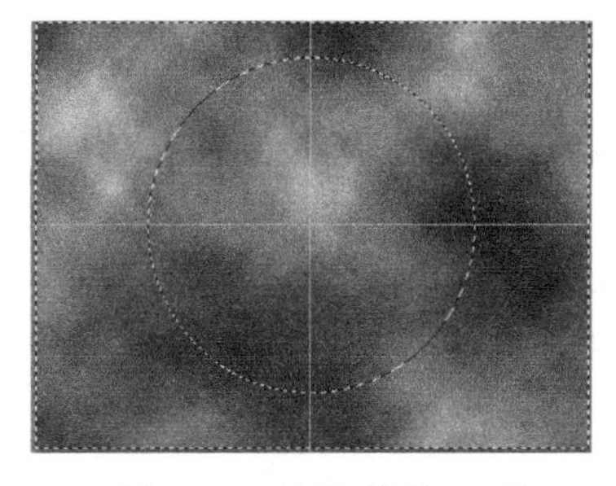

图 6-18　滤镜/渲染/云彩

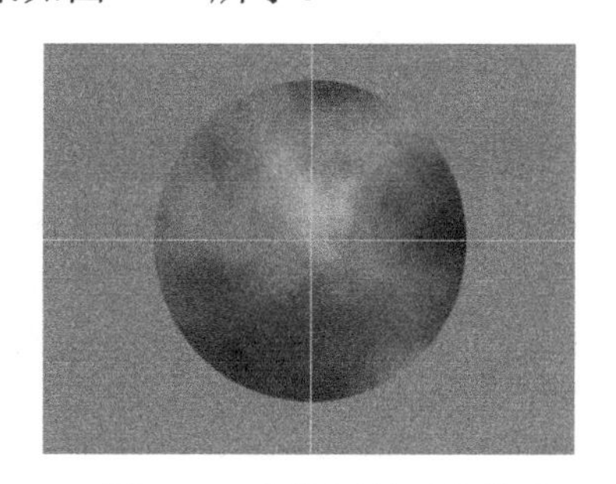

图 6-19　删除圆外后的效果

(6) 再次画圆，删除内部，制作成环形，效果如图 6-20 所示。

(7) 单击“图像”→“调整”→“色相/饱和度”命令。参数设置如图 6-21 所示。选中“着色”复选框，将颜色调整为绿色。

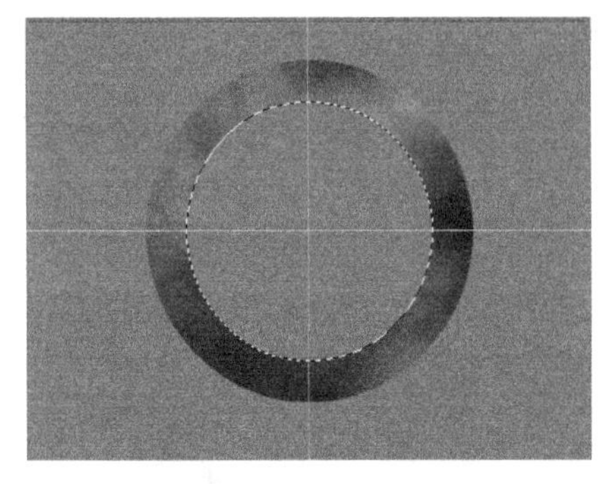

图 6-20　删除圆内后的效果

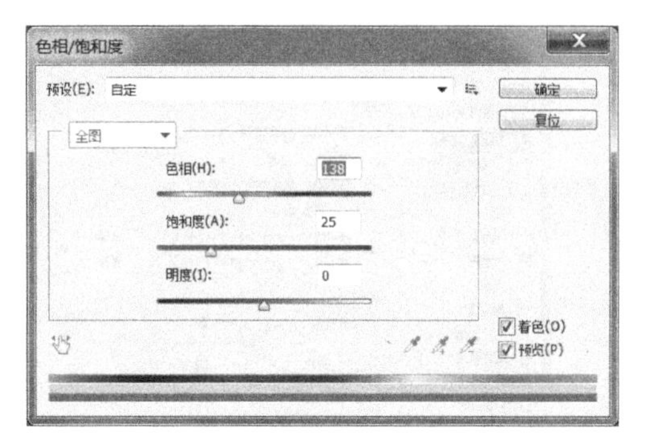

图 6-21　调色(色相/饱和度)

(8) 单击“图层”面板的“添加图层样式”→“投影”命令，按对话框默认值即可，如图 6-22 所示。给手镯增加立体效果。

(9) 用“移动工具”移去参考线，完成手镯的制作。效果如图 6-23 所示。

彩图 6-23

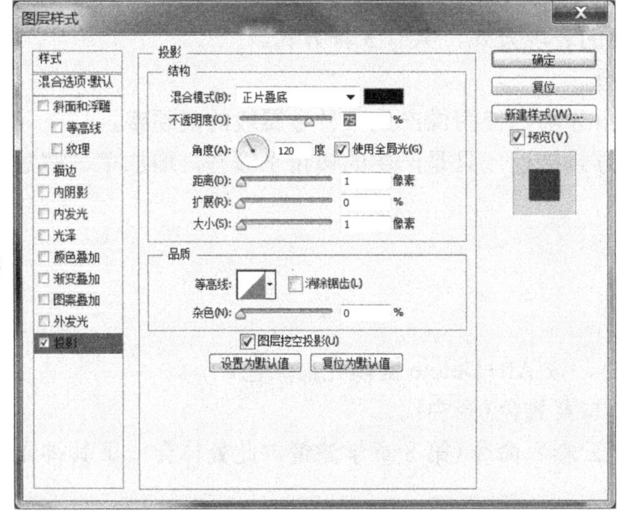

图 6-22　“投影”样式

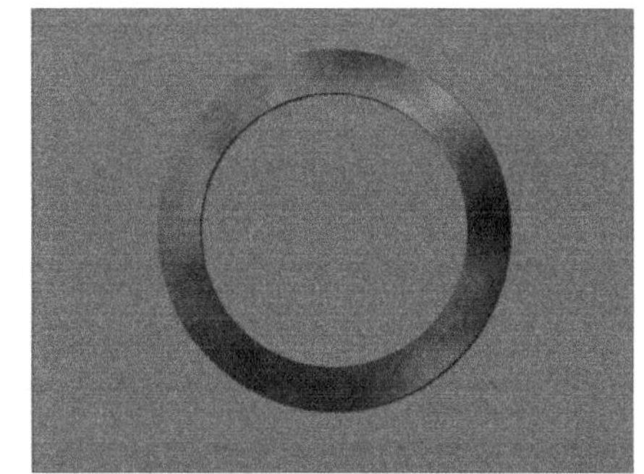

图 6-23　最终效果

6.1.5　图层的混合模式

图层的混合模式是 Photoshop 的一项重要的功能，它决定了当前图像像素与下面图像像素的混合方式，它可以用来创建各种特效，并且不会损坏原始图像的内容。这部分内容与前面内容相同，请参考第 3 章画笔工具的色彩模式，表 3-1 中的内容，这里不再重复。在绘图工具和修饰工具的选项栏，以及“填充”“描边”等对话框中都有“混合模式”。

6.2　通　　道

6.2.1　通道的基础知识

1. 通道的含义

前面学过，图层是构成图像的层次，一幅图像可以由多个图层构成，而通道则是从色彩的角度来诠释图像的构成。如在 RGB 模式中，其颜色由红、绿、蓝三种色光叠加而成，那么图像就是由红、绿、蓝三个色彩层次组合而成。

通道是用来存储图像文件中的单色信息或选区的，它的概念是由分色印刷的胶片概念演变而来的。当打开一个图像文件时，在“通道”面板上就自动建立了颜色信息通道。根据图像的色彩模式将图像分解成不同的单色通道，每个单色通道就好似分色印刷中的一个单色胶片。将这些单色通道，按固定的顺序存放于“通道”面板中，便于分别管理。不同的色彩模式，其色彩信息通道的数目是不同的。

(1) 灰度通道：灰度图(图 6-24)只有一个通道，称为灰色或灰度通道，如图 6-25 所示。

图 6-24　灰度图

图 6-25　灰色通道

(2) 位图通道：位图(图 6-26)只有一个通道，称为位图通道，如图 6-27 所示。

图 6-26　位图

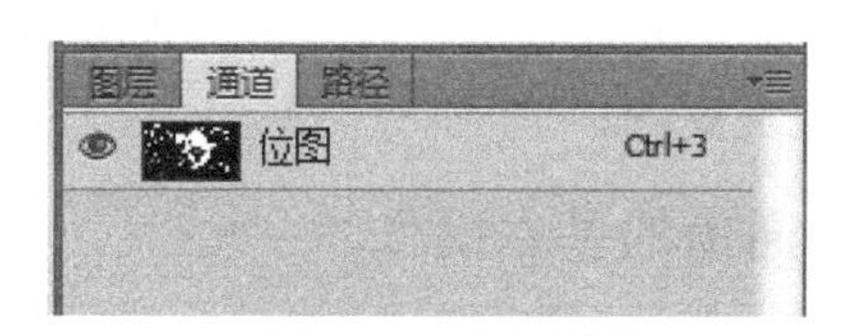

图 6-27　位图通道

(3) RGB 模式通道：RGB 模式有四个通道，一个复合的 RGB 通道，三个单色通道，分别是红色、绿色、蓝色通道。彩色图如图 6-28(a)所示，RGB 模式通道如图 6-28(b)所示。

(a) 彩色图

(b) RGB 模式通道

图 6-28　彩色图和 RGB 模式通道

彩图 6-28

(4) Lab 模式通道：Lab 模式有四个通道，一个复合的 Lab 通道，三个单色通道。单色通道分别是 L(明度)、a(由绿色到洋红)和 b(蓝色到黄色)。Lab 模式通道如图 6-29 所示。

(5) CMYK 模式通道：CMYK 模式有五个通道，一个复合的 CMYK 通道，四个单色通道，单色通道分别是青色、洋红、黄色、黑色通道。CMYK 模式通道如图 6-30 所示。

2. “通道”面板

根据图像色彩模式的不同，“通道”面板中的通道也是不同的。RGB 模式的“通道”面板，如图 6-28 所示 RGB 模式通道。CMYK 模式的“通道”面板，如图 6-30 所示。

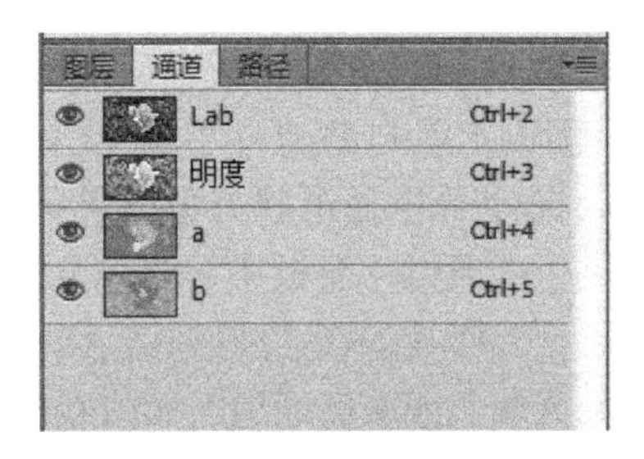

图 6-29 Lab 模式通道

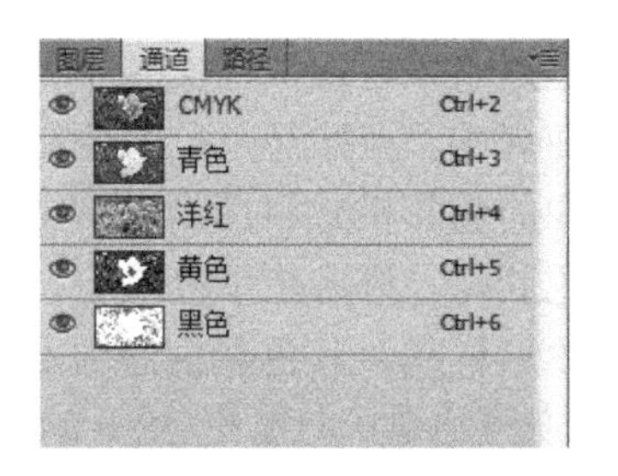

图 6-30 CMYK 模式通道

“通道”面板中的每一行代表一个通道。通道名称后的文字，如“Ctrl+2”字样是指在图像窗口打开该通道的快捷键。“眼睛”图标功能为是否在图像窗口显示该通道。

3. 通道的复制

在编辑图像时需要对通道进行复制，复制通道的方法如下。

(1) 在“通道”面板中，选中要复制的通道，按下鼠标左键，将其拖到“创建新通道”按钮上，选中的通道即可被复制。

(2) 在“通道”面板中，选中要复制的通道并右击，在快捷菜单中选择“复制通道”命令，打开“复制通道”对话框。根据需要设置各选项后，单击“确定”按钮，就会将选中的通道复制。

6.2.2 通道的基本操作

通道抠图的原理是通过增加图像明暗度对比来创建选区，白色为选区，黑色为非选区，灰色为半透明选区，RGB 颜色模式下，有红、绿、蓝三个单色通道和 RGB 复合通道。在红、绿、蓝三个通道中，选择一个对比鲜明的通道进行复制，使主体与背景呈现一白一黑的效果从而创建选区。其优点是，对于抠取零碎物体的边缘非常有效。例如，人物的头发、动物的毛发、玻璃、半透明制品、火焰等。它的缺点是，对新手有难度，操作步骤多，相对难度较高。在复制的通道中通过色阶、曲线、画笔、钢笔等工具增加图像的明暗对比度，从而实现抠图。

【例 6-4】 利用通道实现抠图。

操作步骤：

(1) 打开图像文件“例 6-4.jpg”，如图 6-31 所示。

(2) 按 Ctrl+J 键复制图层。

(3) 切换到“通道”面板，选择三个通道中比对度最强的通道，即“蓝色”通道。右击“蓝色”通道，在快捷菜单中选择“复制通道”命令。

(4) 选中“蓝 副本”通道，按 Ctrl+L 键或执行“图像”→“调整”→“色阶”命令。调整黑场、白场的参数，单击“确定”按钮。对话框的参数调整如图 6-32 和图 6-33 所示。

(5) 按 Ctrl 键，单击“蓝 副本”通道，此时白色区域为选区，选择为天空部分，单击“图层”选项卡，切换到“图层”面板，选择“图层 1”。

(6) 按 Ctrl+Shift+I 键进行反选操作，就是选择了天空以外的所有内容。

图 6-31　原图

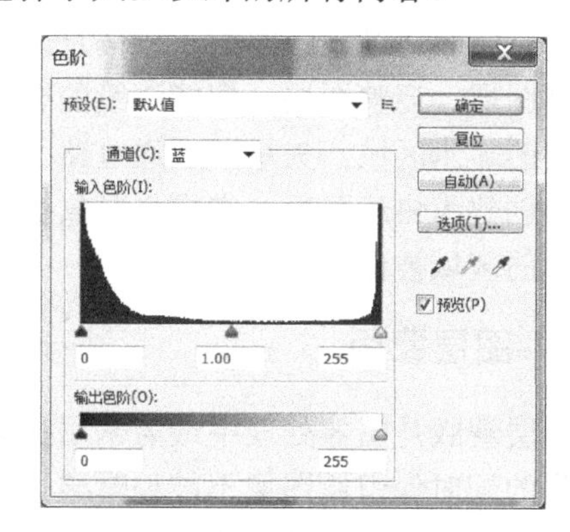

图 6-32　“色阶”对话框

(7) 按 Ctrl+J 键复制图层。将天空部分删除的效果如图 6-34 所示。

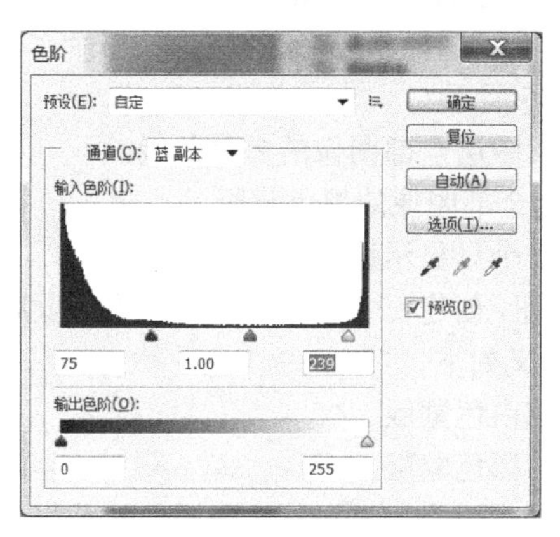

图 6-33　调整输入色阶

图 6-34　效果图

6.3　蒙　　版

6.3.1　蒙版的基础知识

Photoshop 中的蒙版是一种特殊的图像处理方式。它可以对不需要编辑的部分图像进行保护。蒙版的白色区域的图像可见，黑色区域中的图像不可见，灰色区域的图像呈半透明效果。蒙版分为图层蒙版、剪贴蒙版、矢量蒙版和快速蒙版四种。

蒙版和现实生活中的玻璃挡板类似，用玻璃挡板覆盖在物体上，若玻璃上涂黑色，下面的物体就不可见，擦除玻璃板子上的黑色，可显示这一部分物体的面貌。蒙版是覆盖在图层上的，蒙版为黑色，会把图层遮住，白色则透出图像。蒙版用于主体不够突出，比较复杂或边缘较模糊、对图像细节要求较高又需要保存原图的场合，利用它抠出的图像质量较高，也可保存原图随时修改。

蒙版只对当前图层有用，当创建了图层蒙版后，使用“画笔工具”，可使部分的图像可见与不可见，图像本身并没有被破坏。

图层蒙版通过蒙版中的灰度信息来控制图像的显示区域，可用于合成图像，也可控制填充图层、调整图层、智能滤镜的有效范围。剪贴蒙版通过一个对象的形状来控制其他图层的显示区域。矢量蒙版通过路径和矢量形状控制图像的显示区域。将不需要编辑的部分创建为快速蒙版，在操作时只对没有创建为快速蒙版的区域应用操作，而应用快速蒙版的区域被保护起来。

6.3.2　图层蒙版

图层蒙版是图像处理中最为常用的蒙版，它主要用来显示或隐藏图层的部分内容，在编辑的同时保留原图像不被编辑破坏。

在图层蒙版中，纯白色对应的图像是可见的，纯黑色对应的图像是不可见的，灰色区域使图像呈现一定程度的透明效果。

选中需要建立蒙版的图层，单击“图层”面板下方的“添加图层蒙版”按钮，创建图层蒙版，也可单击“图层”→“图层蒙版”命令，选择相应命令创建图层蒙版，此时图像缩略图的右侧出现“蒙版缩略图”，如图 6-35 所示。

(1) 单击“添加图层蒙版”按钮，创建一个显示图层全部图像的白色蒙版。

(2) 按住 Alt 键单击该按钮，创建一个遮盖图层全部图像的黑色蒙版。

(3) 当图像上存在选区时，单击该按钮，创建一个只显示选区内图像的蒙版。

(4) 当图像上存在选区时，按住 Alt 键单击该按钮，创建一个遮盖选区内图像的蒙版。

若采用的是“图层蒙版”菜单(图 6-36)，其含义如下。

(1) 显示全部：创建一个显示图层中全部图像的白色蒙版。

(2) 隐藏全部：创建一个遮盖图层中全部图像的黑色蒙版。

(3) 显示选区：当图像窗口中存在有选区，则创建一个只显示选区内图像的蒙版。

(4) 隐藏选区：隐藏选区内图像的蒙版。

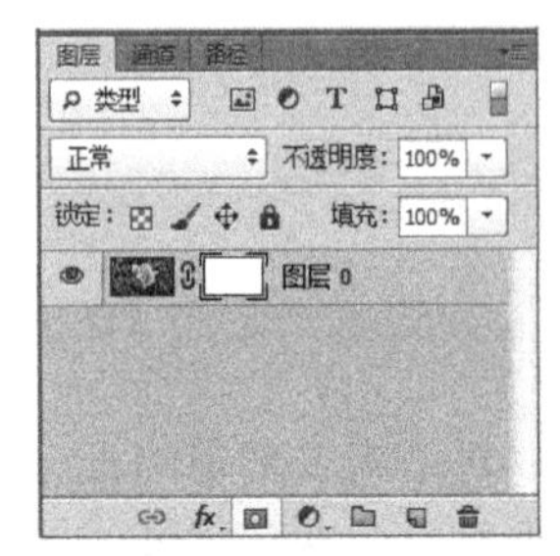

图 6-35　图层蒙版

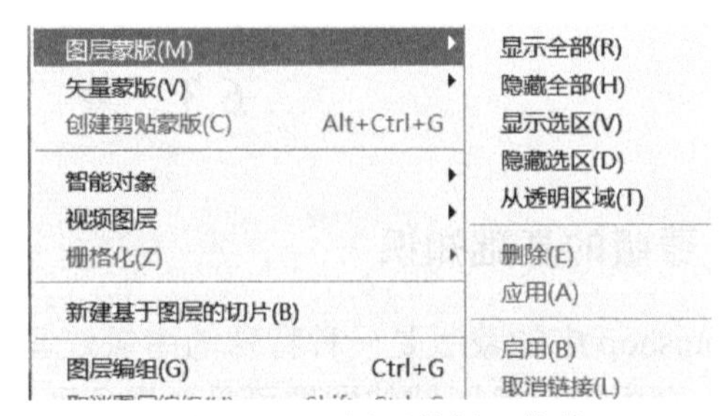

图 6-36　“图层蒙版”菜单

【例 6-5】使用蒙版进行图像合并，将素材与蓝天白云合并为一幅画。

操作步骤：

(1)打开图像文件“图 6-37.jpg”(图 6-37(a))，按 Ctrl+J 键复制一图层。

(2)打开图像文件“蓝天白云.jpg”(图 6-37(b))，利用“移动工具”将它移动到素材文件，或单击“全选”→“复制”→“粘贴”命令。按 Ctrl+T 键进行大小调整。

(3)单击“添加图层蒙版”按钮，前景色与背景色为默认设置，选择“渐变工具”，在工具选项栏的预设中选择“黑白”预设。在图像上从上向下拉动鼠标，根据显示情况决定拉的长度。

(4)分别调整两图层的色相/饱和度，使上下两部分协调即可。如图 6-38 所示为最终合成效果。

(a)原图 1

(b)原图 2

彩图 6-37

图 6-37　素材

彩图 6-38

图 6-38　合成图像效果

6.3.3　剪贴蒙版

剪贴蒙版是基于下方图层的图像形状来决定上一层图像的显示区域，即下方图层作为上方图层的剪贴蒙版。

剪贴蒙版的原理是使用下方图层的形状来限制上方图层的显示内容。其操作方法是，执行“图层”→“创建剪贴蒙版”命令，或按住 Alt 键的同时，将光标移到“图层”面板上分隔两组图层的线上，当光标变为下拉箭头和正方形时单击，即可创建剪贴蒙版。

【例 6-6】剪贴蒙版案例。

操作步骤：

(1) 打开图像文件“剪贴蒙版练习.jpg”，双击“图层”面板的背景图层，将其转换为普通图层。

(2) 新建一图层，在图层上画一个五角星，按 Ctrl+T 进行大小变换，双击“图形内部”提交或确定。

(3) 拖动新建图层到原图层下方，按住 Alt 键，将光标移到两图层的中间线上，当光标变为下拉箭头与正方形时单击，即可创建剪贴蒙版，如图 6-39 所示。

(4) 采用“移动工具”，移动图像在五角星的位置，效果图 6-40 所示。

图 6-39　剪贴蒙版

图 6-40　效果

6.3.4　矢量蒙版

矢量蒙版创建的形状是矢量路径，与分辨率无关。通过“形状工具”和“钢笔工具”等编辑路径，可以改变矢量蒙版的蒙版区域。下面通过实例来学习矢量蒙版的使用。

创建矢量蒙版的方法是，选择要添加矢量蒙版的图层，单击“图层”→“矢量蒙版”→“隐藏全部”命令，为当前图层创建一个空白的矢量蒙版。此时在矢量蒙版中创建所需的路径，就可以显示当前图层的内容。

若要编辑矢量蒙版，右击矢量蒙版，在快捷菜单中选择“停用”/“启用”/“删除”等操作。注意，在操作矢量蒙版时，一定要先选中矢量蒙版的缩略图。

【例 6-7】矢量蒙版案例。

操作步骤：

(1) 打开图像文件“蓝天白云.jpg”(图 6-41)，双击“图层”面板的背景图层，将其转换为普通图层。

(2) 单击“图层”→“矢量蒙版”→“隐藏全部”命令，效果如图 6-42 所示。

(3) 选中矢量蒙版，选择图形，在工具选项栏中选择“路径”，制作五角星。

(4) 在图像中画出路径，就能显示内容，选中“矢量蒙版”缩略图，如图 6-43 所示效果图。

图 6-41　原图

图 6-42　矢量蒙版

图 6-43　效果图

6.3.5　快速蒙版

快速蒙版用于制作图像选区，是一种临时性的蒙版，可结合“画笔工具”等描绘工具来调整其大小，实质就是通过快速蒙版来绘制选区。

其使用方法是，单击工具箱中的“快速蒙版工具”或单击“选择”→“在快速蒙版模式下编辑”命令，进入编辑模式后，“图层”面板上的图层变成了淡红色，同时“通道”面板中出现一个“快速蒙版”通道，使用“画笔工具”或“橡皮擦工具”增加或删除淡红区域，再次单击工具箱中的“快速蒙版工具”则退出快速蒙版状态，出现了选区，可对选区进行处理。

【例 6-8】将橙色的花蕊变为黄色。

操作步骤：

(1) 打开“快速蒙版.jpg”文件，如图 6-44 (a) 所示。

(2) 单击工具箱的“快速蒙版工具” 。此时处理快速蒙版状态，如图 6-44 (b) 所示。

(3) 使用“画笔工具”在花蕊部分进行涂抹，若超出范围，则用“橡皮擦工具”来删除。

(4) 再次单击工具箱的“快速蒙版工具” ，此时退出快速蒙版状态。同时花蕊部分出现选区，如图 6-45 所示。

彩图 6-44

(a) 原图

(b) 蒙版效果

图 6-44　原图和蒙版效果

(5) 单击“图层”面板下方的“创建新的填充/调整图层”按钮，选择“色相/饱和度”命令，将色相数据变为 35，参数设置如图 6-46 所示。此时花蕊变为黄色，最终效果如图 6-47 所示。

图 6-45　选区

图 6-46　参数设置

彩图 6-47

图 6-47　最终效果

习　题　6

一、判断题(正确的填 A，错误的填 B)

1. 图层可以想象成透明的纸，在上面作画，需要修改时，只需要修改其中要修改的图层，很方便。(　　)

2. 图层锁定位置后，使用“移动工具”，无法将图层移动。(　　)

3．不同的色彩模式，其色彩信息通道的数目是不同的。（　　）

4．RGB 模式有四个通道：一个 RGB 复合通道，三个单色通道，分别是红、蓝、黄通道。（　　）

5．蒙版中的白色区域的图像不可见，黑色区域中的图像可见。（　　）

二、单选题

1．把背景图层转换为普通图层正确的方法是________。

A．在“图层”面板中双击背景图层，在“新建图层”对话框中单击“确定”按钮

B．在“图层”面板中单击背景图层，选择“复制图层”命令

C．选择“图层”→“新建”→“图层”命令

D．选择“图层”→“新建”→“组”命令

2．CMYK 是种基于印刷油墨的色彩模式，具有________四个颜色通道。

A．青色、洋红、黄色、黑色　　B．绿色、洋红、黄色、黑色

C．青色、红色、黄色、黑色　　D．青色、红色、黄色、蓝色

3．在“图层”面板中，哪个按钮________是新建图层。

A　B　C　D

A．A　　B．B

C．C　　D．D

4．不透明度为 100%，表示________。

A．完全透明　　B．完全不透明

C．部分透明　　D．部分不透明

5．单击图层上有“眼睛”图标的情况下，图像会被________。

A．显示　　B．隐藏

C．删除　　D．新建

6．蒙版中灰色区域的图像将呈________。

A．显示　　B．隐藏

C．半透明效果　　D．完全透明

7．图层蒙版对只对________有用。

A．当前图层　　B．下一图层

C．上一图层　　D．所有图层

8．剪贴蒙版的原理是使用处于________图层的形状来限制________图层的显示内容。

A．下方　　B．上方

C．左方　　D．右方

9．通道抠图的原理是通过增加图像________来创建选区。

A．明暗度对比　　B．亮度

C．色相　　D．暗度

10．快速复制一个图层的方法是________。

A．执行“编辑”→“拷贝”命令

B．执行“图像”→“复制”命令

C．将图层拖到“图层”面板下方的“创建新的填充图层”图标上

D．将图层拖到“图层”面板下方的“创建新图层”图标上

11．在“图层”面板上的“眼睛”图标表示该图层的状态为________。

A．锁定　　B．隐藏

C．链接　　D．显示

12．将图 6-48(a)拖到图 6-48(b)中间，要变为图 6-48(c)的效果，至少包含的操作有________。

A．水平翻转、复制图层、垂直翻转　　B．垂直翻转、复制图层、旋转

C．水平翻转、复制图层、旋转　　D．垂直翻转、复制图层、扭曲

(a)

(b)

(c)

图 6-48

13．对背景图层可以进行的操作是________。

A．调整不透明度　　B．改变混合模式

C．转换为普通图层　　D．添加图层蒙版

14．在蒙版上使用“画笔工具”，不可选的前景色是________。

A．灰色　　B．红色

C．黑色　　D．白色

15．在“图层”面板中单击______图标可以确保图层中的所有图像像素被锁定。

A．锁定:　　B．锁定:

C．锁定:　　D．锁定:

16．把图 6-49(a)拖到图 6-49(b)的中间，添加________蒙版，从而实现图 6-49(c)的效果。

(a)

(b)

(c)

图 6-49

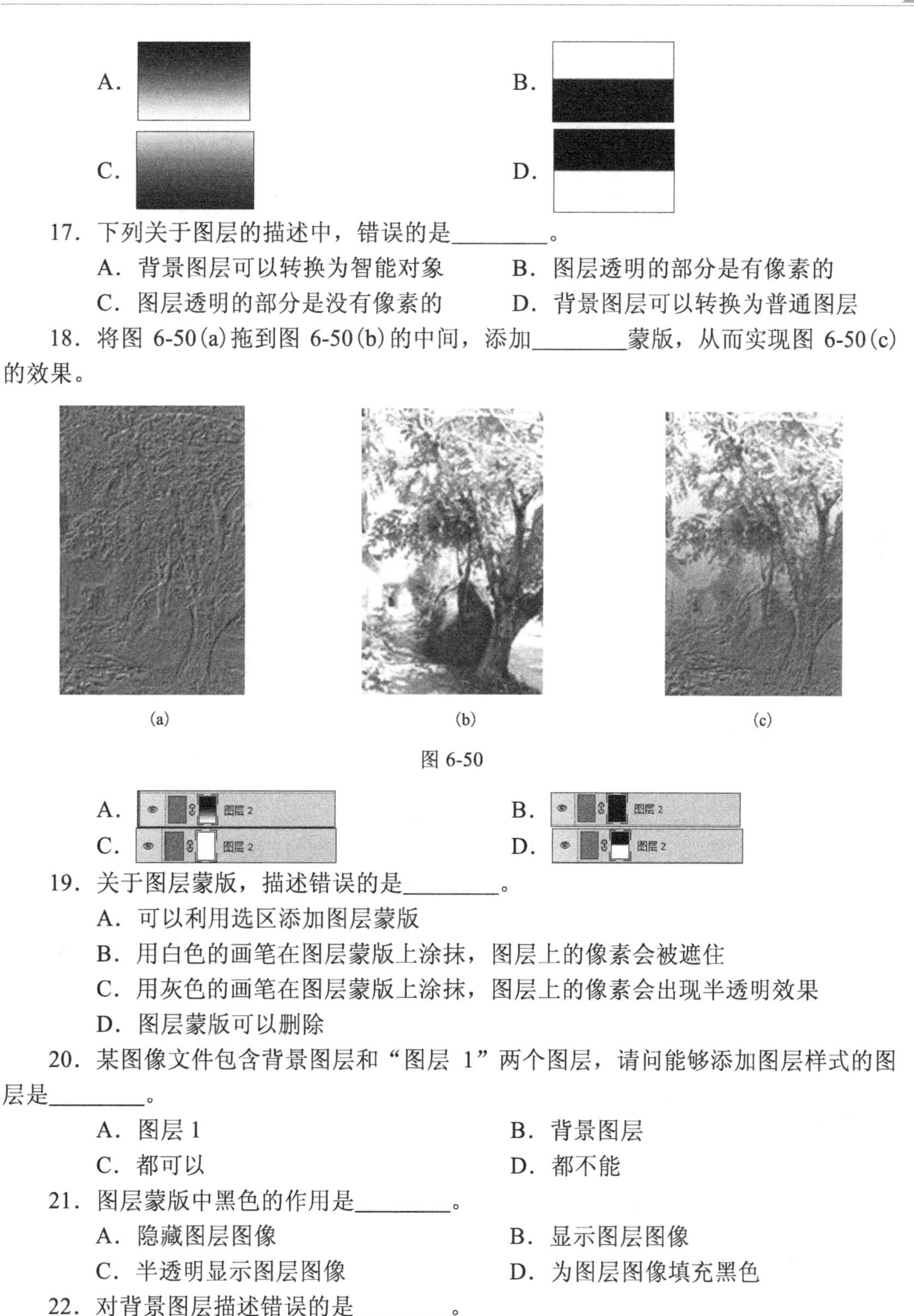

A.　　　　B.

C.　　　　D.

17．下列关于图层的描述中，错误的是________。

A．背景图层可以转换为智能对象　　B．图层透明的部分是有像素的

C．图层透明的部分是没有像素的　　D．背景图层可以转换为普通图层

18．将图 6-50(a)拖到图 6-50(b)的中间，添加________蒙版，从而实现图 6-50(c)的效果。

(a)　(b)　(c)

图 6-50

A.　B.　C.　D.

19．关于图层蒙版，描述错误的是________。

A．可以利用选区添加图层蒙版

B．用白色的画笔在图层蒙版上涂抹，图层上的像素会被遮住

C．用灰色的画笔在图层蒙版上涂抹，图层上的像素会出现半透明效果

D．图层蒙版可以删除

20．某图像文件包含背景图层和“图层 1”两个图层，请问能够添加图层样式的图层是________。

A．图层 1　　B．背景图层

C．都可以　　D．都不能

21．图层蒙版中黑色的作用是________。

A．隐藏图层图像　　B．显示图层图像

C．半透明显示图层图像　　D．为图层图像填充黑色

22．对背景图层描述错误的是________。

A．背景图层是所有图层中最底端的图层

B．背景图层不可添加图层样式

C．背景图层是锁定的，但能转换为普通图层

D．背景图层上的图像不可被拖放至别的图像文件中

23．关于“图层”面板中的不透明度与填充选项的描述，错误的是________。

A．调整不透明度将作用于整个图层

B．调整填充只对图层中填充像素起作用，如样式中的内发光效果等不起作用

C．调整不透明度不会影响到图层样式效果，如样式中的内发光效果等

D．调整填充不会影响到图层样式效果，如样式中的图案叠加效果等

24．要在当前图层的下方创建新图层，须在单击“创建新图层”按钮的同时按住________键。

A．Ctrl　　B．Alt

C．Shift　　D．Tab

25．对于背景图层，可以进行的操作是________。

A．调整不透明度　　B．改变图层顺序

C．添加蒙版　　D．复制图层

26．在执行“存储选区”命令时，选区保存在________中。

A．内存　　B．图像

C．通道　　D．图层

27．执行“选择”→“调整边缘”命令可以把结果输出到________。

A．选区　　B．通道

C．路径　　D．样式

28．把图 6-51(a)拖到图 6-51(b)的中间，选择________的图层混合模式，可以产生图 6-51(c)的效果。

(a)

(b)

(c)

图 6-51

A．颜色加深　　B．颜色减淡

C．变亮　　D．滤色

29．把文本图层转换为普通图层的方法是________。

A．双击“图层”面板中的“填充图层”图标

B．执行“图层”→“栅格化”→“文字”命令
C．按 Alt 键并单击“图层”面板中的“填充图层”图标
D．执行“图层”→“图层内容选项”命令

30．添加了图层样式的图层，在“图层”面板中将显示________图标。
A．　　B．
C．　　D．

31．下列关于图层样式的描述中，错误的是________。
A．图层样式可以保存
B．图层样式可以随时被修改
C．图层样式可以被删除
D．图层样式可以应用于背景图层

三、多选题

1．删除图层的方法有________。
A．选中图层，单击“图层”面板的“删除”按钮
B．右击图层，在快捷菜单中选择“删除图层”命令
C．选中图层，按 Delete 键
D．单击“图层”→“删除”→“图层”命令

2．以下说法正确的有________。
A．可以将背景图层转换为普通图层
B．可以将普通图层转换为背景图层
C．背景图层不能移动
D．背景图层可能被移动

3．复制图层的方法也很多，常用的________。
A．右击，在快捷菜单中选择“复制图层”命令
B．单击“选择”→“复制图层”命令
C．将图层拖动到“创建新图层”按钮上
D．按 Ctrl+J 键

4．RGB 颜色模式下，有________通道。
A．红色　　B．绿色
C．蓝色　　D．复合色

5．以下说法，哪些是________正确的。
A．灰度图有 256 个通道
B．灰度图只有 1 个通道
C．CMYK 模式有 5 个通道
D．CMYK 模式有 4 个通道

四、操作题

1．选择任意一幅图像，制作富有特色的邮票，如图 6-52 所示。

图 6-52

2．利用通道原理，将图 6-53 两幅原始图合并为一幅图，效果如图 6-54 所示。

彩图 6-53

图 6-53

彩图 6-54

图 6-54

3．利用图层蒙版，将第 2 题的两幅图合并为一幅图。

第 7 章　文字的应用

在图像的设计过程中，文字既有信息传达的功能，也有作为图形设计的重要元素，在各类设计作品不可缺少的组成部分，可作为标题、说明、装饰和广告语等，文字有着不可替代的作用。本章着重讲解文字工具的使用、文字格式的设置、文字的变形与样式、路径文字等内容。

7.1 创 建 文 字

漂亮的画面，配上恰到好处的文字说明，不仅会使图像更加赏心悦目，而且还会进一步使观赏者理解作者的创意初衷。

1. 文字工具

Photoshop CS 6 中文字工具包括“横排文字工具”、“直排文字工具”、“横排文字蒙版工具”和“直排文字蒙版工具”四种，如图 7-1 所示。

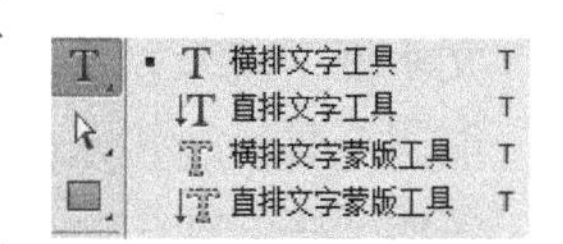

图 7-1　文字工具

“横排文字工具”建立水平方向文字，“直排文字工具”建立垂直方向文字。其工具选项栏如图 7-2 所示。

图 7-2　“文字工具”选项栏

其参数含义如下(熟悉的字体、大小，对齐方式不用赘述)：

(1) 更改文本方向：水平方向与垂直方向互换。

(2) 颜色：设置文本的颜色。

(3) 变形文字：打开“变形文字”对话框，创建变形文字。

(4) 字符与段落面板：打开与关闭“字符与段落”面板。

(5) 取消：若输入内容希望取消，单击此按钮，也可以按 Esc 键。

(6) 提交：若想结束输入，单击此按钮。

2. 点文字

选择“横排文字工具”，在图像中单击，单击处会出现插入文字光标，此时可输入文字，输入的文字不会自动换行，此时文字就属于点文字。如图 7-3(a)所示的效果，同时在“图层”面板中会自动新建文字图层，其文字图层的缩略图标记为“T”，如图 7-3(b)所示。

(a)

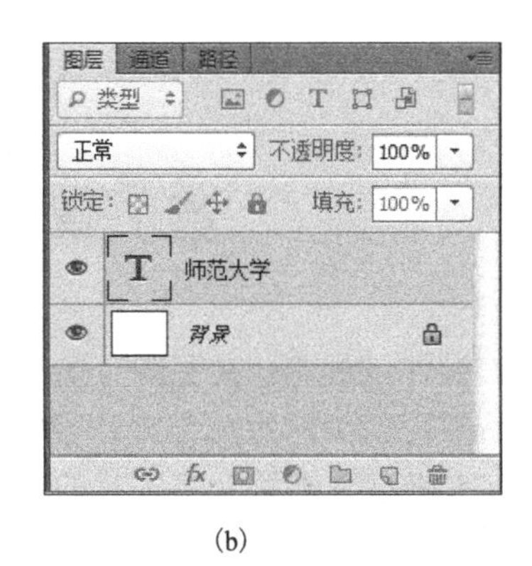

(b)

图 7-3 输入文字效果及文字图层

输入文字结束有多种方法，单击工具选项栏“提交”按钮☑，或按 Ctrl+Enter 键或单击任意其他工具或在文字图层单击都可结束文字输入。

3. 段落文字

由于点文字不能自动换行，必须按 Enter 键才能换行。对于大量的文字，使用段落文字比较方便。具体操作方法是：选择“文字工具”，在图像上拖拽鼠标，画出一个文本框，在文本框中就可以输入大量的文字，文字会根据控制框的大小自动换行。如果该文本框中不能完全显示所输入的文字，可以拖动文本框的右下角控制点，将文本框扩大，即可显示更多的文字。如图 7-4 是输入过程的状态，图 7-5 是提交后的效果。

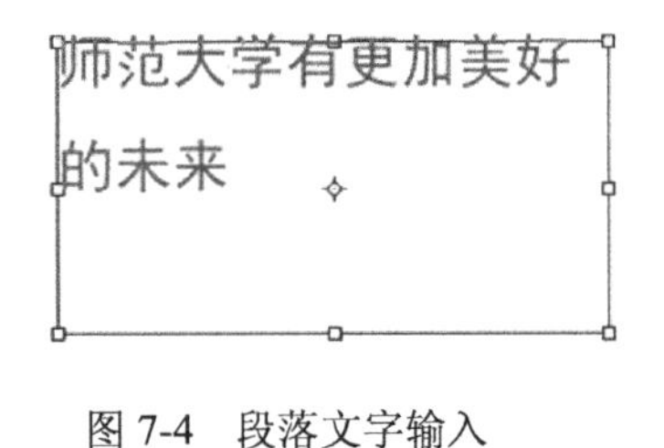

图 7-4 段落文字输入

图 7-5 段落文字输入结束

4. 点文字与段落文字之间的转换

点文字与段落文字之间可以相互转换，单击“文字”→“转换为段落文字”命令或者“文字”→“转换为点文字”命令。

5. 文字的修改

将不同的文字放置在不同的图层上，便于对文字的修改和编辑。若想修改某个图层中的文字，选择“文字工具”，在要修改的文字处单击一下，就会将要修改的文字图层设置为当前层，即可随意插入或删除该层的文字。

6. 蒙版文字

如果要输入蒙版文字，先选择“文字蒙版工具”，单击工作区，如输入“师范大学有美好未来”文字，确定后创建文字形状的选区，如图 7-6(a)所示。注意，此时在“图层”

面板中不会创建新的文字图层。此时可用“填充”命令进行颜色填充，如图 7-6(b)所示，确定后效果如图 7-6(c)所示。

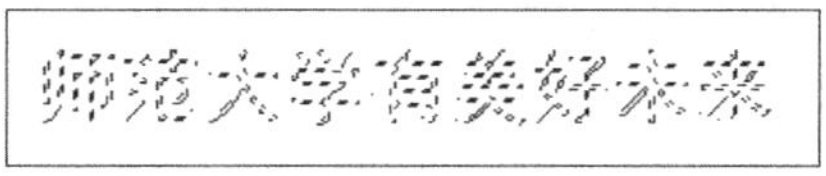

彩图 7-6

师范大学有美好未来

(a)蒙版文字

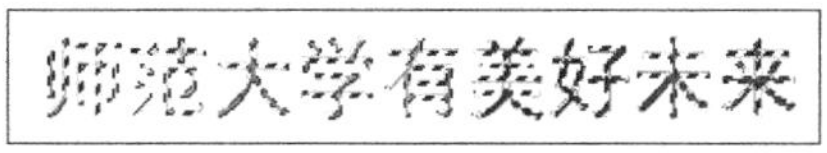

师范大学有美好未来

(b)填充颜色

师范大学有美好未来

(c)效果图

图 7-6　蒙版效果

7.2　字符与段落面板

1. “字符”面板

单击“文字工具”选项栏右侧的▤按钮，或执行“窗口”→“字符”命令，将显示“字符”面板，默认情况下，“字符”面板与“段落”面板在一个组，很方便进行切换，如图 7-7 所示。

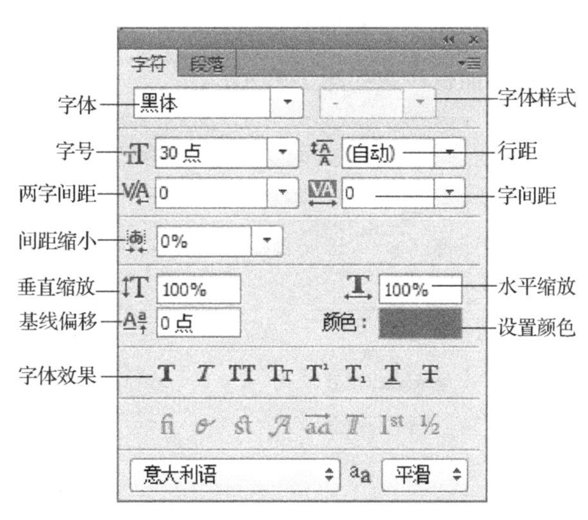

图 7-7　“字符”面板

(1)字体：设置字体。
(2)字体样式：英文字体有样式。
(3)字号：文字大小。
(4)行距：设置文字行之间的距离。
(5)两字间距：不选中文字，直接调整两个文字之间的距离。
(6)字间距：要选中文字，设置文字之间的水平距离。

(7) 间距缩小：微调字符间的缩小距离。

(8) 垂直缩放：设置文字垂直方向的缩放大小。

(9) 水平缩放：设置文字水平方向的缩放大小。

(10) 基线偏移：设置文字在默认高度基础上向上或向下偏移量。

(11) 设置颜色：设置文字颜色。

(12) 字体效果：从左到右依次为仿粗体、仿斜体、全部大写字母、小型大写字母、上标、下标、下划线和删除线。

【例 7-1】 制作如图 7-8 所示的效果。

操作步骤：

(1) 选择“横排文字工具”，输入文字“师范大学有更加美好的未来”。

(2) 打开“字符”面板。选择文本，进行以下的操作。

(3) 将文字“大学”垂直缩放 145%，文字“更加”水平缩放 131%。

(4) 将文字“的”字设置为上标，文字“来”设置为下标，如图 7-8 所示。

师范大学有更加美好的未来

图 7-8 效果图

2. “段落”面板

“段落”面板是设置段落的格式，包括段落的对齐方式、缩进方式、不同段落格式具有不同的文字效果。“段落”面板参数如图 7-9 所示。

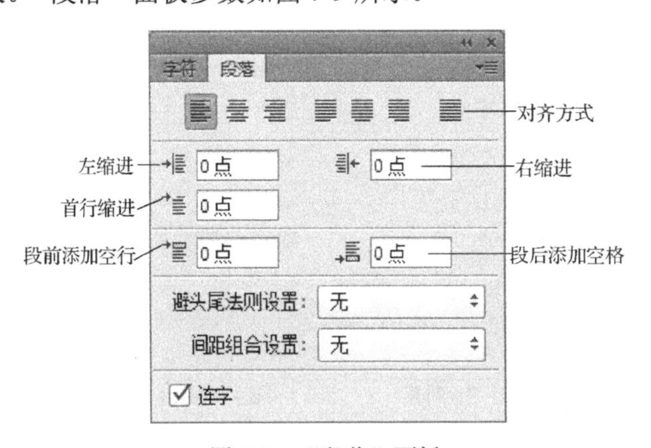

图 7-9 “段落”面板

(1) 对齐方式：从左到右依次为左对齐、居中对齐、右对齐、最后一行左对齐、最后一行居中对齐、最后一行右对齐、全部对齐。

(2) 缩进方式：包括左缩进 0点、右缩进 0点、首行缩进 0点。

(3) 添加空格：包括段前添加空格 0点、段后添加空格 0点。

(4) 连字：选中该复选框，可将最后文字的最一个英文单词拆开，形成连字符号，而剩余的部分自动换到下一行。

7.3 文 字 特 效

1. 使用“样式”面板添加文字特效

使用“样式”面板为文字添加特效很方便，只要选中文字图层，然后在“样式”面板中选择一个合适的样式，当前图层上的文字立即具有了漂亮的外观，如图 7-10 所示。

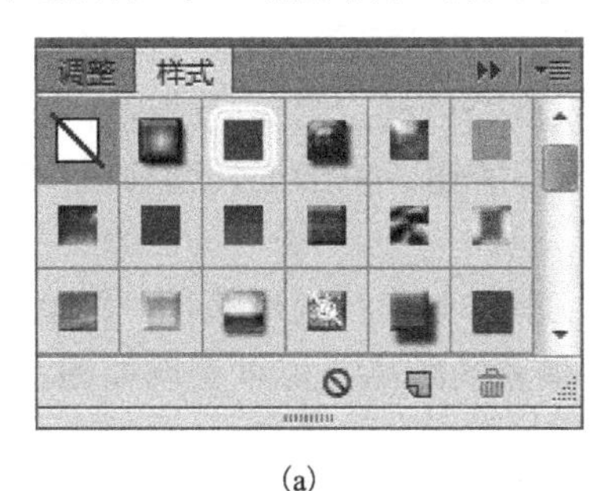

醉美多彩贵州

彩图 7-10(b)

(a)　(b)

图 7-10　“样式”面板及文字效果

2. 使用“图层样式”命令添加文字特效

“图层样式”命令下的所有子命令都适用于文字图层。我们可以选择不同的子命令，为文字增加效果。与“样式”面板相比，此方法灵活些，可以根据用户的需要，选择不同样式的叠加，能创意出独特的风格作品。选中文字图层，单击“图层”面板下方的添加“图层样式”按钮 fx，将出现图 7-11(a)所示的对话框，对其参数进行调整，即可得到我们需要的特效，如图 7-11(b)就是设置投影后效果。有关图层样式的内容，请参阅第 6 章的相关章节。

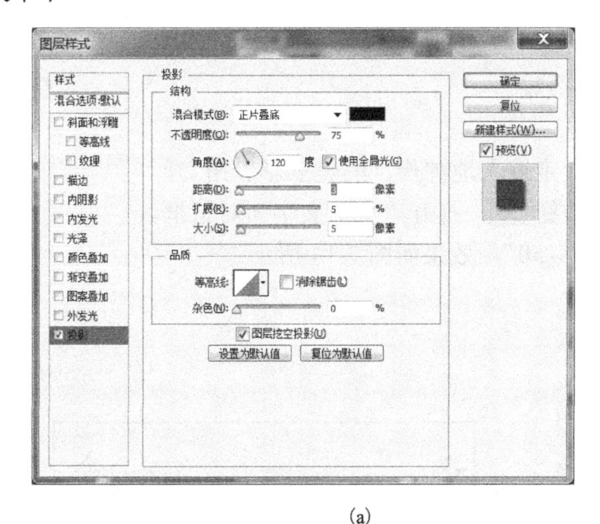

醉美多彩贵州

彩图 7-11(b)

(a)　(b)

图 7-11　文字的图层样式与效果

7.4　路径文字与变形文字

1. 路径文字

路径文字是指在路径上创建的文字，文字会沿着路径排列，当改变路径形状时，文字的排列也会随之发生改变。

用“钢笔工具”绘制一条路径，在工具箱中选择“横排文字工具”，将此工具放于路径线上，直至光标变化为波浪，在路径线上单击发现路径线上显示一个文本插入点。直接在文本插入点的后面输入所需要的文字如图 7-12(a)所述。单击工具选项栏中的“提交”按钮即可完成输入操作。效果如图 7-12(b)所示

制作圆形的路径文字的方法，先使用“椭圆工具”制作一圆形路径，再单击“横排文字工具”，在圆上输入一些文字，使用字符间距调整其距离，可以实现如图 7-12(c)所示的效果。

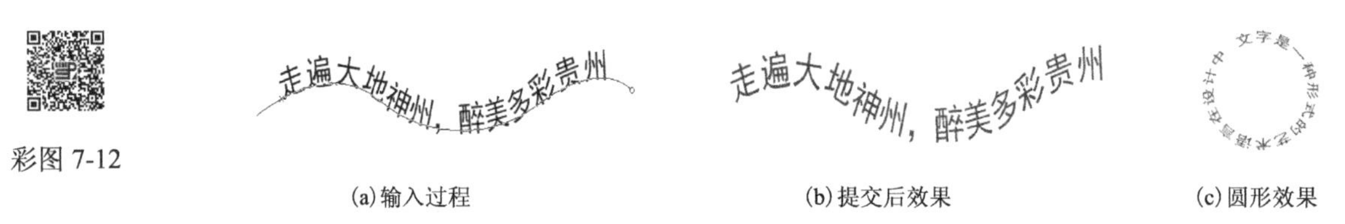

(a)输入过程　　(b)提交后效果　　(c)圆形效果

图 7-12　路径文字效果

2. 变形文字

选择“文字工具”后，若当前层为文字图层，工具选项栏中的“变形文字”按钮处于激活状态。单击此按钮，出现如图 7-13 所示的对话框。可对其样式、弯曲等参数进行调整，达到我们希望的变形效果。

【例 7-2】输入文字，实现变形文字效果。

操作步骤：

(1)选择“横排文字工具”，输入“走遍大地神州，醉美多彩贵州”。

(2)单击工具选项栏“变形文字”按钮，打开“变形文字”对话框。

(3)样式中选定：扇形，弯曲输入“–50”，效果如图 7-14 所示。

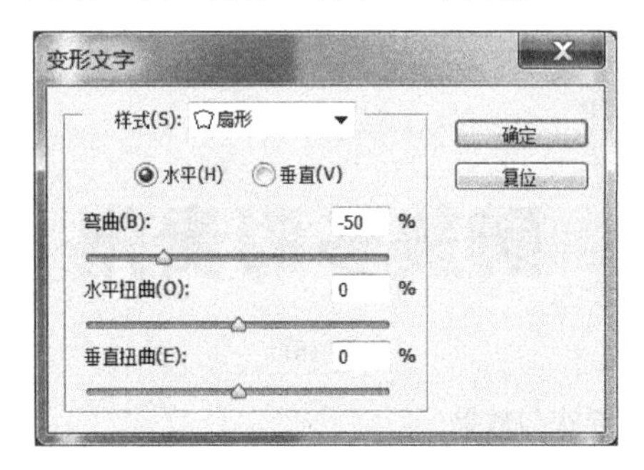

图 7-13　“变形文字”对话框

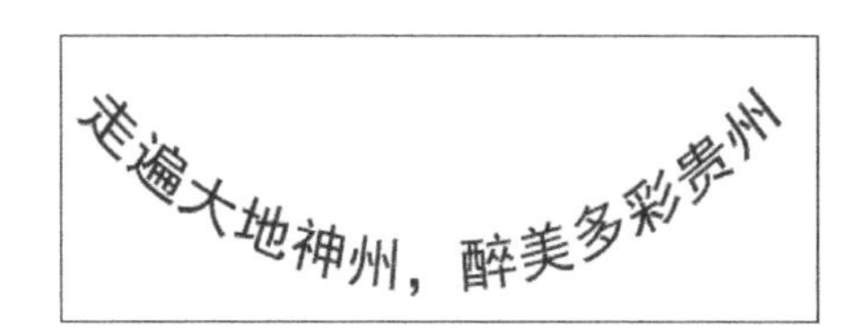

图 7-14　变形文字效果

7.5　文字转换与变换

1. 转换为普通图层

Photoshop 虽然对文字的处理功能非常丰富，但由于对文字图层无法使用滤镜、色彩调整等命令，为了得到更精彩的文字效果，必须进行文字图层的转换。

在“图层”面板中右击文字图层，在弹出菜单中选择“栅格化文字”命令或单击“图层”→“栅格化”→“文字”命令，即可将文字图层转换为普通图层，转换后的图层不再具有文字图层属性，即不能更改文字的字体、字号等属性，但可以使用图层样式与滤镜特效。

2. 文字转换为路径

在进行文字设计时，经常需要用到文字型的路径，以进行文字的描边或将文字的各别笔画进行变形操作。在“文字”→“创建工作路径”命令，即可直接由文字图层得到该文字的路径。

3. 自由变换

文字与图像一样能够进行各种变换操作，变换文字时首先要在“图层”面板中选中需要变换文字的图层，然后选择“编辑”→“自由变换”命令或按 Ctrl+T 快捷键调出变换控制框，通过拖动变形控制框的控制点，即可对文字进行变换操作。

习　题　7

一、判断题(正确的填 A，错误的填 B)

1. 采用“横排文字工具”输入“师范大学”，默认会自动创建一新的图层。(　　)
2. 文字工具是矢量工具并非位图工具。(　　)
3. 段落文字与点文字可进行互换。(　　)
4. 利用“字符”面板，可对文字进行垂直与水平方向的缩放。(　　)
5. 输入文字后，可以对文字图层进行栅格化处理，使其变为普通图层。(　　)

二、单选题

1. 如图 7-15 所示，它是由_________实现的。
   A. 点文字　　B. 段落文字
   C. 路径文字　　D. 波浪文字
2. 如图 7-16 所示，是文字输入过程的某一状态，可以确定它是_________。
   A. 段落文字　　B. 点文字
   C. 路径文字　　D. 矩形文字

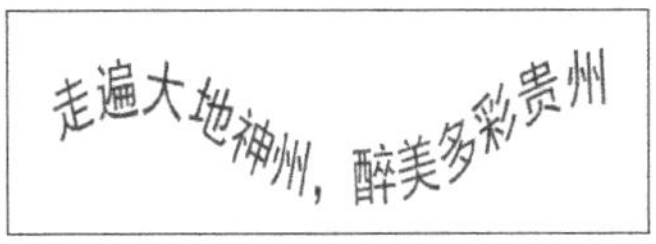

图 7-15 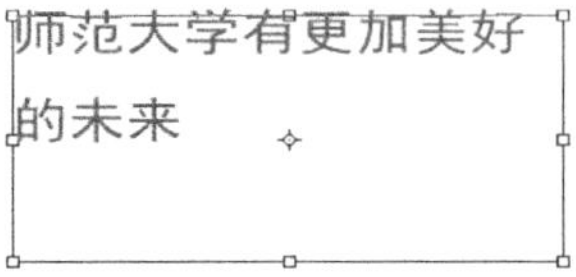　　　　图 7-16

3．由图 7-17 所示，文字“大学”是__________。

A．水平缩放　　B．垂直缩放
C．水平与垂直缩放　　D．字号放大

4．从图 7-17 可知，“更加”两个字有__________。

A．水平缩放　　B．垂直缩放
C．水平与垂直缩放　　D．字号放大

5．由图 7-18 可知，文字是____________工具实现并用渐变色填充的。

A．横排文字工具　　B．横排文字蒙版工具
C．竖排文字工具　　D．竖排文字蒙版工具

图 7-17 　　　　图 7-18

6．下列关于横排文字工具的描述中，正确的是____________。

A．创建一个文字图层　　B．创建一个调整图层
C．创建的文本不能改变大小　　D．创建的文本可以填充图像

7．关于文本图层描述正确的是__________。

A．文字可以直接应用图层样式　　B．文字须栅格化后才能应用图层样式
C．文字应用图层样式后将自动栅格化　　D．文字只能应用部分图层样式

8．要实现如图 7-19 所示的文字效果，用到的图层样式有__________。

图 7-19

A．投影　　B．描边
C．渐变叠加　　D．图案叠加

三、多选题

1．利用“横排文字工具”可以输入__________。

A．点文字　　B．段落文字
C．面文字　　D．体文字

2．利用“文字工具”，输入汉字后，可以对汉字进行__________。

A．改变颜色　　　　B．改为变形文字
C．改变字间距　　　D．改变行间距

3．利用“文字工具”，输入文字后，要完成输入并提交，有以下方法________。

A．单击“提交”按钮　　　　B．按 Ctrl+Enter 键
C．单击任意其他工具　　　　D．按 Esc 键

4．利用“文字工具”可以实现________。

A．上标　　　　B．下标
C．全部大写　　D．下画线

5．对文字可以添加________。

A．投影　　　　　B．外发光
C．斜面与浮雕　　D．描边

四、操作题

1．根据图 7-20 图像，选择合适的工具实现。
2．根据图 7-21 图像，选择合适的工具实现。

图 7-20

师范大学有美好未来

图 7-21

3．根据图 7-22 和图 7-23 所示，选择合适的工具制作文字效果。

图 7-22

图 7-23

彩图 7-23

第 8 章　滤镜的应用

滤镜是 Photoshop 中重要而又神奇的功能之一，通过滤镜能为图像创建各种不同视角的特效，让看似平淡无奇的图像在瞬间成为具有视觉冲击力的艺术作品，犹如魔术师在舞台上变魔术一样，将我们带到一个神奇而又充满魔幻色彩的图像世界。

滤镜原来是一种摄影器材，它是安装在照相机前面用来改变照片拍摄方式的一种器材，在拍摄的同时可以产生特殊的拍摄效果。Photoshop 的滤镜是插件模块，用来操作图像像素。

滤镜的操作非常简单，但是真正恰到好处地使用它却很难。Photoshop 中有 100 多种滤镜，它的主要用途不外乎两种：一种是让原图像产生特殊效果，如风格化、扭曲。另一种用于图像的修改，如模糊、杂色、液化等。本章介绍部分滤镜。

8.1　滤镜库与特殊滤镜

8.1.1　滤镜库

滤镜库是一个整合了风格化、画笔描边、扭曲、素描等多个滤镜组的对话框，它可以将多个滤镜同时应用于同一幅图像，也能对同一幅图像多次使用同一滤镜，或者用其他滤镜替换原有的滤镜效果。但是滤镜库仅包含“滤镜”菜单中的部分滤镜。执行“滤镜”→“滤镜库”命令，打开“滤镜库”对话框。选择“风格化”→“照亮边缘”滤镜的效果如图 8-1 所示。

彩图 8-1

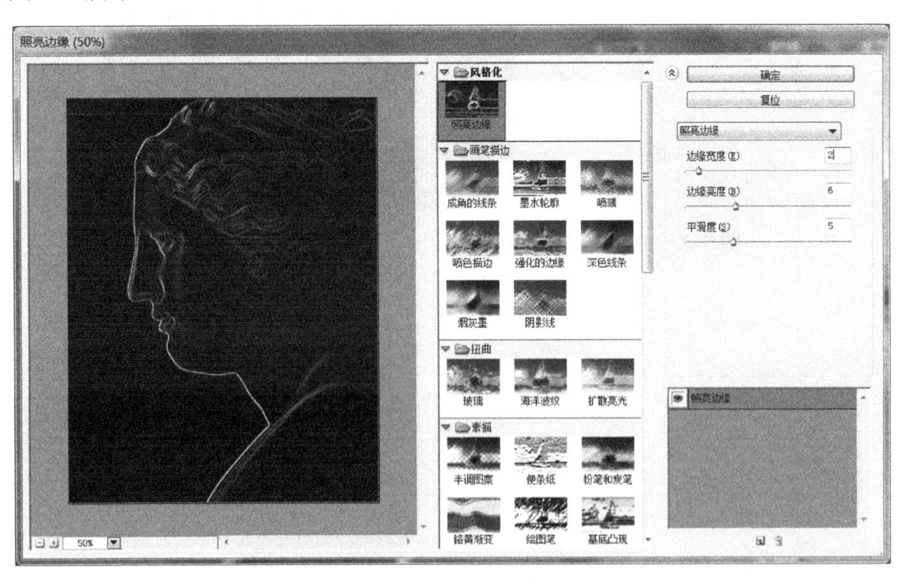

图 8-1　滤镜库-风格化-照亮边缘效果

滤镜种类虽然繁多，但操作起来都有以下几个相同的特点，必须遵守这些操作要领，才能更有效地应用滤镜功能。

(1) 滤镜针对图像的选区进行处理。如果没有定义选区，则对整个图层作处理。

(2) 滤镜不能应用于位图模式、索引颜色和 48bit 位深的 RGB 模式的图像，某些滤镜只对 RGB 模式的图像起作用。

(3) 滤镜的处理效果是以像素为单位，滤镜的处理效果与图像的分辨率有关，相同的参数设置，处理不同分辨率的图像，得到的效果是不同的。

(4) 有些滤镜完全在内存中处理，所以内存的容量对滤镜的生成速度影响很大。

(5) 最近一次使用的滤镜将出现在“滤镜”菜单的顶部，可以通过执行此命令对图像再次应用上次使用过的滤镜效果。此命令的快捷键为 Ctrl+F。

(6) 在任一滤镜对话框中，按 Alt 键，对话框中的“取消”按钮会变为“复位”按钮，单击此按钮就可以将参数重置为调整前的状态。

8.1.2　特殊滤镜

1. 液化

液化滤镜是修饰图像和创建艺术效果的强大工具，可以创建推、拉、旋转、扭曲、收缩、膨胀等效果，其使用方法简单，但功能强大。此工具经常用来做特效，如大眼睛、瘦脸、大长腿、细腰等。

【例 8-1】 将人物的鼻子变高，将脸变瘦。

操作步骤：

(1) 打开“液化.jpg”文件(图 8-2)，单击“滤镜”→“液化”命令，出现“液化”对话框。

(2) 选择“向前变形工具”，拖动鼻子向外拉，对鼻子进行变长处理。

(3) 对下巴处向内拉动，使用变小，人物变瘦。液化效果如图 8-3 所示。

图 8-2　原图

彩图 8-2

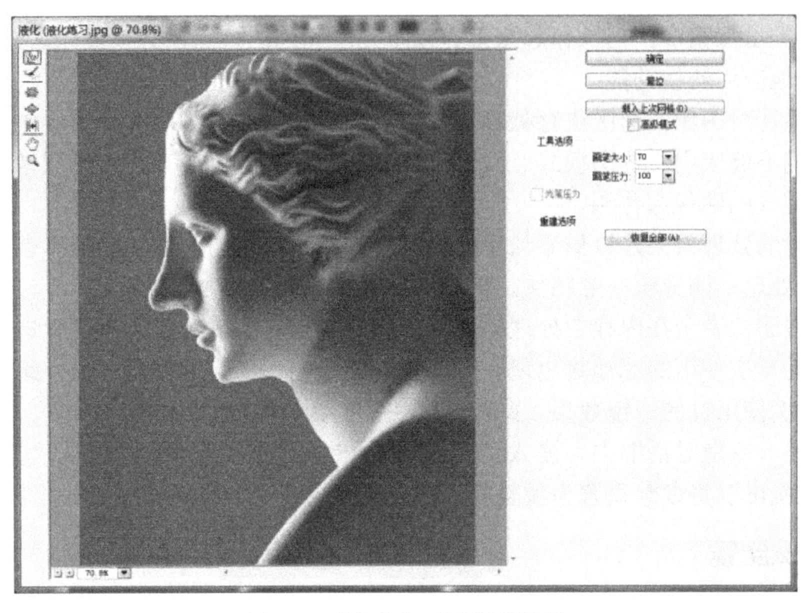

彩图 8-3

图 8-3 “液化”对话框及效果

2. 油画滤镜

油画滤镜能使作品呈现油画效果，还可以控制画笔的样式以及光线的方向和亮度。执行“滤镜”→“油画”命令，在弹出的对话框中，设置“画笔”和“光照”选项参数，可以轻松创建经典油画的效果，制作出生动的油画作品，如图 8-4 所示。

彩图 8-4

图 8-4 “油画”对话框及效果

8.2　常用滤镜组

8.2.1　风格化滤镜组

“风格化”菜单下的命令可通过置换图像中的像素和查找特定的颜色来增加对比度，生成各种绘画效果或印象派的艺术效果。

1. 查找边缘

查找边缘就是将图像中相邻颜色之间产生用钢笔勾画过年轮廓效果。查找边缘效果如图 8-5 所示。

2. 风滤镜

风滤镜可以在图像中添加一些短而细的水平线。用于模拟风吹的效果。其设置包括风的大小与方向，在实际中可以多做几次风滤镜以强化效果，如图 8-6 所示。

图 8-5　查找边缘效果

图 8-6　风滤镜效果

彩图 8-6

3. 浮雕效果滤镜

利用浮雕效果滤镜可将图像中颜色较亮的图像分离出来，并将周围的颜色降低生成浮雕效果。在“浮雕”对话框中，“角度”用于设置浮雕效果光源的方向，高度用于设置图像凸起的高度，数量用于设置原图细节和颜色的保留范围。其实例效果如图 8-7 所示。

4. 拼贴滤镜

利用拼贴滤镜可将图像分割为若干小块进行位移，以产生瓷砖拼贴的效果。在对话框中，拼贴数设置图像每行和每列要显示的贴块数；“最大位移”是允许贴块偏移原始位置的最大距离，“填充空白区域”用于选择贴块间空白区域的填充方式。拼贴滤镜效果如图 8-8 所示。

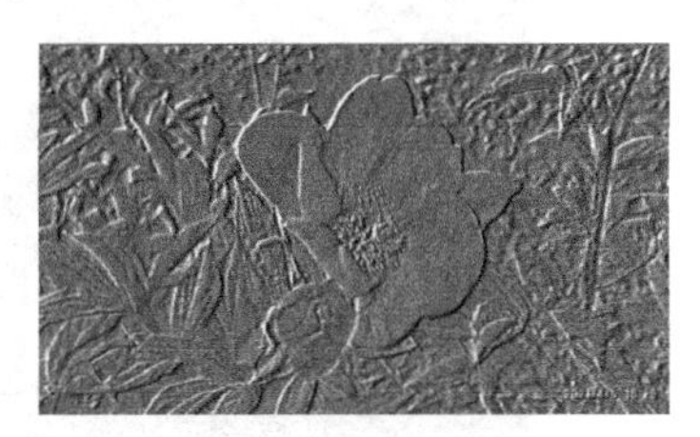

图 8-7　浮雕效果

图 8-8　拼贴滤镜效果

彩图 8-8

【例 8-2】制作燃烧文字效果。

操作步骤：

(1)新建一个文件，600 像素×400 像素，设置模式为“灰度”。参考设置如图 8-9 所示。

(2)设置为默认前景/背景色，用 Alt+Delete 键填充黑色前景。

(3)交换前景/背景色，选择“文字工具”，调整字体大小为 120，字体为“黑体”，输入文字“燃烧”，文字颜色为“白色”。右击“燃烧”图层，在快捷菜单中选择“栅格化文字”。效果如图 8-10 所示。

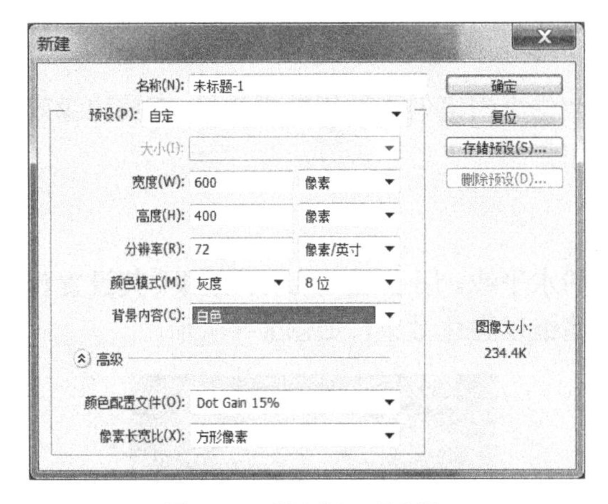

图 8-9 “新建”对话框

图 8-10 文字效果

(4)按住 Ctrl 键，单击“燃烧”图层缩略图，单击“选择”→“存储选区”命令，将文字选区保存到新通道名为 rs 中，按 Ctrl+D 键取消选区。

(5)单击“图像”→“图像旋转”→“90 度(顺时针)”命令(因为风只有左右吹，没有上下吹，所以旋转画布)。

(6)单击“滤镜”→“风格化”→“风”命令，设置：方法-风，方向-从左，如图 8-11 所示。按 Ctrl+F 键重复几次风滤镜，再执行“图像”→“图像旋转”→“90 度(逆时针)”命令，将图像旋转回原来方向。

(7)单击“滤镜”→“扭曲”→“波纹”命令，在对话中设置数量为 60%，大小为“中”。效果如图 8-12 所示。

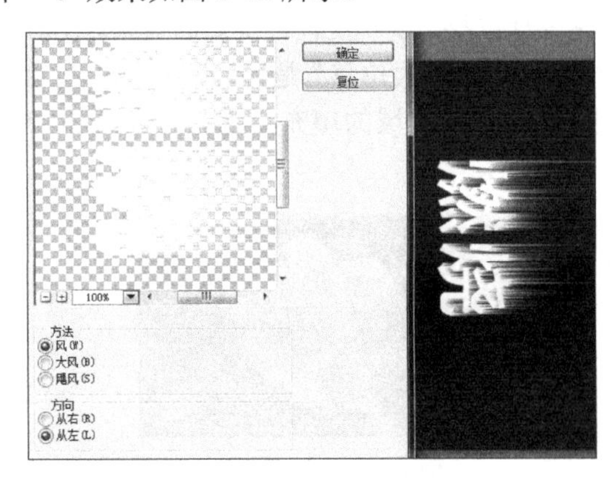

图 8-11 旋转及“风”滤镜效果

图 8-12 旋转及扭曲效果

(8) 单击“选择”→“载入选区”命令，在“通道”下拉列表中选择 rs 通道，载入文字选区，按 Delete 键删除。效果如图 8-13 所示。

(9) 单击“编辑”→“描边”命令，设置宽度为“1 像素”，颜色为“白色”。

(10) 单击“图像”→“模式”→“索引颜色”命令，再执行“图像”→“模式”→“颜色表”命令，在“颜色表”下拉列表中选择“黑体”。最终效果如图 8-14 所示。

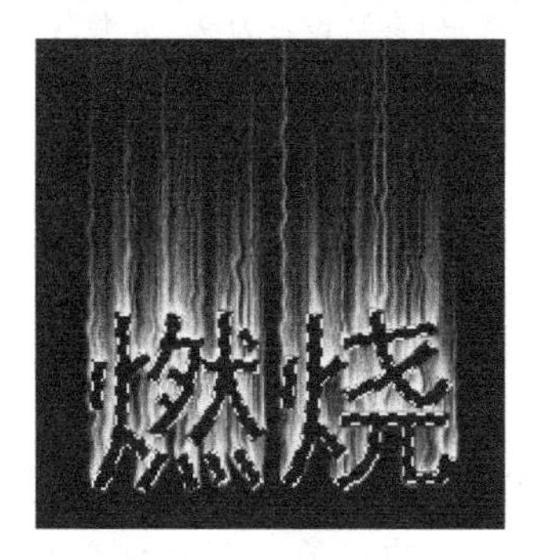

图 8-13　填充黑色

图 8-14　最终效果

彩图 8-14

8.2.2　模糊滤镜组

利用“模糊”菜单下的命令可以对图像进行各种类型的模糊效果处理。它的作用是柔化图像中的选区或整个图像，使其产生模糊效果。

1. 场景模糊滤镜

场景模糊滤镜是用一个或多个图钉对图像中不同的区域应用模糊效果。其参数面板有两个，即模糊工具与模糊效果，如图 8-15 和图 8-16 所示。

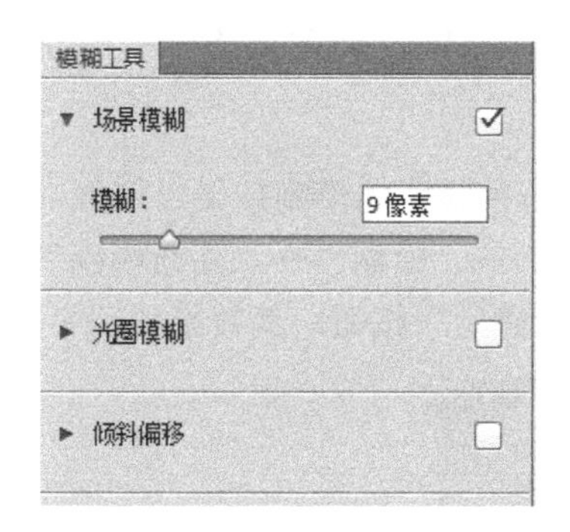

图 8-15　“模糊工具”对话框

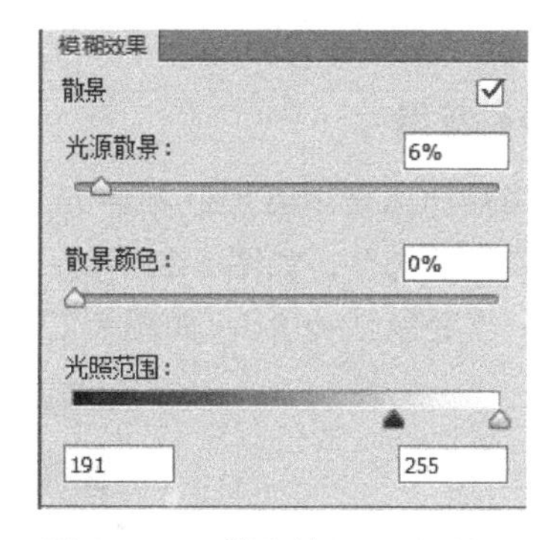

图 8-16　“模糊效果”对话框

(1) 场景模糊：“模糊”选项用于设置场景模糊的强度。执行“滤镜”→“模糊”→“场景模糊”命令，Photoshop 会自动在图像上添加一个图钉，可以设置此图钉的模糊值，也可以继续在图像上单击添加图钉，设置新加图钉的模糊值。

(2) 光源散景：用于设置模糊效果的高光数量。其原图和效果如图 8-17 和图 8-18 所示。

彩图 8-18

图 8-17　原图

图 8-18　场景模糊(参数设置为 9，光源散景为 6)效果

2. 光圈模糊

光圈模糊在图像上创建一个椭圆形的焦点范围，处于焦点范围内的图像保持清晰，而之外的图像会变得模糊。其实例效果如图 8-19 所示。

3. 动感模糊

动感模糊是沿着指定的方向(–360 度～+360 度)、指定距离(1～999)进行模糊，所产生的效果类似于在固定的曝光时间拍摄一个高速运动的对象。其实例效果如图 8-20 所示。

图 8-19　光圈模糊样式

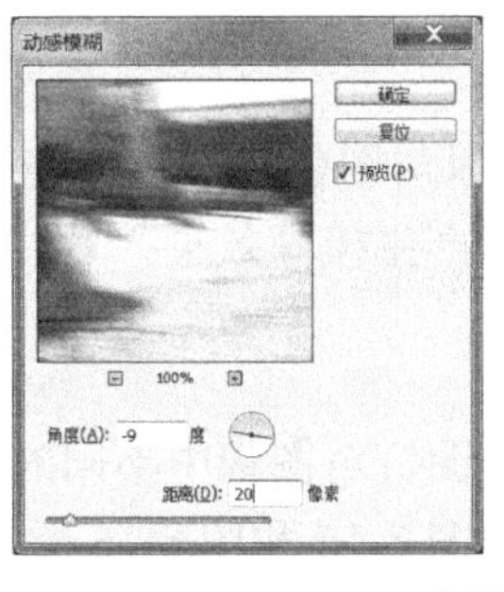

图 8-20　“动感模糊”对话框及效果

4. 高斯模糊

高斯模糊向图像中添加低频细节，使图像产生一种朦胧的模糊效果。例如，选择图像需要高斯模糊的部分，如图 8-21 所示，单击“滤镜”→“模糊”→“高斯模糊”命令，在对话框中，半径默认为 5.0，如图 8-22 所示，单击“确定”按钮，其效果如图 8-23 所示。

彩图 8-23

图 8-21　大致选区

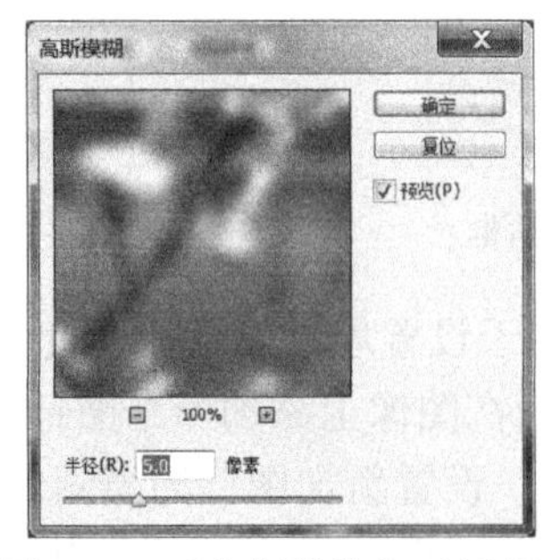

图 8-22　“高斯模糊”对话框

图 8-23　高斯模糊效果

5. 径向模糊

径向模糊用于模拟缩放或旋转相机时所产生的模糊，产生的一种柔化的模糊效果。径向模糊的方法有旋转与缩放两种方式，如图 8-24 所示，旋转方式的效果如图 8-25 所示。缩放模糊的效果如图 8-26、图 8-27 所示。

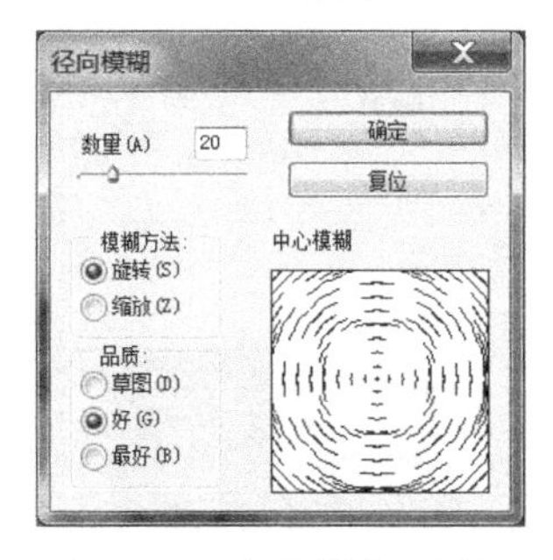

图 8-24　径向模糊-旋转

图 8-25　径向模糊-旋转效果

图 8-26　径向模糊-缩放

图 8-27　径向模糊-缩放效果

8.2.3　扭曲滤镜组

扭曲滤镜组主要是对图像进行扭曲变形，其中扩散亮光、海洋波纹、玻璃这三种常用滤镜设置在滤镜库中，其余的选择“滤镜”→“扭曲”命令。

1. 玻璃滤镜

玻璃滤镜是使图像产生一种透过玻璃观察的效果。其实例效果如图 8-28 所示。

“玻璃”对话框中各选项的含义介绍如下。

(1) 扭曲度：用于调整图像扭曲变形程度。

(2) 平滑度：用于调整玻璃的平滑度。

(3) 纹理：用于设置玻璃的纹理类型。

(4) 缩放：用于放大或缩小玻璃纹理。选中“反相”复选框可以使玻璃纹理反向显示。

2. 波浪滤镜

波浪滤镜是通过设置波长，使图像产生波浪涌动的效果。实例效果如图 8-29 所示。

图 8-28 滤镜库-扭曲-玻璃

“波浪”对话框中各选项的含义介绍如下。

(1)生成器数：用于设置产生的波浪数目。

(2)波长：该栏中包括“最小”和“最大”两个文本框，用于设置波峰间距。“波幅”栏包括“最小”和“最大”两个文本框，用于设置波动幅度。

(3)比例：该栏中包括两个文本框，分别用于调整水平和垂直方向的波动幅度。

(4)类型：该栏中包括正弦、三角形和方形三个单选按钮，用于设置波动类型。

(5)未定义区域：用于设置使用波浪效果后非原图像区域的填充方式。

3. 球面化滤镜

球面化滤镜是使图像包裹在球面上并扭曲、伸展来适合球面，从而产生球面化效果。“球面化”对话框如图 8-30 所示。

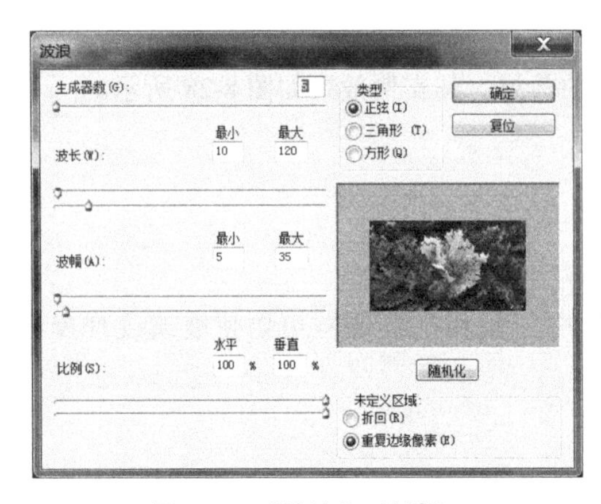

图 8-29 “波浪”对话框

图 8-30 “球面化”对话框

4. 水波滤镜

水波滤镜是让图像产生起伏的水波纹和旋转效果。其中参数数量调整图像中水波的圈数，起伏调整水波的明显程序，样式可选择图像中的水波样式。其对话框与实例效果如图 8-31 和图 8-32 所示。

图 8-31　“水波”对话框

图 8-32　水波滤镜效果

8.2.4　素描滤镜组

素描滤镜可以将纹理添加到图像上，用于模拟速写和素描等艺术效果。单击“滤镜”→“滤镜库”→“素描”命令，再选择相应的滤镜。

1. 绘图笔滤镜

绘图笔滤镜是用细线状的油墨描边以捕捉原始图像中的细节，如图 8-33 所示。

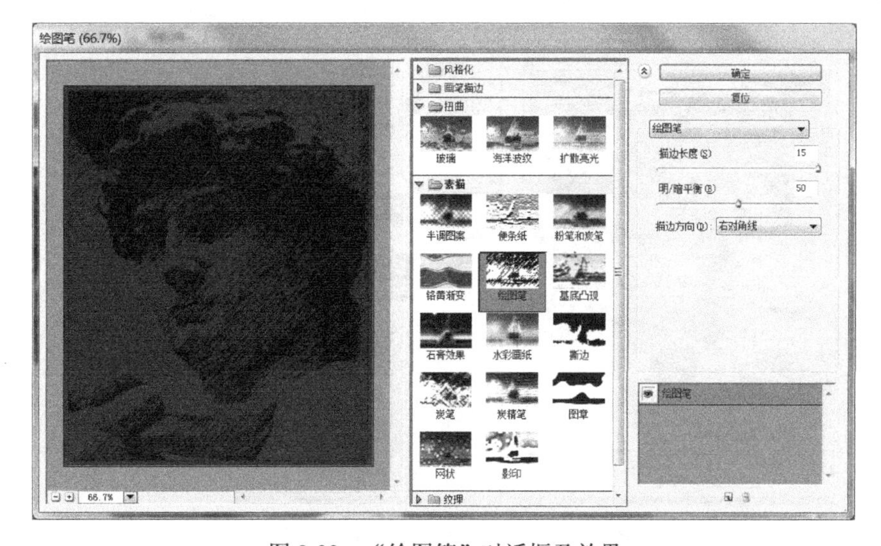

图 8-33　“绘图笔”对话框及效果

彩图 8-33

2. 炭精笔滤镜

炭精笔滤镜在图像上模拟浓黑和纯白的炭精笔纹理，如图 8-34 所示。

彩图 8-34

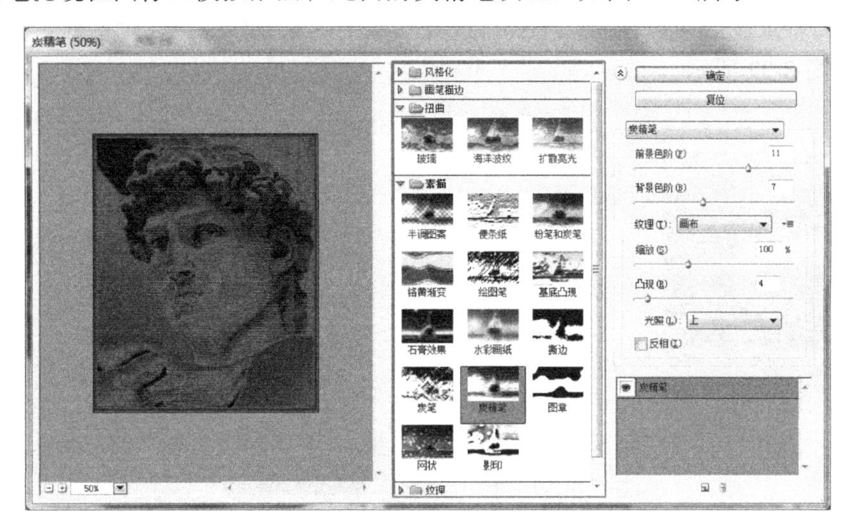

图 8-34 “炭精笔”对话框及效果

8.2.5 纹理滤镜组

纹理滤镜组在滤镜库中，纹理滤镜可使图像的表面产生特殊的纹理或材质效果，常用来模拟具有深度感物体的外观。

1. 龟裂缝滤镜

龟裂缝滤镜能将图像应用在一个高凸现的石膏表面上，以沿着图像等高线生成精细的网状裂缝。其效果如图 8-35 所示。

彩图 8-35

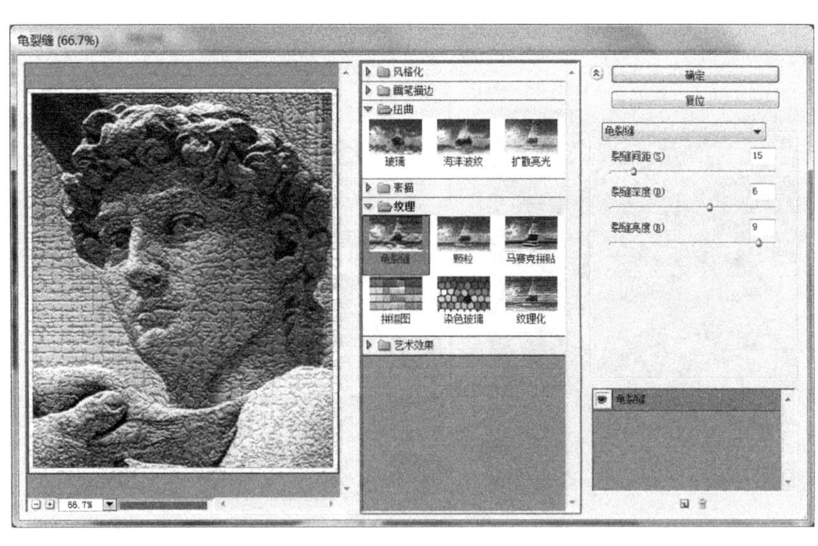

图 8-35 “龟裂缝”对话框及效果

2. 马赛克拼贴滤镜

马赛克拼贴滤镜可以将图像用马赛克碎片拼贴起来。其效果如图 8-36 所示。

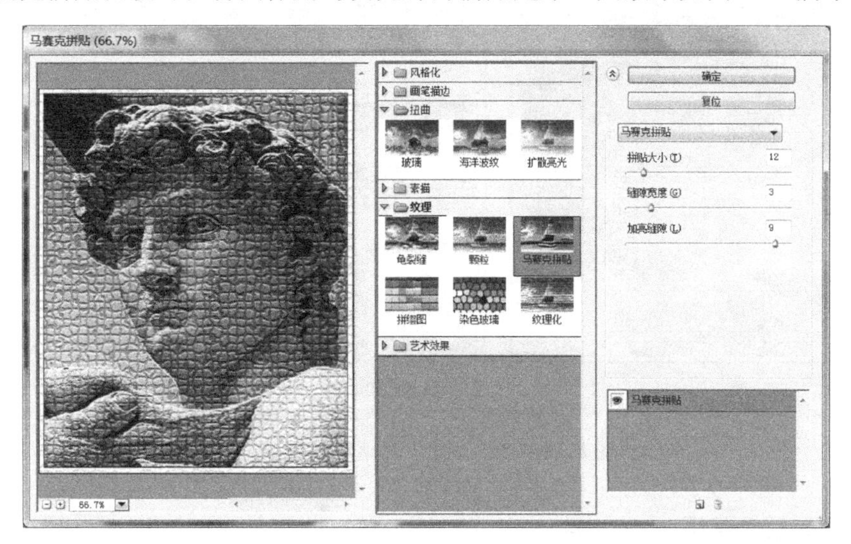

彩图 8-36

图 8-36　“马赛克拼贴”对话框及效果

3. 染色玻璃滤镜

染色玻璃滤镜可以将图像重新绘制成用前景色勾勒的单色的相邻单元格色块。其实例效果如图 8-37 所示。

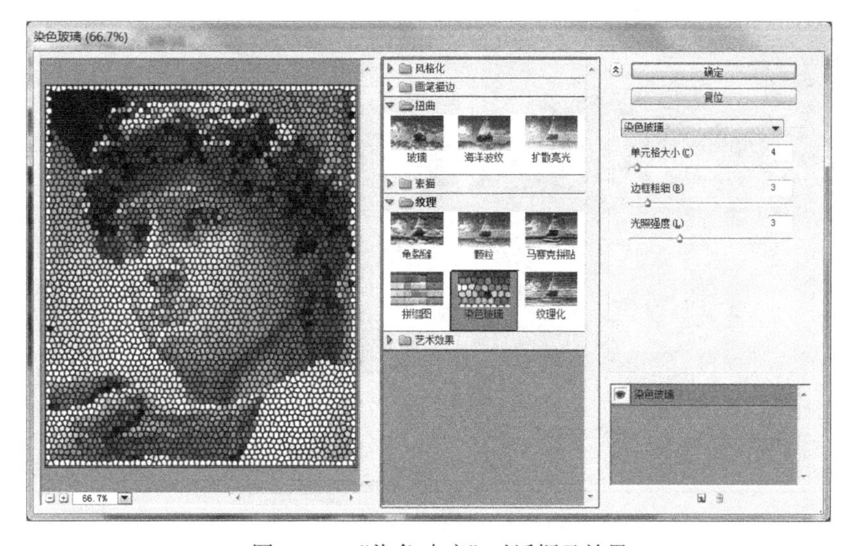

彩图 8-37

图 8-37　“染色玻璃”对话框及效果

4. 纹理化滤镜

纹理化滤镜可以将选定的纹理或外部的纹理应用于图像。其实例效果如图 8-38 所示。

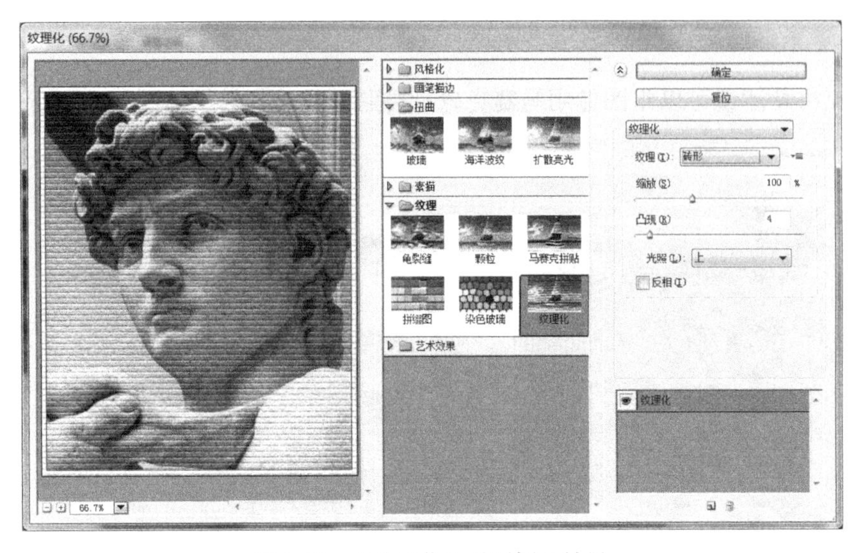

彩图 8-38

图 8-38 “纹理化”对话框及效果

8.2.6 像素化滤镜组

像素化滤镜可以将图像进行分块或平面化处理。

1. 马赛克滤镜

马赛克滤镜是使像素结为方形色块，创建出类似于马赛克的效果。其效果如图 8-39 所示。

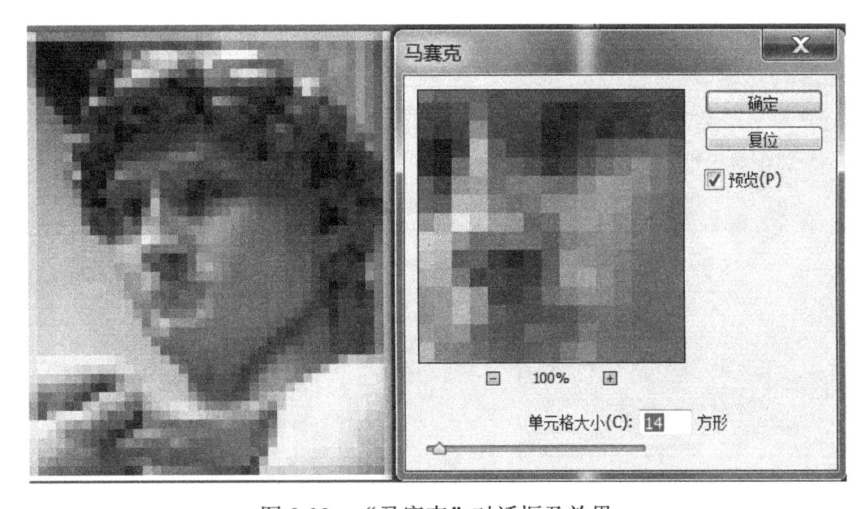

彩图 8-39

图 8-39 “马赛克”对话框及效果

2. 铜板雕刻滤镜

铜板雕刻滤镜可以将图像转换为黑白区域的随机图案或彩色图像中完全饱和颜色的随机图案。其实例效果如图 8-40 所示。

彩图 8-40

图 8-40　“铜板雕刻”对话框及效果

8.2.7　渲染滤镜组

使用“渲染”菜单下的命令可以在图像中创建云彩、纤维、光照等特殊效果。

1. 镜头光晕滤镜

镜头光晕滤镜可以模拟亮光照射到相机镜头所产生的折射效果。其位置可以用鼠标移动。其参数设置与效果如图 8-41 所示。

彩图 8-41

图 8-41　“镜头光晕”对话框及效果

2. 云彩滤镜

云彩滤镜可以根据前景色和背景色随机生成云彩图案，若没有达到理想的效果，可以连续重复使用多次。其实例效果如图 8-42 所示。

【例 8-3】制作特效文字。

操作步骤：

(1)新建一个 100 像素×100 像素的图像文件，设置前景色为红色。

(2)绘制三条红线，执行“滤镜”→“扭曲”→“挤压”命令，效果如图 8-43 所示。

图 8-42 云彩效果

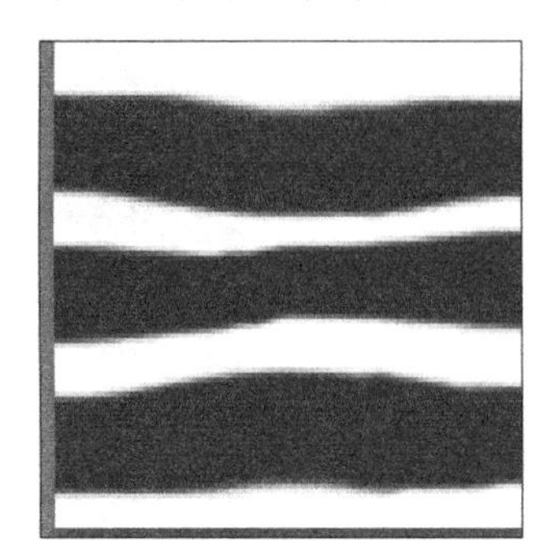

图 8-43 绘制及扭曲挤压效果

(3)将制作好的图像定义为图案，单击“编辑”→“定义图案”命令，输入名称“t1”，单击“确定”按钮。

(4)新建一个 800 像素×600 像素图像文件，输入文字“GZNU”，其字体设置为 Sample，文字大小为 160。

(5)单击“添加图层样式”按钮，设置图案叠加，选择刚建立好的图案 t1，设置斜面和浮雕、投影，参数设置如图 8-44 所示，其余选项为默认设置即可，最后效果如图 8-45 所示。

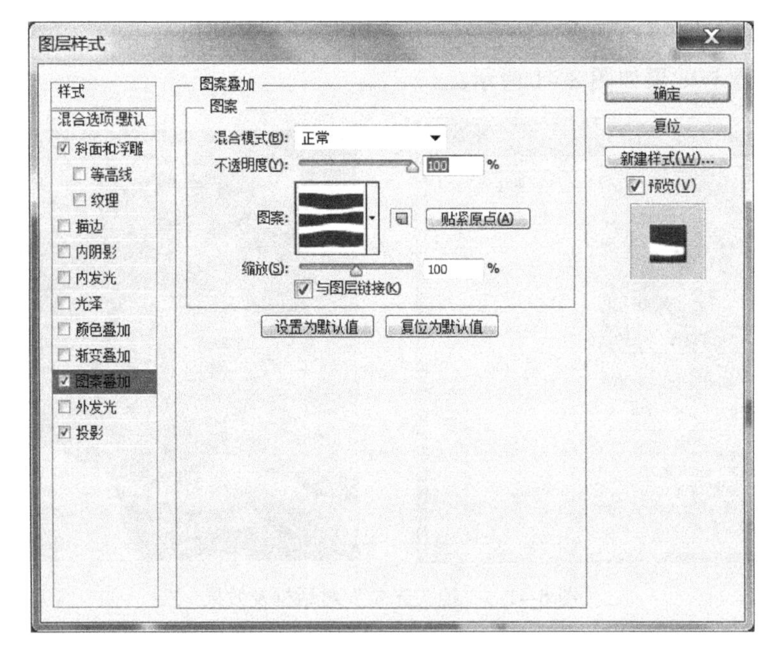

图 8-44 图层样式-图案叠加

【**例 8-4**】利用渐变工具、图层和滤镜，制作如图 8-46 所示高尔夫球。

操作步骤：

(1)新建一个 500 像素×500 像素的图像文件，设置背景内容为白色。

(2)新建一图层，利用“渐变工具”给新图层填充灰度径向渐变。效果如图 8-47 所示。

图 8-45　最终效果

图 8-46　高尔夫球效果

图 8-47　径向渐变效果

(3) 单击“滤镜”→“滤镜库”→“扭曲”→“玻璃”命令，设置扭曲度为 15，平滑度为 3，纹理为“小镜头”，缩放为 60，如图 8-48 所示。

图 8-48　玻璃滤镜效果

(4) 选择“椭圆工具”，按 Shift 键制作正圆，然后单击“反向”→“选择”→“反向”命令，删除圆形外的图像，如图 8-49～图 8-51 所示。

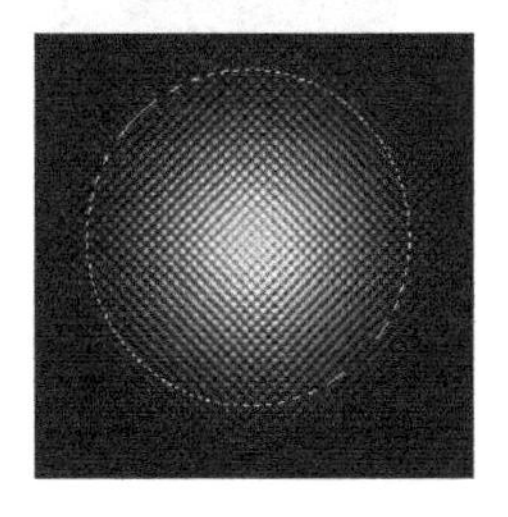

图 8-49　玻璃滤镜

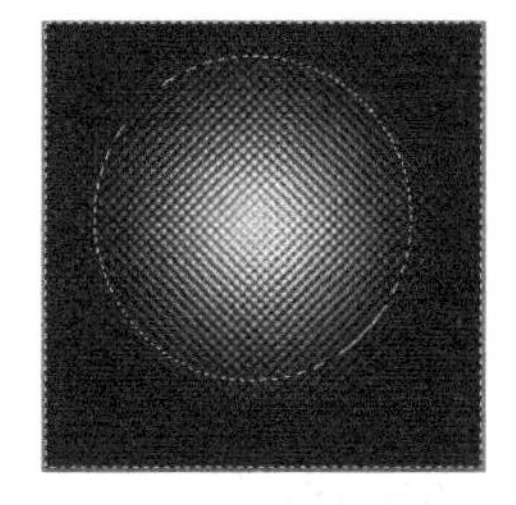

图 8-50　反向

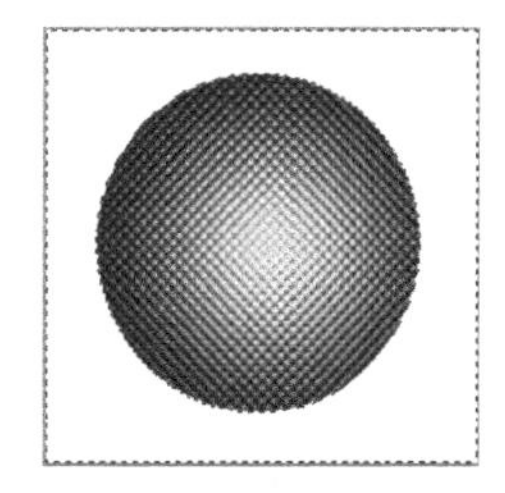

图 8-51　删除周围

(5) 再次执行“选择”→“反向”命令，选择球体部分，执行“滤镜”→“扭曲”→“球面化”命令。效果如图 8-52 所示。

(6) 执行“图像”→“调整”→“亮度/对比度”命令，设置亮度为+18，对比度为+2。

(7) 执行“滤镜”→“渲染”→“镜头光晕”命令，设置亮度为 130%，镜头类型为 105 镜头聚焦，效果如图 8-53 所示。

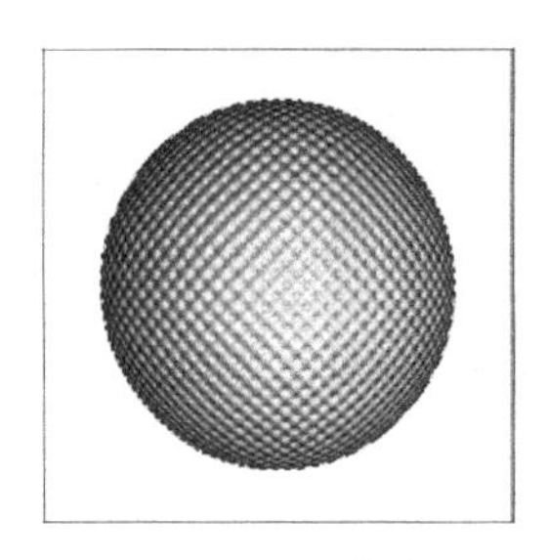

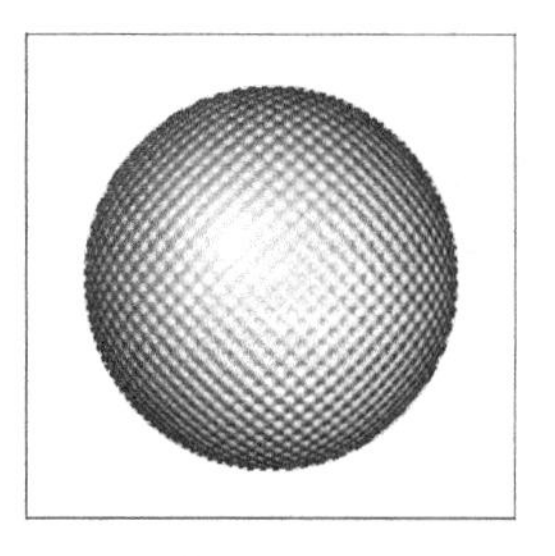

图 8-52 球面化滤镜效果　　图 8-53 镜头光晕滤镜效果

(8)执行“图层样式”→“投影”命令，设置角度为 90 度，距离 15，扩展为 10，大小为 24，如图 8-54 所示。

(9)按 Ctrl+D 键，取消选区，给背景图层填充为绿色，作为高尔夫球的背景色，如图 8-55 所示。

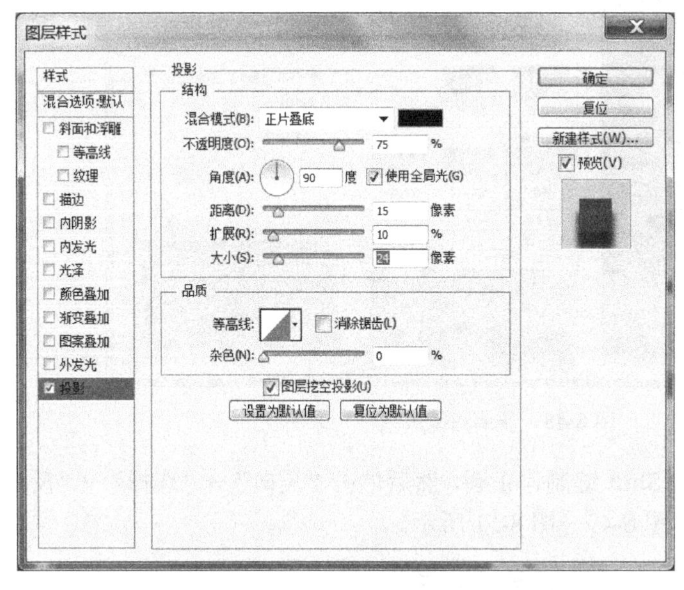

图 8-54 图层样式-投影

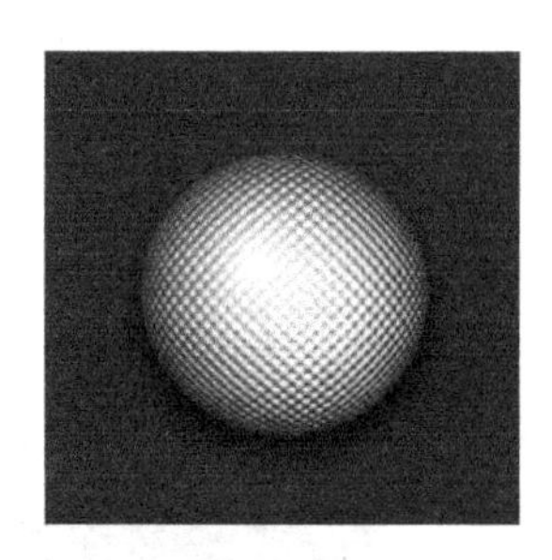

图 8-55 最终效果

习　题　8

一、判断题(正确的填 A，错误的填 B)

1．同一图像可以多次使用同一滤镜来增加效果。(　　)

2．滤镜库中全部包含“滤镜”菜单中的滤镜。(　　)

3．滤镜可对选区进行处理，若没有选区存在，则对整个图层作处理。(　　)

4．最近一次使用的滤镜将出现在“滤镜”菜单的顶部。(　　)

5．风格化滤镜组中风滤镜可以在图像中添加一些短而细的水平与垂直线，模拟吹风的效果。(　　)

二、单选题

1．某人照相脸较胖，希望将照片进行处理，变得瘦些，应用选择________工具进行美化处理。

A．油画　　B．液化

C．查找边缘　　D．浮雕效果

2．根据图 8-56(a)，并将图像顺时针旋转 90 度，最后要做出图 8-56(b)的燃烧效果，需要________滤镜进行处理。

(a)

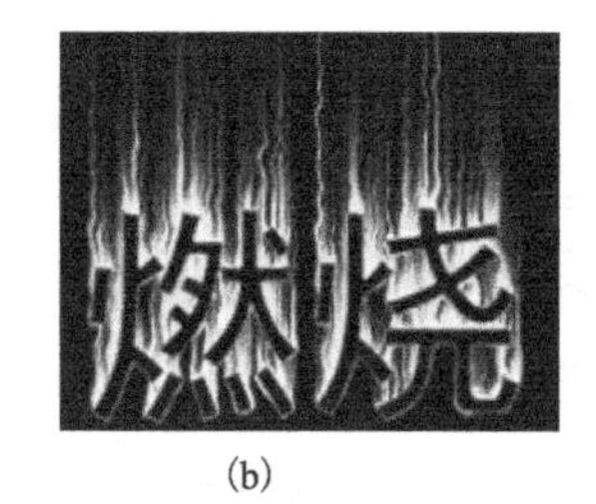

(b)

图 8-56

A．向上方向的风　　B．向下方向的风

C．向左方向的风　　D．向右方向的风

3．根据图 8-57 所示，所用的滤镜是_________。

A．铜板雕刻　　B．马赛克

C．马赛克拼贴　　D．龟裂缝

4．要实现图 8-58 所示效果，将采用_________工具。

A．扭曲的玻璃　　B．扭曲的波浪

C．扭曲的球面化　　D．径向模糊

图 8-57

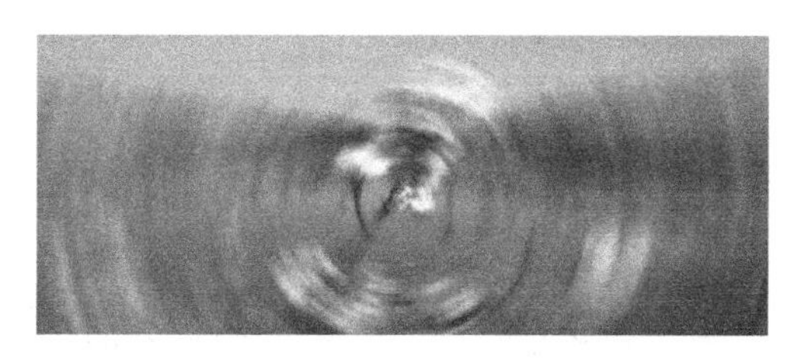

图 8-58

5．在图 8-59 中，由图 8-59(a)变为图 8-59(b)，采用是_________滤镜。

A．液化　　B．龟裂缝

C．镜头光晕　　D．云彩

6．给图像施加特殊效果的菜单是________。

A．滤镜　　B．分析

C．视图　　D．文件

(a)

(b)

图 8-59

7．要使照片上人脸部皮肤更光滑，采用“模糊”命令中的______可获得最佳效果。

A．高斯模糊　　B．表面模糊

C．镜头模糊　　D．特殊模糊

三、多选题

1．模糊滤镜中的径向模糊，模糊的方法有________。

A．旋转　　B．缩放

C．左转　　D．右转

2．要做出图 8-60 所示的高尔夫球体，需要__________命令。

A.“扭曲”→“玻璃”　　B.“扭曲”→“球面化”

C.“渲染”→“镜头光晕”　　D.“像素化”→“马赛克”

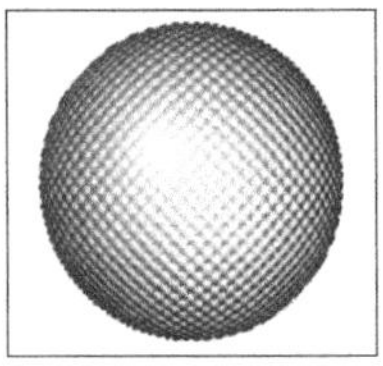

图 8-60

3．纹理滤镜组有__________滤镜。

A．龟裂缝滤镜　　B．马赛克拼贴

C．染色玻璃　　D．纹理化

4．渲染滤镜组有__________ 滤镜。

A．镜头光晕　　B．液化

C．云彩滤镜　　D．汽化

5．以下哪些滤镜属于模糊滤镜组_________。

A．场景　　B．光圈

C．高斯　　D．径向

四、多选题

1．利用“液化工具”，将图 8-61 和图 8-62 中的人物变瘦。

2．利用模糊滤镜，将图 8-63 中，将远处的花变模糊，重点突出前面几朵花。

图 8-61

图 8-62

图 8-63

第二部分

MySQL 数据库基础

第 9 章　MySQL 基础知识

数据库技术是计算机应用领域中非常重要的技术，它产生于 20 世纪 60 年代末，是数据管理的核心技术，也是软件技术的一个重要分支。本章重点学习数据库的基础知识以及 MySQL 的特点、安装与使用。

9.1　数据库基础

9.1.1　数据库的基本概念

1. 数据(Data)

数据是数据库中存储的基本对象，数据的种类很多，如文字、图形、图像、声音、学习成绩、商品销售量等都是数据，它是事物的符号记录。

2. 数据库(DataBase，DB)

数据库是存放数据的仓库，可以理解为存储与管理数据的容器，物理上是长期存储在计算机内、有组织的、可共享的数据集合。客户的档案、订购商品信息、商品库存信息、学生的成绩信息等都是有序地组织并存放在数据库中的。

3. 数据库管理系统(DataBase Management System，DBMS)

数据库管理系统实际上就是管理数据库的系统软件，它位于操作系统与用户之间的数据管理软件，它按照一定的数据模型科学地组织和存储数据，并能提供数据高效地获取与维护。我们后面学习的 MySQL 就是一个数据库管理系统 DBMS，DBMS 主要有以下功能。

1)数据定义功能

DBMS 提供数据定义语言(Data Definition Language，DDL)，用户通过它可以方便地对数据库中的数据对象进行定义，如建立数据(create database)、建立表(create table)等命令。

2)数据操纵功能

DBMS 还提供数据操纵语言(Data Manipulation Language，DML)，用户可以使用 DML 操纵数据，实现对数据表的基本操作，如查询(select)、插入(insert into)、删除(delete)和修改(update)等命令。

3)数据库维护功能

数据库维护功能包括数据库的转储、恢复功能，数据库的重组织功能和性能监视、分析功能等，这些功能通常是由一些实用程序来完成的。

4)数据库的运行与维护

数据库运行和维护时由数据库管理系统统一管理、统一控制，以保证数据的安全性、完整性、多用户对数据的并发使用及发生故障后的系统恢复。例如，数据的完整性检查功能保证用户输入的数据应满足相应的约束条件，数据库的安全保护功能保证只有赋予权限的用户才能访问数据库中的数据，数据库的并发控制功能使多个应用程序可在同一时刻并发地访问数据库的数据，数据库系统的故障恢复功能使数据库运行出现故障时进行数据库恢复，以保证数据库可靠地运行。

5)提供方便、有效存储数据库信息的接口和工具

编程人员可通过程序开发工具与数据库的接口编写数据库应用程序。数据库管理员(DataBase Administrator，DBA)可通过工具对数据库进行管理。

4. 数据库系统(DataBase System，DBS)

数据库系统是由数据库、数据库管理系统、应用开发工具、应用系统、数据库管理员和用户构成。数据库管理系统是数据库系统的一个重要组成部分。数据库的建立、使用和维护等工作只靠数据库管理系统是远远不够的，还需要专门的人员来完成，这些人就是数据库管理员(DBA)。

数据库系统具有数据结构化、数据冗余度低、数据共享性好、数据独立性高、数据由 DBMS 统一管理和控制等特点，所以它在当今社会中的应用非常广泛。

日常生活中经常将数据库管理系统简称为数据库。图 9-1 描述了用户、(数据库管理系统)、数据库、数据表、数据之间的关系。

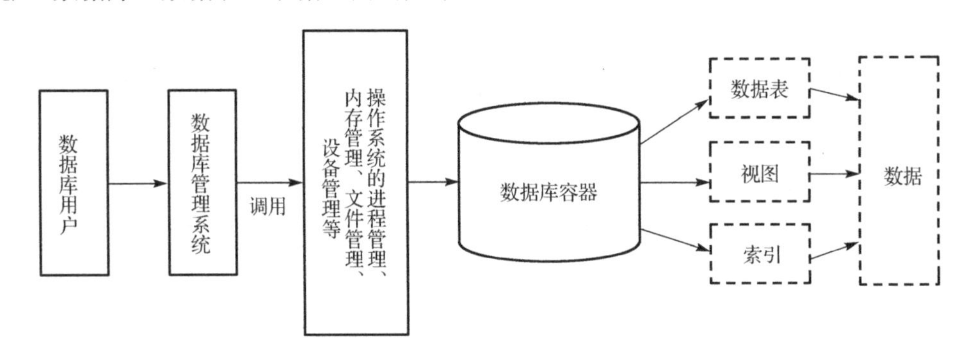

图 9-1　用户、数据库管理系统、数据库、数据表、数据之间的关系

9.1.2　数据库系统的运行与应用结构

目前，数据库系统常见的运行与应用结构有客户机/服务器(C/S)结构、浏览器/服务器(B/S)结构。

1. *客户机/服务器(Client/Server，C/S)结构*

在数据库系统中，数据库的使用者(如 DBA、程序设计者)可以使用命令行客户端、图形化界面管理工具或应用程序等来连接数据库管理系统，并可以通过数据库管理系统查询和处理存储在底层数据库中的各种数据。数据库系统的这种工作模式采用的就是客户机/服务器结构。

在客户机/服务器(C/S)模式中，如图 9-2 所示，客户机和服务器可以同时工作在同一台计算机上，这种工作方式称为“单机方式”。也可以“网络方式”运行，即服务器被安装和部署在网络中某台机器上，而客户端被安装和部署在网络中不同的计算机上。客户端必须单独开发，目前 QQ、微信等都是这种模式，需要用户安装 QQ、微信客户端才能使用。常用的语言工具主要有 Visual C++、.NET 框架、Delphi、Visual Basic 等。

2. *浏览器/服务器(Browser/Server，B/S)结构*

浏览器/服务器(B/S)结构是一种基于 Web 应用的客户机/服务器结构，它有三层的客户机/服务器结构，如图 9-3 所示。这种模式不需要单独开发客户端软件，用户只需要在自己计算机或手机上安装浏览器，就可以通过 Web Server 与数据库进行数据交互，让核心的业务处理在服务器完成。目前这种模式非常流行。

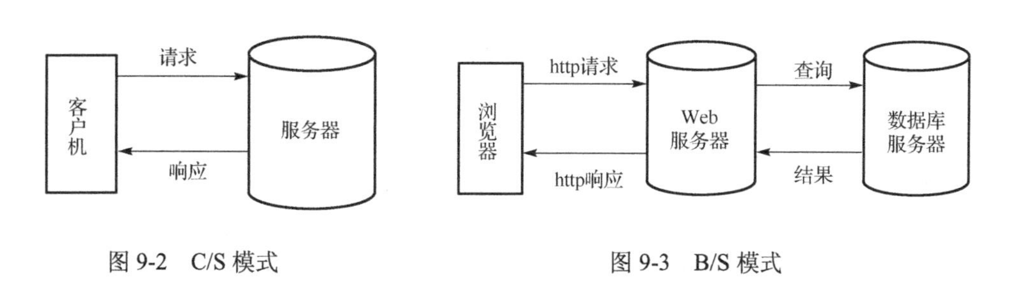

图 9-2　C/S 模式　　　　图 9-3　B/S 模式

基于浏览器/服务器结构的数据库应用系统开发，常用开发语言有 PHP、Java、C#等。

9.1.3　数据模型

模型是对现实世界特征的模拟和抽象，数据模型是对现实世界中数据特征的抽象，描述的是数据的共性。由于计算机不能直接处理现实世界中的具体事物，所以需要将具体事物事先转换成计算机能够处理的数据。在数据库中，就是用数据模型来抽象、表示和处理现实世界中的数据和信息。

数据模型应满足三方面要求：一是能比较真实地模拟现实世界；二是容易为人们所理解；三是便于在计算机上实现。在数据库系统中针对不同的使用对象和应用目的，通常采用逐步抽象的方法，在不同层次采用不同的数据模型，一般可分下面三层。

1. *物理层*

物理层是数据抽象的最底层，用来描述数据物理存储结构和存储方法。这一层的数据抽象称为物理数据模型，它不但由 DBMS 的设计决定，而且和操作系统、计算机硬件密切相关。物理数据结构一般都向用户屏蔽，用户不必了解其细节。

2. 逻辑层

逻辑层是数据抽象的中间层，描述数据库数据整体的逻辑结构。这层的数据抽象称逻辑数据模型，简称数据模型。它是用户通过 DBMS 看到的现实世界，是基于计算机系统的观点来对数据进行建模和表示。因此，它既要考虑用户容易理解，又要考虑便于 DBMS 实现。不同的 DBMS 提供不同的逻辑数据模型，常见的数据模型有层次模型(Hierarchical Model)、网状模型(Network Model)、关系模型(Relational Model)和面向对象模型(Object Oriented Model)。

1)层次模型

在现实生活中，许多实体之间的联系就是一种自然的层次关系，如文件系统中的目录结构、家族关系的结构、学校管理系统等都是层次关系，也叫树形结构，如图 9-4 所示。

2)网状模型

现实生活中，存在大量的非层次关系，而实体之间存在着复杂的网状关系，如图 9-5 所示。

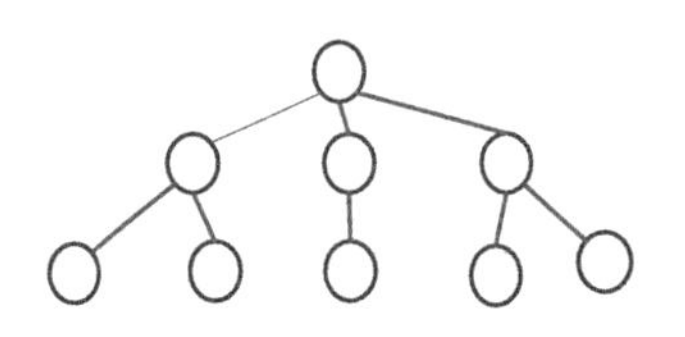

图 9-4 层次模型

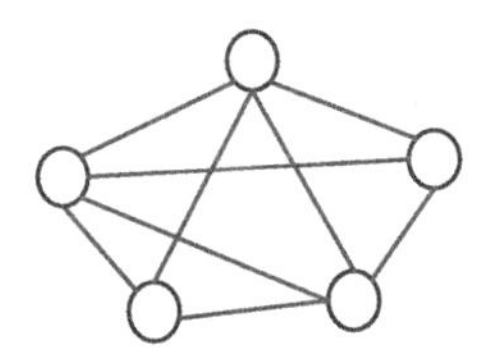

图 9-5 网状模型

3)关系模型

关系模型是现在最重要的一种数据模型，从 20 世纪 80 年代以来，数据库管理系统几乎都是以关系模型为基础的，现在包括 MySQL 在内的众多数据库都是基于关系数据模型。

关系模型的逻辑结构是一张二维表，简称为表，也可称为关系。由行和列组成，表中的行称为元组或记录，表中的列称为字段或属性。例如，学生表 student。

学号	姓名	性别	数学	物理	化学
21001	张三	男	98	86	90
21002	李四	女	89	78	76

4)面向对象模型

面向对象(Object Oriented，OO)是当前计算机界关心的重点，它是 20 世纪 90 年代软件开发方法的主流。面向对象的概念和应用已超越了程序设计和软件开发，扩展到很宽的范围。对象是人们要进行研究的任何事物，从最简单的整数到复杂的飞机等均可看作对象，它不仅能表示具体的事物，还能表示抽象的规则、计划或事件。

对象模型表示了静态的、结构化的系统数据性质，描述了系统的静态结构，它是从客观世界实体的对象关系角度来描述的，表现了对象的相互关系。该模型主要关心系统中对象的结构、属性和操作。

3. 概念层

概念层是数据抽象级别的最高层，其目的是按用户的观点来对现实世界建模。概念层的数据模型称为概念数据模型，简称概念模型。概念模型独立于任何 DBMS，但容易向 DBMS 所支持的逻辑数据模型转换。常用的概念模型有实体-联系模型(Entity Reationship Mode，E-R 模型)。

9.1.4　常用的数据库管理系统

1. MySQL

起初 MySQL 是作为小型轻量级关系数据库推出的，主要定位于中小型信息系统开发中的数据管理。近年来，随着其研发技术的不断进步和版本的持续升级，MySQL 在应用开发中正表现出越来越出色的稳定性和可靠性。

2021 年 3 月数据库世界排名前 10 榜单，MySQL 排名第 2，如图 9-6 所示。

Rank			DBMS	Database Model	Score		
Mar 2021	Feb 2021	Mar 2020			Mar 2021	Feb 2021	Mar 2020
1.	1.	1.	Oracle	Relational, Multi-model	1321.73	+5.06	-18.91
2.	2.	2.	MySQL	Relational, Multi-model	1254.83	+11.46	-4.90
3.	3.	3.	Microsoft SQL Server	Relational, Multi-model	1015.30	-7.63	-82.55
4.	4.	4.	PostgreSQL	Relational, Multi-model	549.29	-1.67	+35.37
5.	5.	5.	MongoDB	Document, Multi-model	462.39	+3.44	+24.78
6.	6.	6.	IBM Db2	Relational, Multi-model	156.01	-1.60	-6.55
7.	7.	↑8.	Redis	Key-value, Multi-model	154.15	+1.58	+6.57
8.	8.	↓7.	Elasticsearch	Search engine, Multi-model	152.34	+1.34	+3.17
9.	9.	↑10.	SQLite	Relational	122.64	-0.53	+0.69
10.	↑11.	↓9.	Microsoft Access	Relational	118.14	+3.97	-7.00

图 9-6　2021 年 3 月数据库排名

2. Oracle

Oracle 数据库是 Oracle 公司的产品，是目前最为流行的大型数据库之一，可以运行在 Windows 和 UNIX 等多种操作系统下，适合于大型企业使用。Oracle 提供的功能是其他中小型数据库望尘莫及的。Oracle 提供了高度的可用性、可伸缩性、可管理性和安全性，支持集群应用、数据仓库、内容管理等功能。但 Oracle 数据库价格较高，各项产品的售价很贵，而且 Oracle 数据库的学习周期较长，难度较大。

3. SQL Server

SQL Server 是由 Microsoft 开发的一款数据库管理系统。它适合于中小企业使用，只能在 Windows 操作系统下运行。目前有多种版本，如学习版、工作组版、开发版、标准版、企业版和移动版，用户可以根据实际情况选择适合自己的版本。除学习版外，其他版本价格不菲。

4. Access

Access 是 Microsoft 的产品，作为一个单文件的数据库管理系统，它使用简单，但是功能并不强大，不支持事务、触发器、存储过程等应用。不适用于对可靠性要求较高的场合。

5. DB2

DB2 是 IBM 的软件品牌，属于大型数据库，是 Oracle 的强有力的竞争对手。可以运行在多种不同的操作系统下，包括 UNIX、Windows。DB2 对商业智能、内容和记录管理、异构数据库集成有较好的支持。

9.1.5 关系模型

关系模型是目前数据库管理系统中实现最多的一类数据模型，它是用二维表结构来表示实体及实体间联系的模型，并以二维表格的形式组织数据库中的数据。

1. 关系模型中的基本概念

关系模型包含下列一些重要的数据结构和术语。

(1) 关系：一个关系逻辑上对应一张二维表。每个关系用一个名称来进行标识。

关系数据库中所谓的“关系”，实质上就是一张二维表。例如，成绩表。

学号	姓名	性别	学院	PS 成绩
1001	张晓红	女	计算机	98
1002	李晓丽	女	化学	92
1003	王小林	男	数学	94

(2) 元组：表中的一行就为一个元组，实际上就是行、记录之意思。

(3) 属性：表中的一列就为一个属性，每个属性有个名称就是属性名，也就是列、字段之意思。

(4) 关键字 (Key)：表中的某个属性或属性的组合，它能唯一标识一个元组，它就是关键字。

(5) 主键 (Primary Key)：在所有的关键字中选择一个关键字，作为该表的主关键字，简称主键。MySQL 中用 Primary Key 来定义主键，如学号、身份证号、电话号码都可以来做主键或主码。

①表的主键可以是一个字段，也可以是多个字段的组合 (复合主键)。

②表中主键的值具有唯一性且不能取空值 (NULL)。

(6) 域：属性的取值范围称为域，如 PS 成绩，范围为 0～100；性别的取值是男或女。

(7) 分量：元组中的一个属性值，也就是列。

(8) 关系模式：就是对关系的描述，表示为：关系名(属性 1，属性 2，…，属性 n)。

(9) 外键：表中的一个属性，不是本表的主关键字，而是另一个表的主关键字，这个属性就是外键。如下面的 Student 表中，字段班级就是外键，它是 Class 表的主关键字。

学号	姓名	班级
10001	张三	101
10002	李四	102
10003	王五	101

Student 表

班级	专业	学院
101	人工智能	计算机
102	大数据	计算机

Class 表

2. 关系模型中对象之间的关系

1) 一对一(1：1)的关系

一对一的关系就是一个数据对象与另一个数据对象之间表现为一对一的关系，在表中表现一个记录对应另外一个表的一条记录。一个学校只有一个正职的校长，这种对应关系是一对一。

2) 一对多(1：N)的关系

一对多的关系就是一个数据对象与另外多个数据对象存在的对应关系，如一个辅导员对应年级多个学生。

3) 多对多(M：N)的关系

多对多的关系是多个数据对象与另外多个数据对象存在的对应关系，如超市的顾客与商品之间的关系，一个顾客可以买多个商品，同类商品可以卖给多个顾客。

9.2　MySQL 概述

MySQL 是关系型数据库管理系统，它具有跨平台性和可移植性，可以轻松、简单地运行在多种操作系统上，如 Windows、Linux 操作系统等。本节介绍 MySQL 的基础知识，并带大家安装 MySQL 数据库。

MySQL 数据库是开放源码的，允许有兴趣的爱好者去查看和维护源码，大公司或者有能力的公司还可以继续对其进行优化，做成适合自己公司的数据库。最重要的一点是，相较于 Oracle 数据库的商用收费，MySQL 允许各大公司免费使用，并且在被甲骨文公司收购后，不断地进行优化，性能提升接近 30%，已成为小公司或者创业型公司首选的数据库，市场占有率也逐渐扩大。

1. MySQL 发展

MySQL 最初是由 TcX 公司的职员蒙蒂·维德纽斯(Monty Widenius)设计的一款底层面向报表的存储引擎工具——Unireg。在 1985 年，Monty 和几个志同道合的朋友在瑞典成立了一家公司，也就是 MySQL AB 的前身。1996 年，MySQL 1.0 正式发布，功能非常简单，只有表数据的 INSERT(插入)、UPDATE(更新)、DELETE(删除)和 SELECT(查询)操作。

2. MySQL 特点

MySQL 的主要特点如下。

(1) 开源：MySQL 源代码免费下载使用。

(2) 简单：MySQL 体积小，便于安装。

(3) 性能优越：MySQL 性能足够与商业数据库媲美。

(4) 功能强大：MySQL 提供的功能足够与商业数据库媲美。

3. MySQL 应用

目前 MySQL 用户已达千万级别，其中不乏企业级用户，是目前较为流行的开源数据库管理系统软件。MySQL 主要应用场景有 Web 网站系统、日志记录系统、数据仓库系统和嵌入式系统。

1) Web 网站系统

Web 站点是 MySQL 最大的客户群，也是 MySQL 发展史上最为重要的支撑力量之一。MySQL 之所以能成为 Web 站点开发者们最青睐的数据库管理系统，是因为 MySQL 数据库的安装配置非常简单，使用过程中的维护不像大型商业数据库管理系统那么复杂，而且性能出色。另一个非常重要的原因为 MySQL 是开放源代码的，可以免费使用。

2) 日志记录系统

MySQL 数据库的插入和查询性能都非常的高效，如果设计得较好，在使用 MyISAM 存储引擎时，两者可以做到互不锁定，达到很高的并发性能。对需要大量的插入和查询日志记录的系统来说，MySQL 是非常不错的选择。比如，处理用户的登录日志、操作日志等都是非常适合的应用场景。

3) 数据仓库系统

随着现在数据仓库数据量的飞速增长，我们需要的存储空间越来越大。数据量的不断增长，使数据的统计分析变得越来越低效，也越来越困难。通过将数据复制到多台使用大容量硬盘的 PC Server 上，以提高整体计算性能和 I/O 能力，效果尚可，存储空间有一定限制，成本低廉；也可以通过将数据水平拆分，使用多台 PC Server 和本地磁盘来存放数据，每台机器上只有所有数据的一部分，解决了数据量的问题，所有 PC Server 一起并行计算，也解决了计算能力问题，通过中间代理程序调配各台机器的运算任务，既可以解决计算性能问题又可以解决 I/O 性能问题，成本也很低廉。通过 MySQL 的简单复制功能，可以很好地将数据从一台主机复制到另外一台，不仅仅在局域网内可以复制，在广域网同样可以复制。

4) 嵌入式系统

嵌入式环境对软件系统最大的限制是硬件资源非常有限，在嵌入式环境下运行的软件系统，必须是轻量级低消耗的软件。MySQL 在资源使用方面的伸缩性非常大，可以在资源非常充裕的环境下运行，也可以在资源非常少的环境下正常运行。它对于嵌入式环境来说，是一种非常合适的数据库系统，而且 MySQL 有专门针对嵌入式环境的版本。

9.3 MySQL 基本操作

1. MySQL 下载

MySQL 是开源免费软件，可以在 MySQL 官网下载，进入主页面后，选择产品版本和操作系统，单击 Download 按钮就可以下载离线软件包，如图 9-7 所示。下载对应的版本后，会得到相应的文件，如文件 mysql-installer-community-5.7.15.0.msi。

图 9-7　MySQL 下载界面

2. MySQL 安装

(1) 下载好软件之后，双击 mysql-installer-community-5.7.15.0.msi 文件进行安装，出现第一个画面，选中 I accept the license terms 复选框，再单击 Next 按钮。

(2) 在选择安装类型对话框中，选择 Developer Default(默认开发者)，还有 Server only(仅服务器)、Client only(仅客户端)、Full(完全)、Custom(自定义)。选择安装模式后，单击 Next 按钮。

(3) 在安装对话框中，直接单击 Execute 按钮(图 9-8)，开始安装并显示进度，安装完成后出现配置对话框，如图 9-9 所示。

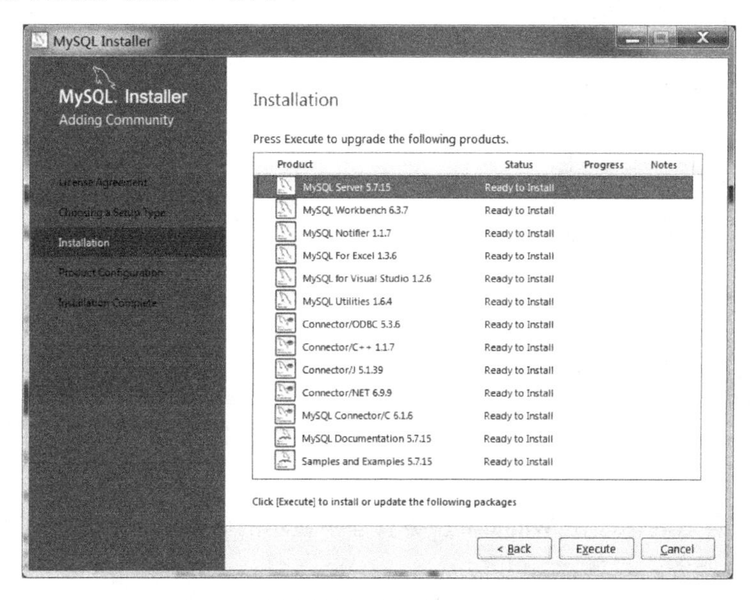

图 9-8　安装对话框(单击 Execute 按钮)

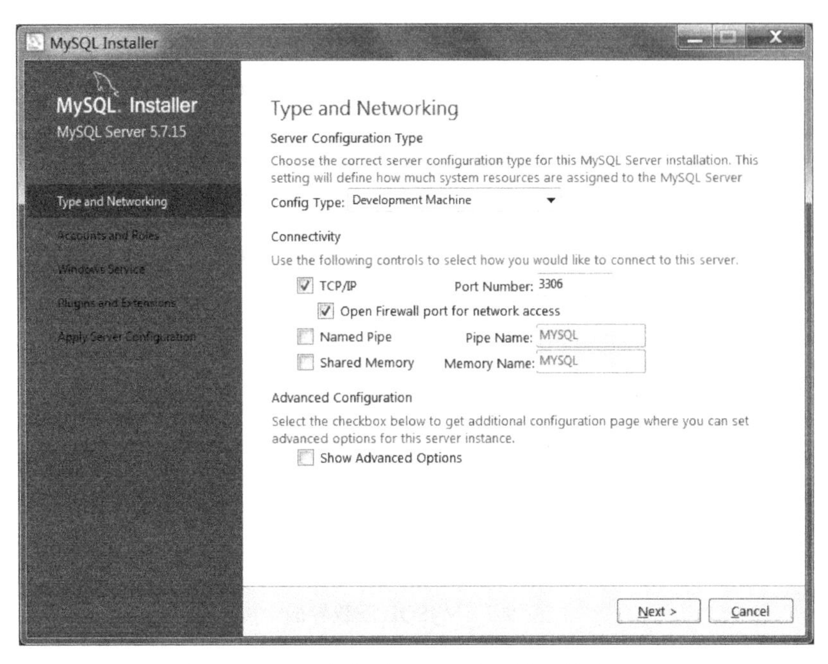

图 9-9　配置服务与端口号，默认端口号为 3306

(4) 为用户名 root 设置密码，要求 4 个字符长度以上，也可以添加用户并为用户设置密码，如图 9-10 所示。

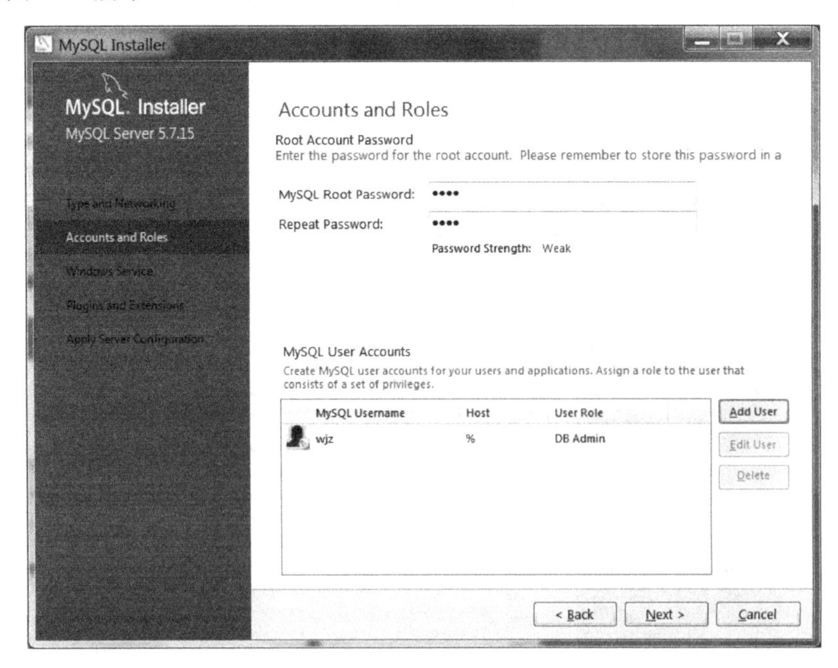

图 9-10　设置密码

(5) 设置服务器名称，在 Window 服务管理中显示的名称，是否选择在系统启动时自动启动 MySQL 服务。

(6) 单击 Next 按钮，完成配置，如图 9-11 所示。

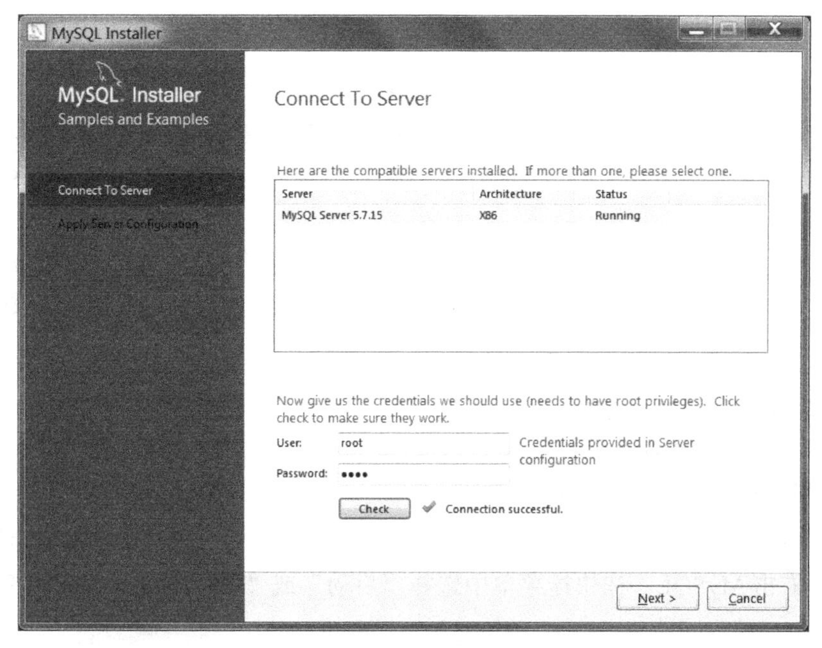

图 9-11　连接测试

(7) 连接到服务器测试 Check，测试连接成功(图 9-11)，就完成了软件的安装，安装过程比较简单，大家一定要注意用户名及密码。

3. MySQL 配置

安装成功后，在数据文件夹中有 my.ini 文件，打开该文件，其内容如下：

```
[client]
no-beep
port=3306                                  #端口号
[mysql]
default-character-set=utf8                 #字符集
[mysqld]
#The TCP/IP Port the MySQL Server will listen on
port=3306                                  #端口号
#basedir="C:/Program Files/MySQL/MySQL Server 5.7/"
#Path to the database root
datadir=C:/ProgramData/MySQL/MySQL Server 5.7\Data
#The default character set that will be used when a new schema or table is
#created and no character set is defined
character-set-server=utf8
#The default storage engine that will be used when create new tables when
default-storage-engine=INNODB
#Set the SQL mode to strict
sql-mode="STRICT_TRANS_TABLES,NO_AUTO_CREATE_USER,NO_ENGINE_SUBSTITUTION"
```

4. MySQL 启动与停止

1) MySQL 启动

在安装软件时，如果在安装过程中选中 Start the MySQL Server at System Startup 复选框，即启动系统时自动启动 MySQL。若安装时没有选中此复选框，则要手动启动 MySQL，其方法有以下两种：

(1) 命令方式：打开“开始”菜单，找到“命令提示符” 命令提示符 并右击，在菜单中选择“以管理员身份运行”命令。注意，一定要以管理员身份运行，输入命令“net start mysql”，运行效果如下：

```
C:\Windows\system32>net start mysql
The MySQL service is starting.
The MySQL service was started successfully。
```

(2) 对话框方式：在桌面上右击“计算机”→“管理”→“服务和应用程序”→“服务”命令，右击 MySQL，在快捷菜单中选择“启动”或“停止”命令，如图 9-12 所示。

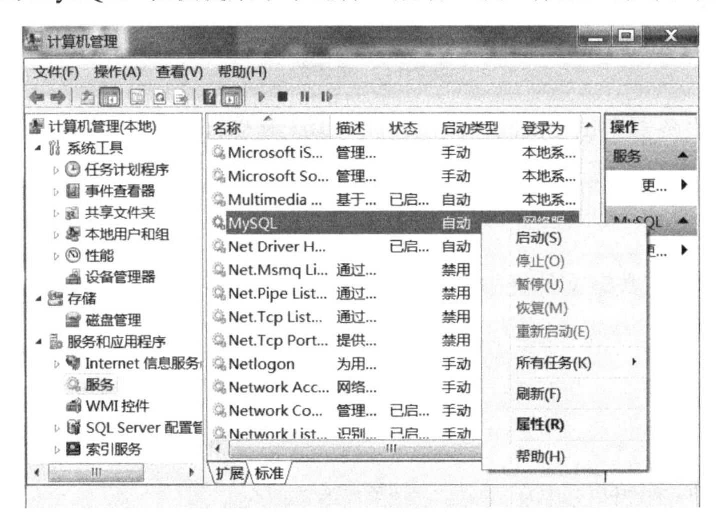

图 9-12 启动与停止 MySQL 服务

2) MySQL 停止

(1) 命令方式：与启动 MySQL 一样，要求在管理员身份运行 cmd 命令，然后在 DOS 窗口中，输入命令“net stop mysql”（停止 MySQL 服务），运行效果如下：

```
C:\Windows\system32>net stop mysql
        The MySQL service is stopping…
        The MySQL service was stopped successfully.
```

(2) 对话框方式：与启动方法相同，右击 MySQL，在快捷菜单中选择“停止”命令。

5. MySQL 登录

(1) 在 MySQL 服务器已经启动的情况下，运行 cmd 命令，然后在 DOS 窗口中输入登录 MySQL 服务器命令，其格式：

mysql [-h 主机地址] [-P 端口号] -u 用户名 -p 用户密码

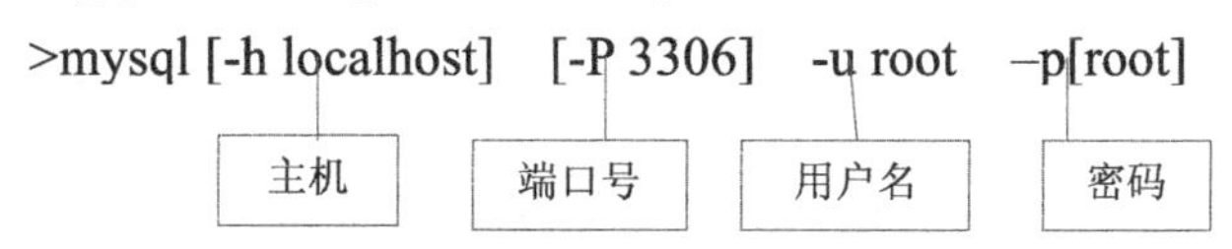

- [ ]中的部分可以省略。
- -h(host 主机)后面为主机，本地主机为 localhost，也可以用 IP 地址 127.0.0.1，-h 后面有空格和无空格都可以。
- -P(Port) 3306 端口号，注意 P 为大写，-P 后面有空格和无空格都可以。
- -u(user) 后面为用户名，-u 后面有空格和无空格都可以。
- -p(password)后面接密码，注意 p 为小写，一般此处不输入密码，否则密码会显示，按 Enter 键后，再输入密码，此时显示为****。

例如，以下格式都可以登录，端口号默认为 3306，可以省略，在本机也可省 localhost。

　　>mysql -h localhost -u root -p

或　>mysql -h localhost -uroot -p

或　>mysql -h 127.0.0.1 -P 3306 -u root -p

或　>mysql -h localhost -P 3306 -u root -p

或　>mysql -u root -p

实验结果如图 9-13 所示。

```
C:\Windows\system32>mysql -h localhost -u root -p
Enter password: ****
Welcome to the MySQL monitor.  Commands end with ; or \g.
Your MySQL connection id is 2
Server version: 5.7.15-log MySQL Community Server (GPL)

Copyright (c) 2000, 2016, Oracle and/or its affiliates. All rights reserved.

Oracle is a registered trademark of Oracle Corporation and/or its
affiliates. Other names may be trademarks of their respective
owners.

Type 'help;' or '\h' for help. Type '\c' to clear the current input statement.

mysql> _
```

图 9-13　登录命令

MySQL 客户机与 MySQL 服务器是同一台主机时，主机名可以使用 localhost(或者 127.0.0.1)。

(2)登录到 MySQL 后，可用 show variables like 'basedir%'命令显示 MySQL 安装目录，如图 9-14 所示。

```
mysql> show variables like 'basedir%';
+---------------+-------------------------------------+
| Variable_name | Value                               |
+---------------+-------------------------------------+
| basedir       | C:\Program Files\MySQL\MySQL Server 5.7\ |
+---------------+-------------------------------------+
1 row in set, 1 warning (0.02 sec)
```

图 9-14　显示安装目录

(3)采用 show variables like 'datadir%'命令显示数据库存储目录，如图 9-15 所示。

```
mysql> show variables like 'datadir%';
+---------------+----------------------------------------------+
| Variable_name | Value                                        |
+---------------+----------------------------------------------+
| datadir       | C:\ProgramData\MySQL\MySQL Server 5.7\Data\  |
+---------------+----------------------------------------------+
1 row in set, 1 warning (0.00 sec)
```

图 9-15　显示数据库存储目录

(4) 若登录时，若出现 mysql 不是内部或外部命令，需要设置系统环境变量，将 MySQL 服务器的 bin 目录添加到“环境变量/系统变量”的 path 中。其方法如下：

①右击“计算机”图标，在快捷菜单中选择“属性”→“高级系统设置”→“环境变量”命令，如图 9-16 和图 9-17 所示。

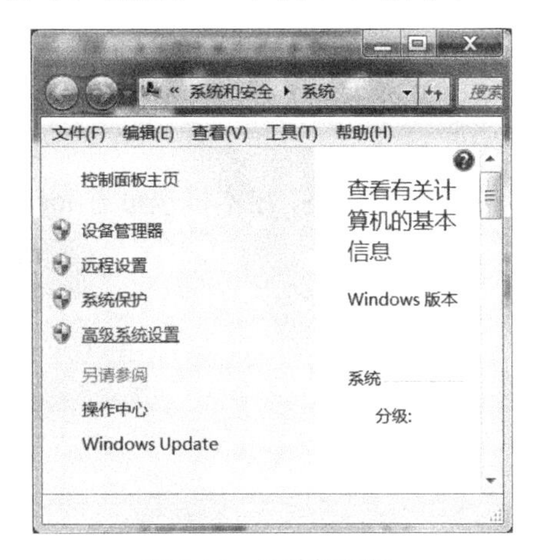

图 9-16　计算机属性

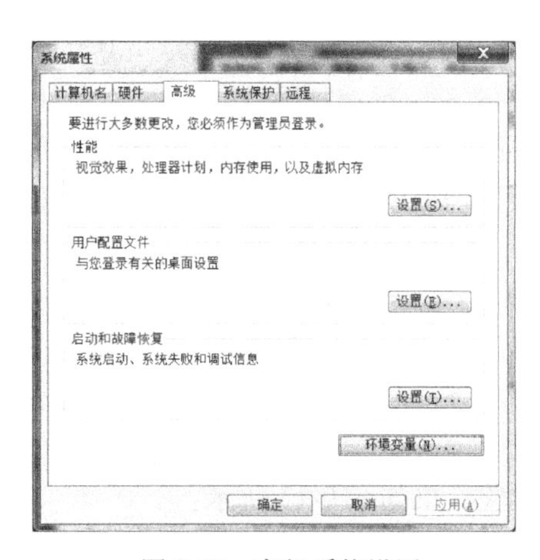

图 9-17　高级系统设置

②在系统变量中，找到 Path(图 9-18)，再单击“编辑”按钮，在变量值中的前面或后面，复制“C:\Program Files\MySQL\MySQL Server 5.7\bin”，单击“确定”按钮，如图 9-19 所示。

图 9-18　环境变量设置

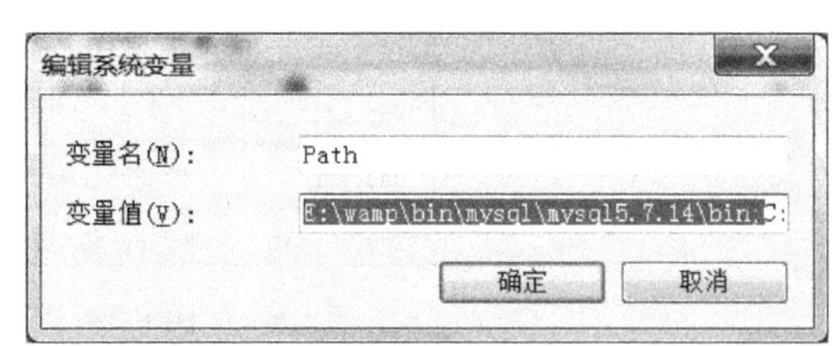

图 9-19　Path 设置

6. 退出 MySQL

退出 MySQL 的命令有三个：exit、quit、\q，如图 9-20 所示。

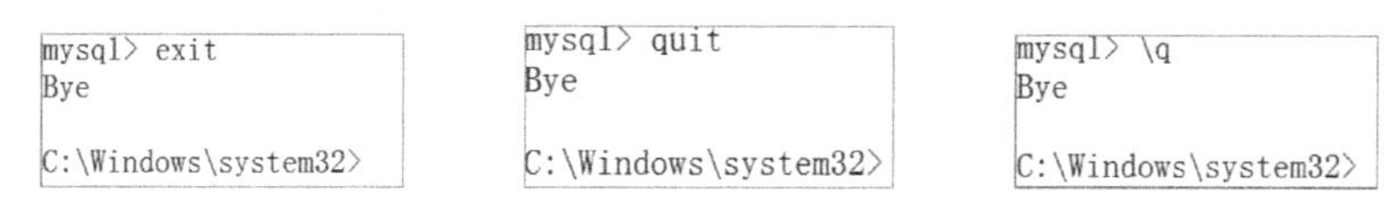

图 9-20　三个命令的效果

7. 修改用户密码

用户如果想修改密码，其命令格式：Alter user user() identified by "密码"; 可以实现修改密码。例如，Alter user user() identified by "123456"，将用户密码修改为 123456，其效果如图 9-21 所示。

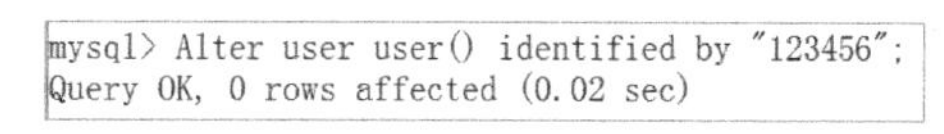

图 9-21　修改密码效果

8. 字符编码

默认情况下 MySQL 使用的是 latin1 字符集，由此可能导致 MySQL 数据库不支持中文字符串查询或者发生中文字符串乱码等问题。

使用 show character set 命令，latin1 支持西欧字符、希腊字符等，gbk 支持中文简体字符，big5 支持中文繁体字符，utf8 几乎支持世界所有国家的字符，utf8mb4 是 utf8 的扩展，emoji 表情字符占用 4 字节的存储空间。

使用 show variables like 'character%'命令，可查看当前 MySQL 实例使用的字符集。演示效果如图 9-22 所示。

```
mysql> show variables like 'character%';
+--------------------------+----------------------------------------------------+
| Variable_name            | Value                                              |
+--------------------------+----------------------------------------------------+
| character_set_client     | utf8                                               |
| character_set_connection | utf8                                               |
| character_set_database   | utf8                                               |
| character_set_filesystem | binary                                             |
| character_set_results    | utf8                                               |
| character_set_server     | utf8                                               |
| character_set_system     | utf8                                               |
| character_sets_dir       | C:\Program Files\MySQL\MySQL Server 5.7\share\charsets\ |
+--------------------------+----------------------------------------------------+
8 rows in set, 1 warning (0.00 sec)
```

图 9-22　查看字符集

9.4　MySQL 图形化管理工具

MySQL 图形化管理工具操作方便，直观和便捷，下面介绍几个图形化管理工具。

1. MySQL Workbench

MySQL Workbench 是一个集成化的 MySQL 数据库设计与管理工具，可以从网上下载与安装使用。其安装后的工作界面如图 9-23 所示。

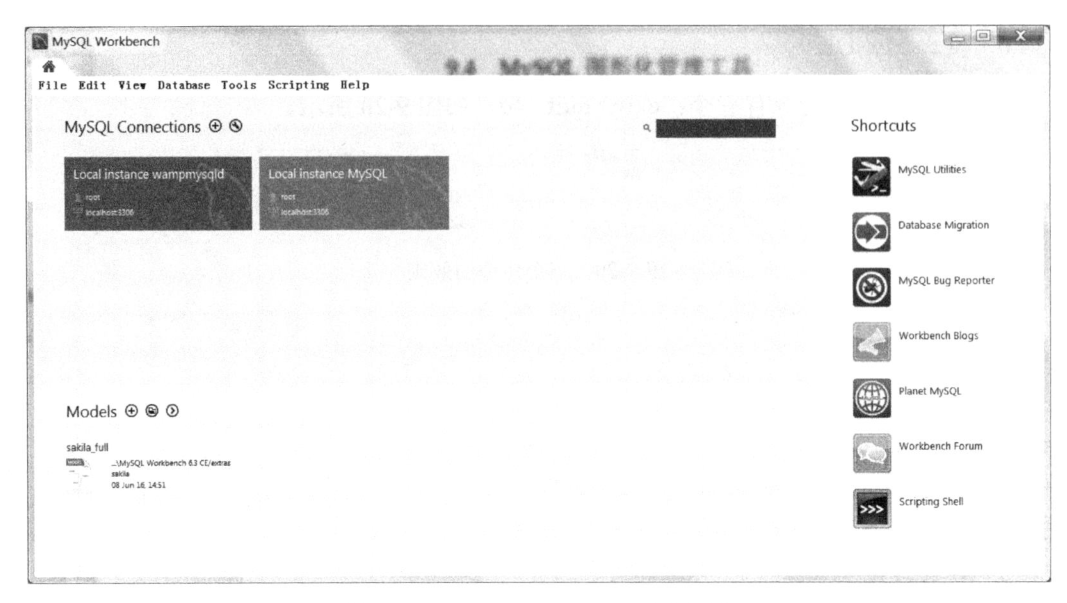

图 9-23　MySQL Workbench 工作界面

2. phpMyAdmin

phpMyAdmin 是使用 PHP 语言开发的基于 Web 方式的 MySQL 图形化管理工具，它可以通过 B/S 工作模式来连接和操作 MySQL 服务器，其工作界面如图 9-24 所示。

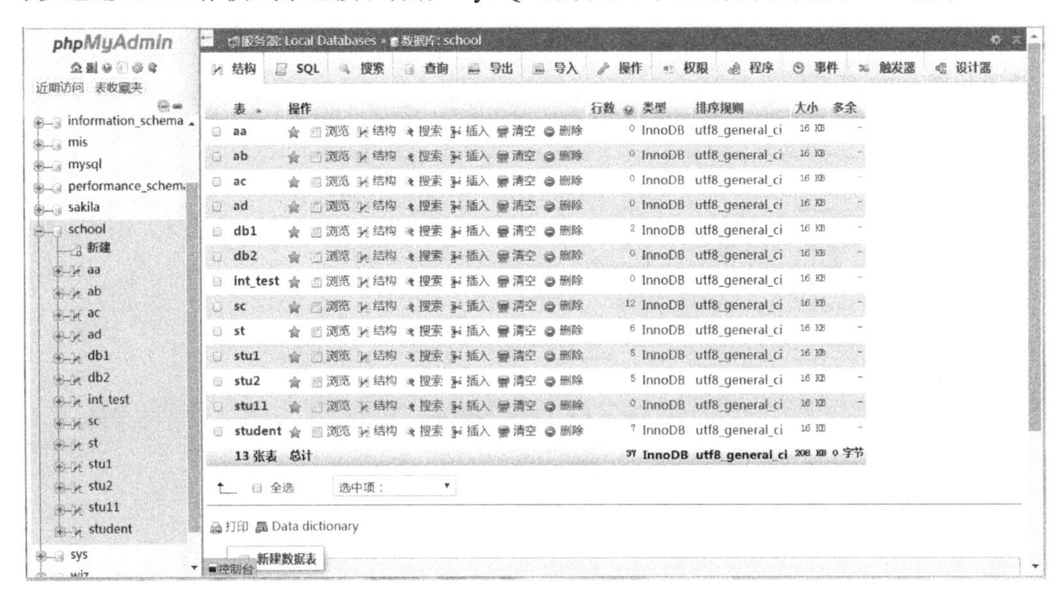

图 9-24　phpMyAdmin 工作界面

9.5　MySQL 常用命令

MySQL 几个常用命令如下：

(1) 显示当前服务器版本，输入“select version();”命令，实验效果如图 9-25 所示。

(2) 显示当前日期时间：输入“select now();”命令，实验效果如图 9-26 所示。

(3) 显示当前用户：输入“select user();”命令，实验效果如图 9-27 所示。

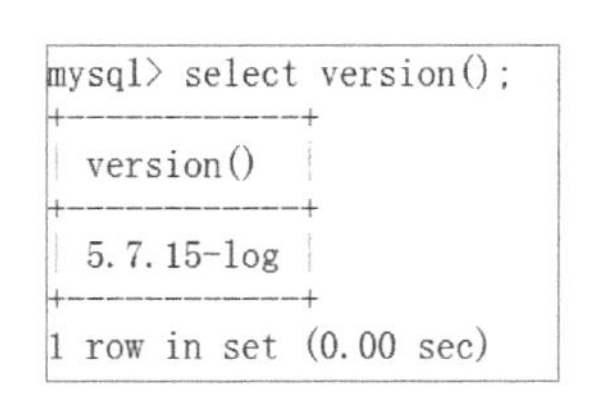

图 9-25　显示 MySQL 版本

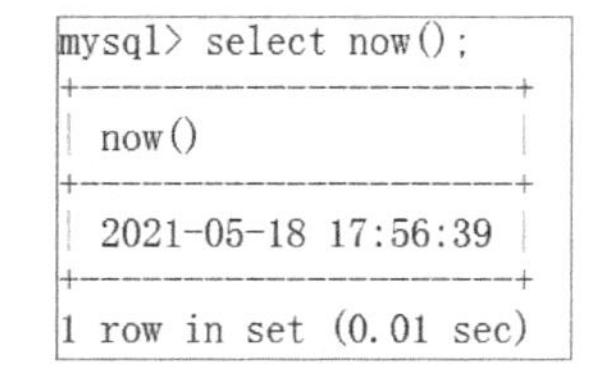

图 9-26　显示当前日期与时间

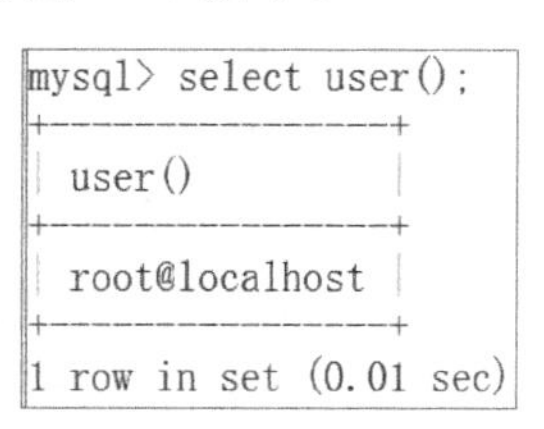

图 9-27　显示当前用户

习　题　9

一、判断题（正确的填 A，错误的填 B）

1．数据库管理系统简称为 DBMS，MySQL 是数据库管理系统。（　　）

2．二维表中的一行就为一个元组，也是一个记录。（　　）

3．表中的某个属性或属性的组合，它能唯一标识一个元组，就称它为关键字。（　　）

4．属性的取值范围称为关系（　　）。

5．启动与停止 MySQL 服务，可以在计算机管理中找到 MySQL 服务器名并右击，在快捷菜单中选择“启动”或“停止”命令。（　　）

二、单选题

1．通过浏览器来对数据进行查询或修改属于_________。

A．C/S (Client/Server) 结构　　B．B/S (Browser/Server) 结构

C．静态结构　　D．动态结构

2．MySQL 属于________。

A．层次数据库　　B．网状数据库

C．关系数据库　　D．面向对象数据库

3．所谓关系就是_________。

A．二维表　　B．层次关系

C．网状关系　　D．三维关系

4．MySQL 默认服务器端口号是_________。

A．36　　B．64

C．3306　　D．128

5．在命令窗口中启动 MySQL 服务器，要以_________运行 cmd 命令。

A．客户身份　　B．管理员身份

C．用户身份　　D．不管身份

6．在命令窗口中登录 MySQL 服务器，要以_________运行 cmd 命令。

A．客户身份　　B．管理员身份
C．用户身份　　D．不管身份

7．常见的数据库系统运行与应用结构包括________。
A．C/S 和 B/S　　B．B2B 和 B2C
C．C/S 和 P2P　　D．B/S

8．数据库、数据库管理系统、数据库系统三者之间的关系是________。
A．数据库包括数据库管理系统和数据库系统
B．数据库系统包括数据库和数据库管理系统
C．数据库管理系统包括数据库和数据库系统
D．不能相互包含

9．下面关于数据库系统特点的叙述中，错误的是________。
A．非结构化数据存储　　B．数据共享性好
C．数据独立性高　　D．数据由数据库管理系统统一管理控制

10．数据库系统中最重要的部分是________。
A．用户　　B．数据库管理系统
C．数据库　　D．数据库管理员

三、多选题

1．数据库管理系统的功能有________。
A．数据定义功能　　B．数据操纵功能
C．数据库的运行与管理　　D．数据库的建立与维护功能

2．MySQL 优点有________。
A．开源免费　　B．简单
C．性能优越　　D．功能强大

3．命令 mysql-h localhost-P 3306-u root-p 中，正确的有________。
A．localhost 是主机名，可以用 127.0.0.1　　B．3306 是端口号
C．root 是用户名　　D．-p 表示输入密码

4．退出 MySQL 的命令有________。
A．exit　　B．quit
C．\q　　D．\p

5．下面叙述正确有________。
A．select version( )能显示版本信息　　B．select now( )显示当前日期时间
C．select user( )显示当前用户名　　D．MySQL 数据库管理系统属于 B/S 结构

四、操作题

1．下载并安装 MySQL 数据库管理系统，要求登录名为 root，密码为 123456。
2．用两种不同的方式启动与停止 MySQL 服务器。
3．用两种不同的命令方式登录 MySQL 数据库。

第 10 章　数据库及数据表

数据库是存储数据对象的容器，可以理解为数据库就是文件柜，而数据对象则是各种文件，它包括表、视图、触发器、存储过程等，其中最基本的数据对象是表。MySQL 数据库的管理主要包括创建数据库、选择数据库、显示数据库结构和删除数据库等操作。

10.1　MySQL 数据库的创建与使用

10.1.1　创建 MySQL 数据库

在使用数据库之前，要创建数据库。创建 MySQL 数据库的语法格式：

create {database | schema } [if not exists] 数据库名 [default] character [=] 字符集;

说明：

(1) 大括号{…}之内的是必选项，“|”表示前后选一，中括号[…]为可选项。

(2) 数据库与已有的数据库名不能相同。

(3) 数据库名不能使用 MySQL 中的关键字。

(4) 命令不区别大小写。

(5) if not exists 子句可以避免建立数据库与存在的数据库同名时出现 MySQL 错误信息。

【例 10-1】 创建数据库 db_1。

命令：create database db_1;

实验效果如下：

```
mysql> create database db_1;
Query OK, 1 row affected (0.02 sec)
```

成功创建 db_1 数据库后，数据库根目录下会自动创建数据库目录 db_1，注意所有 MySQL 命令结尾都要有英文状态下的分号“;”，表示命令结束。

【例 10-2】 创建数据库 school。

命令：create database school;

实验效果如下：

```
mysql> create database school;
Query OK, 1 row affected (0.01 sec)
```

【例 10-3】 建立数据库 class_1，要求：如果不存在 class_1 才建立数据库，其存在则不建立。

命令：create database if not exists class_1;

实验效果如下：

```
mysql> create database if not exists class_1;
Query OK, 1 row affected (0.01 sec)
```

注意：exist 后面加了 s 的，是 exists。

10.1.2 查看数据库

如果要查看当前有哪些数据库，则使用 MySQL 命令：show databases;

注意：此处的 database 后面有 s，即 databases，可以理解为查询多个数据库。

【例 10-4】查看当前存在哪些数据库。

命令：show databases;

实验效果如图 10-1 所示。

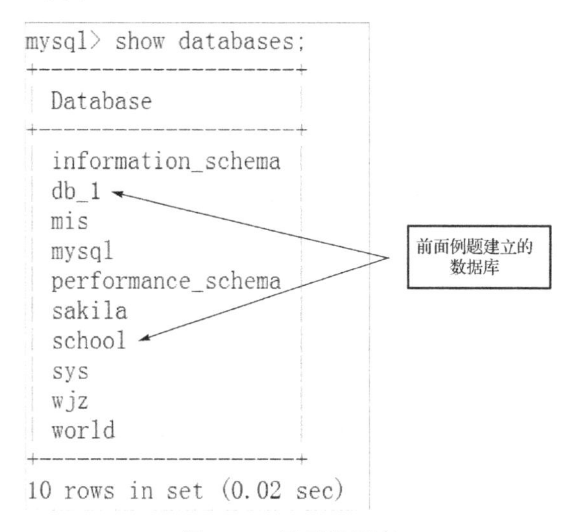

图 10-1 显示数据库

10.1.3 选择数据库

在使用数据库前，要选择数据库作为当前数据库。

命令：use 数据库;

执行这个命令后，后续的 MySQL 命令以及 SQL 语句可操作数据库中所有数据库对象。

【例 10-5】将 db_1 作为当前操作的数据库。

命令：use db_1;

实验效果如下：

```
mysql> use db_1;
Database changed
```

如果我们不知道存放数据库的路径，可以在 MySQL 登录后，输入查询命令：

show variables like 'datadir';

实验效果如图 10-2 所示

```
mysql> show variables like 'datadir';
+---------------+--------------------------------------------+
| Variable_name | Value                                      |
+---------------+--------------------------------------------+
| datadir       | C:\ProgramData\MySQL\MySQL Server 5.7\Data\ |
+---------------+--------------------------------------------+
1 row in set, 1 warning (0.02 sec)
```

图 10-2　显示数据目录

显示 MySQL 安装路径的命令格式为：

show variables like 'basedir';

实验效果如图 10-3 所示。

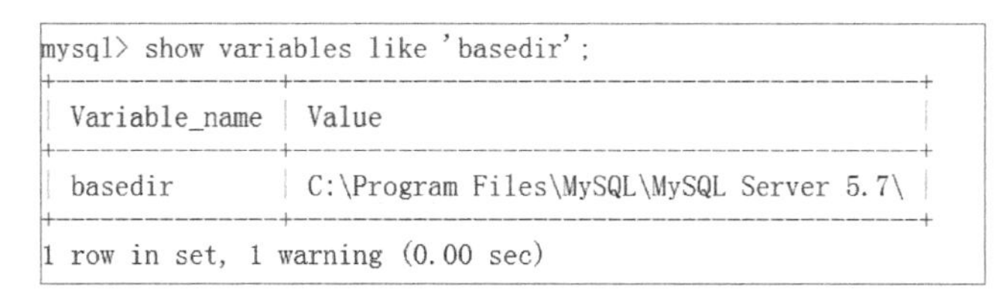

```
mysql> show variables like 'basedir';
+---------------+---------------------------------------+
| Variable_name | Value                                 |
+---------------+---------------------------------------+
| basedir       | C:\Program Files\MySQL\MySQL Server 5.7\ |
+---------------+---------------------------------------+
1 row in set, 1 warning (0.00 sec)
```

图 10-3　显示安装路径

10.1.4　删除数据库

在 MySQL 中删除不需要的数据库时，用命令 drop database 语句。

命令：drop {database|schema} [if exists] 数据库名;

(1) 因为此命令是删除整个数据库，包括其中的所有表也会永久删除，所以使用此命令要非常小心。

(2) if exists 子句用于避免删除不存在的数据库时出现 MySQL 错误信息。

【例 10-6】 如果存在数据 db_1，将它删除。

命令：drop database if exists db_1;

如果存在数据库 db_1，其实验效果如下：

```
mysql> drop database if exists db_1;
Query OK, 0 rows affected (0.05 sec)
```

如果不存在数据库 db_1，其实验效果如下：

```
mysql> drop database if exists db_1;
Query OK, 0 rows affected, 1 warning (0.00 sec)
```

如果不存在数据库 db_1，不加 if exists 时，将出现错误提示，其实验效果如下：

```
mysql> drop database db_1;
ERROR 1008 (HY000): Can't drop database 'db_1'; database doesn't exist
```

10.1.5　显示数据库结构

显示数据库结构的命令格式：

show create database 数据库;

此命令可以查看数据库的相关信息(如 MySQL 版本 ID 号、默认字符集等信息)。

【例 10-7】显示数据库 school 的结构。

命令：show create database school;

实验效果如图 10-4 所示。

```
mysql> show create database school;
+----------+------------------------------------------------------------------+
| Database | Create Database                                                  |
+----------+------------------------------------------------------------------+
| school   | CREATE DATABASE `school` /*!40100 DEFAULT CHARACTER SET utf8 */ |
+----------+------------------------------------------------------------------+
1 row in set (0.00 sec)
```

图 10-4　显示数据库结构

10.2　创建与操作表

10.2.1　数据类型

数据类型指系统中允许的数据类型。MySQL 允许的数据类型包括数值类型(整数和小数，小数就是浮点数)、字符串类型、日期类型。以下重点讲解常用的数据类型。

1．整型

整数类型的数，默认情况下既可以表示正整数又可以表示负整数(此时称为有符号数)。如果只希望表示零和正整数，可以使用无符号关键字“unsigned”对整数类型进行修饰(此时称为无符号整数)。整数的类型及取值范围如表 10-1 所示。

表 10-1　整数类型及其取值范围

类型	字节	范围(有符号)	范围(无符号)
tinyint	1	-128～127	0～255
smallint	2	-32768～32767	0～65535
mediumint	3	-8388608～8388607	0～16777215
int	4	-2147483648～2147483647	0～4294967295
bigint	8	-9233372036854775808～9223372036854775807	0～18446744073709551615

help int 命令用于获得有关 int 类型的帮助。实验效果如图 10-5 所示。

```
mysql> help int;
Name: 'INT'
Description:
INT[(M)] [UNSIGNED] [ZEROFILL]

A normal-size integer. The signed range is -2147483648 to 2147483647.
The unsigned range is 0 to 4294967295.
```

图 10-5　查询帮助

2．浮点型

浮点型的数据类型分为单精度浮点数 float 和双精度浮点数 double，数值串浮点数

decimal(最大位数，小数位数)。decimal 中最大位数决定了该浮点数的最大位数，小数位数用于设置小数点后数字的位数。若要求小数部分精确度非常高时，则可以使用 decimal 类型，它存储的是字符串，因此提供了更高的精度。浮点数类型及取值范围如表 10-2 所示。例如，decimal (4,2)表示小数取值范围是-99.99～99.99，decimal (4,0)表示-9999～9999 的整数。

表 10-2　浮点数类型及取值范围

类型	字节	范围
float[(m,d)]	4	±1.175494351e–38～±3.402823466E+38
double[(m,d)]	8	±2.2250738585072014E–308～±1.7976931348623157E+308
decimal[(m,d)]	可变	范围与 m，d 相关

help float 命令用于获得有关 float 类型的帮助。实验效果图 10-6 所示。

```
mysql> help float;
Name: 'FLOAT'
Description:
FLOAT[(M,D)] [UNSIGNED] [ZEROFILL]

A small (single-precision) floating-point number. Permissible values
are -3.402823466E+38 to -1.175494351E-38, 0, and 1.175494351E-38 to
3.402823466E+38. These are the theoretical limits, based on the IEEE
standard. The actual range might be slightly smaller depending on your
hardware or operating system.
```

图 10-6　浮点数帮助

3. 日期时间型

MySQL 数据库管理系统中表示日期与时间有关系的数据类型有 date、datetime、time、year、timestamp。日期与时间类型及其取值范围如表 10-3 所示。

表 10-3　日期与时间类型及其取值范围

日期与时间类型	字节	最小值	最大值
date	4	1000-01-01	9999-01-01
datetime	8	1000-01-01 00:00:00	9999-12-31 23:59:59
timestamp	4	19700101080001	2038 年的某个时刻
time	3	-835:59:59	835:59:59
year	1	1901	2155

4. 字符型

字符串类型的数据外观上使用单引号或双引号括起来，如学生姓名‘张晓林’或课程名“Python 程序设计”等。字符型数据如图 10-4 所示。

表 10-4　字符型数据

char 系列字符串类型	字节	描述
char(M)	M	M 为 0～255 之整数
varchar(M)	M	M 为 0～65535 整数

char 与 varchar 的区别是，char(M)是定长的，而 varchar(M)是变长的，系统中存储字符串若要经常变化的，则选择 varchar，否则选 char 类型。

5. Auto_increment 的使用

在 MySQL 中，关键字 Auto_increment 用于为列设置自增属性，只有整型数据才能设置此属性，当插入 NULL 或数值 0 到一个 auto_increment 列中时，该列的值会被设置为前面的值+1。

6. NULL 值

NULL 值表示没有值或缺值。如果不允许为 NULL，则此列在插入时必须有值。

7. MySQL 的注释

MySQL 的注释有 4 种形式，分别是 #、--、 /*…*/、 /*!… */。

10.2.2 创建表

使用 SQL 语句“create table 表名…”即可创建一个数据库空表，这个表仅有表结构，如果需要插入数据，需要用 SQL 语句 insert into 才能实现。

1. 创建表命令

创建表结构的语法格式：

```
Create Table 表名(
        字段名 1 数据类型 [约束条件],
        字段名 2 数据类型 [约束条件],
        ……)其他选项(存储引擎、字符集等选项)
```

说明：

(1) MySQL 中不区分大小写。

(2) 所有标点及符号全部在英文状态下输入。

(3) 为了学习与验证效果，这里先要用到三个命令：一是显示表结构命令 desc 表名；二是插入记录命令 insert into 表名(字段 1,…) values(值 1,…)；三是显示表的所有记录命令 select * from 表名。这些命令以后会详细学习。

【例 10-8】 建立数据库 aaa，然后在数据库 aaa 中建立表 ad1，包括学号：整数；姓名：字符 20；性别：字符 2；学院：字符 50。

命令：

```
create database aaa;        #建立数据库 aaa
use aaa;                    #选择数据库
create table ad1(学号 int,姓名 char(20),性别 char(2),学院 char(50));
```

实验效果如图 10-7 所示。

查看表结构的命令：DESC 表名；例如，DESC AD1；命令中大小写效果相同。其效果如图 10-8 所示。

```
mysql> create database aaa; # 建立数据库
Query OK, 1 row affected (0.00 sec)

mysql> use aaa;
Database changed
mysql> create table ad1(学号 int,姓名 char(20),性别 char(2),学院 char(50));
Query OK, 0 rows affected (0.02 sec)
```

图 10-7　创建与选择数据库、建立新表

字段名支持汉字，但在输入汉字时很不方便，所以系统中常见的是使用英文作为字段名。不区分大写小，name 中 aaa 和 AAA 都能显示出来，其效果如图 10-9 所示。

```
mysql> DESC AD1;
+-------+----------+------+-----+---------+-------+
| Field | Type     | Null | Key | Default | Extra |
+-------+----------+------+-----+---------+-------+
| 学号  | int(11)  | YES  |     | NULL    |       |
| 姓名  | char(20) | YES  |     | NULL    |       |
| 性别  | char(2)  | YES  |     | NULL    |       |
| 学院  | char(50) | YES  |     | NULL    |       |
+-------+----------+------+-----+---------+-------+
4 rows in set (0.00 sec)
```

图 10-8　显示表结构

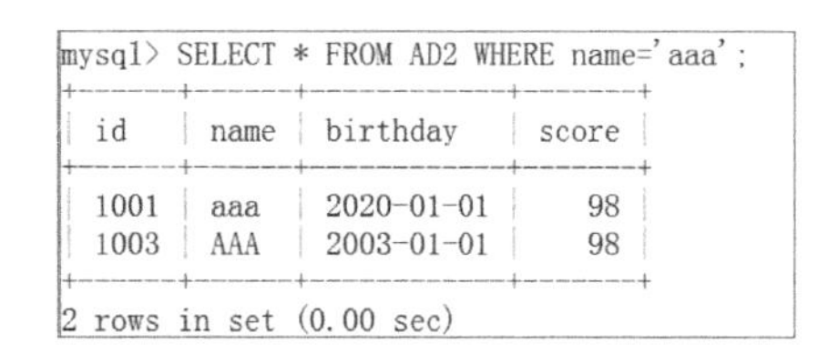

```
mysql> SELECT * FROM AD2 WHERE name='aaa';
+------+------+------------+-------+
| id   | name | birthday   | score |
+------+------+------------+-------+
| 1001 | aaa  | 2020-01-01 |    98 |
| 1003 | AAA  | 2003-01-01 |    98 |
+------+------+------------+-------+
2 rows in set (0.00 sec)
```

图 10-9　查询 name 为 aaa 的信息

【例 10-9】建立表 ad2，包括 id：int；name：char(20)；birthday：date；score：float。

命令：create table ad2(id int,name char(20),birthday date,score float);

实验效果如图 10-10 所示。其显示结构如图 10-11 所示。

```
mysql> create table ad2(
    -> id int,
    -> name char(20),
    -> birthday date,
    -> score float);
Query OK, 0 rows affected (0.02 sec)
```

图 10-10　建立表 ad2

```
mysql> desc ad2;
+----------+----------+------+-----+---------+-------+
| Field    | Type     | Null | Key | Default | Extra |
+----------+----------+------+-----+---------+-------+
| id       | int(11)  | YES  |     | NULL    |       |
| name     | char(20) | YES  |     | NULL    |       |
| birthday | date     | YES  |     | NULL    |       |
| score    | float    | YES  |     | NULL    |       |
+----------+----------+------+-----+---------+-------+
4 rows in set (0.00 sec)
```

图 10-11　显示表 ad2 的结构

2. 设置主键

(1) 设置单个字段为主键字(primary key)，其格式为：

字段名　数据类型　primary key

【例 10-10】建立表 aa，并设置表 aa 的 id 字段为 int primary key，auto_increment，name 字符型，长度为 10，sex 字符型，长度为 2。

命令：create table aa(id int primary key auto_increment,name char(10),sex char(2));

其效果及结构显示如图 10-12 所示。

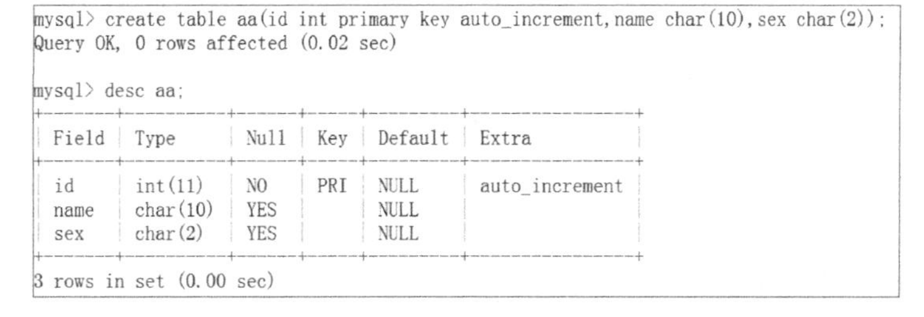

```
mysql> create table aa(id int primary key auto_increment,name char(10),sex char(2));
Query OK, 0 rows affected (0.02 sec)

mysql> desc aa;
+-------+----------+------+-----+---------+----------------+
| Field | Type     | Null | Key | Default | Extra          |
+-------+----------+------+-----+---------+----------------+
| id    | int(11)  | NO   | PRI | NULL    | auto_increment |
| name  | char(10) | YES  |     | NULL    |                |
| sex   | char(2)  | YES  |     | NULL    |                |
+-------+----------+------+-----+---------+----------------+
3 rows in set (0.00 sec)
```

图 10-12　建立表 aa 以及显示结构

(2) 主键是多个字段的组合，其格式为：primary key (字段名 1,字段名 2)。

【例 10-11】设置两个字段 id、name 的组合为主关键字。

命令：create table ab (id int,name char (20) ,sex char (2) ,primary key (id,name)) ;

实验效果如图 10-13 所示。

```
mysql> create table ab(id int,name char(20),sex char(2),primary key (id,name));
Query OK, 0 rows affected (0.02 sec)
```

```
mysql> desc ab;
+-------+----------+------+-----+---------+-------+
| Field | Type     | Null | Key | Default | Extra |
+-------+----------+------+-----+---------+-------+
| id    | int(11)  | NO   | PRI | NULL    |       |
| name  | char(20) | NO   | PRI | NULL    |       |
| sex   | char(2)  | YES  |     | NULL    |       |
+-------+----------+------+-----+---------+-------+
3 rows in set (0.00 sec)
```

图 10-13　建立表与显示结构

3. 设置非空与默认值

(1) 设置非空 (not null) 约束，就是其值不能为空，其格式为：字段名数据类型 not null。例如：

name char (10) not null;

(2) 设置默认值 (default) 约束，格式为：字段名数据类型 default 默认值。例如：

average int default 60;

sex char (2) default '女';

【例 10-12】建立表 db4，字段有学号：int，不能为空，姓名 char 20，性别 char 2，默认值女，成绩 int，其默认值 为 60。

命令：create table db4 (学号 int not null,姓名 char (20) ,性别 char (2) default '女',成绩 int default 60) ;

实验效果如图 10-14 所示。

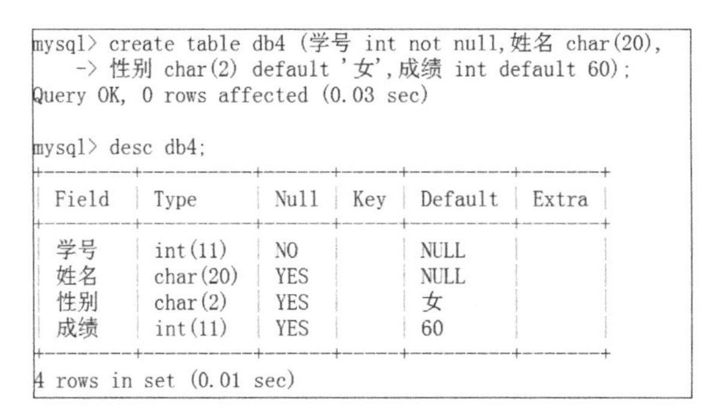

```
mysql> create table db4 (学号 int not null,姓名 char(20),
    -> 性别 char(2) default '女',成绩 int default 60);
Query OK, 0 rows affected (0.03 sec)

mysql> desc db4;
+-------+----------+------+-----+---------+-------+
| Field | Type     | Null | Key | Default | Extra |
+-------+----------+------+-----+---------+-------+
| 学号  | int(11)  | NO   |     | NULL    |       |
| 姓名  | char(20) | YES  |     | NULL    |       |
| 性别  | char(2)  | YES  |     | 女      |       |
| 成绩  | int(11)  | YES  |     | 60      |       |
+-------+----------+------+-----+---------+-------+
4 rows in set (0.01 sec)
```

图 10-14　建立表 db4 及显示结构

4. 设置自增型字段

设置自增型字段的格式为：

字段数据类型 auto_increment;

注意：

(1)默认情况下，MySQL 自增型字段的值从 1 开始递增，且步长为 1。

(2)字段类型必须为 int。

(3)该字段必须是 primary key(主关键字) 或者 unique key 或 unique(值唯一)。

(4)如果使学号或职工号等字段自增 1，则要先插入第一个人的学号，后面的就会自动在第一个的基础上+1。

【例 10-13】建立表 ad，有字段名 id：整型、主关键字、自增型；name：字符 20，不为空；sex：字符 2，默认值为女。

命令：create table ad(id int primary key auto_increment,name char(20) not null,sex char(2) default '女');

实验效果如图 10-15 所示。

```
mysql> create table ad(id int primary key auto_increment,
    -> name char(20) not null,
    -> sex char(2) default '女');
Query OK, 0 rows affected (0.03 sec)
```

图 10-15　建立表

【例 10-14】在数据库 school 中创建表 student，其字段要求有：学号(整型，主键，自动增加)，姓名(字符，50 长度)，性别(字符，2)，出生日期(日期)，英语(整型)，计算机(整型)。注意，字符型用 char 或 varchar 都可以，区别是 varchar 是可变长度。

命令：

```
use school;  # 选择数据库 或 --选择数据库，表示注释
create table student(
    学号 int primary key auto_increment,
    姓名 varchar(50),
    性别 varchar(2),
    出生日期 date,
    英语 int,
    计算机 int);
```

实验效果如图 10-16 所示。

```
mysql> use school
Database changed
mysql> Create table student(
    ->          学号 int primary key auto_increment,
    ->          姓名 varchar(50),
    ->          性别 varchar(2),
    ->          出生日期 date,
    ->          英语 int,
    ->          计算机 int);
Query OK, 0 rows affected (0.03 sec)
```

图 10-16　选择数据库、建立新表

显示表结构：desc student;

实验效果如图 10-17 所示。

```
mysql> desc student;
+----------+-------------+------+-----+---------+----------------+
| Field    | Type        | Null | Key | Default | Extra          |
+----------+-------------+------+-----+---------+----------------+
| 学号     | int(11)     | NO   | PRI | NULL    | auto_increment |
| 姓名     | varchar(50) | YES  |     | NULL    |                |
| 性别     | varchar(2)  | YES  |     | NULL    |                |
| 出生日期 | date        | YES  |     | NULL    |                |
| 英语     | int(11)     | YES  |     | NULL    |                |
| 计算机   | int(11)     | YES  |     | NULL    |                |
+----------+-------------+------+-----+---------+----------------+
6 rows in set (0.01 sec)
```

图 10-17　显示表 student 结构

插入数据记录：

mysql>insert into student(学号,姓名,性别,出生日期,英语,计算机)

-> values(2021010101,'张三','男','2001-1-1',98,97);

当第一条记录的学号插入后，由于学号属性设置有 auto_increment，会自动增加 1，所以后面的就不用插入学号，而计算机会自动在原学号的基础上+1，实现学号的自动输入。学号由于是主关键字，其值是不能重复而且也不能为空。其效果如图 10-18 所示。

```
mysql> insert into student(学号,姓名,性别,出生日期,英语,计算机)
    -> values(2021010101,'张三','男','2001-1-1',98,97);
Query OK, 1 row affected (0.00 sec)

mysql> select * from student;
+------------+------+------+------------+------+--------+
| 学号       | 姓名 | 性别 | 出生日期   | 英语 | 计算机 |
+------------+------+------+------------+------+--------+
| 2021010101 | 张三 | 男   | 2001-01-01 |   98 |     97 |
+------------+------+------+------------+------+--------+
1 row in set (0.00 sec)
```

图 10-18　显示刚插入的记录

插入第二条记录的数据：

mysql> insert into student(学号,姓名,性别,出生日期,英语,计算机)

-> values(2021010102,'王小丽','女','2002-9-9',98,92);

其实，在插入第一条记录后，不用输入学号的数据，MySQL 会自动在原学号的基础上+1。实例效果如图 10-19 所示。

```
mysql> insert into student(姓名,性别,出生日期,英语,计算机)
    -> values('李四','女','2001-2-2',89,87);
Query OK, 1 row affected (0.00 sec)

mysql> insert into student(姓名,性别,出生日期,英语,计算机)
    -> values('王五','男','2000-3-3',94,86);
Query OK, 1 row affected (0.01 sec)

mysql> insert into student(姓名,性别,出生日期,英语,计算机)
    -> values('张晓蓉','女','2002-8-8',86,82);
Query OK, 1 row affected (0.00 sec)

mysql> insert into student(姓名,性别,出生日期,英语,计算机)
    -> values('李小林','男','2003-9-9',92,82);
Query OK, 1 row affected (0.00 sec)
```

图 10-19　插入记录命令

显示所有记录 select * from student; 实验效果如图 10-20 所示。

```
mysql> select * from student;
+------------+--------+------+------------+------+--------+
| 学号       | 姓名   | 性别 | 出生日期   | 英语 | 计算机 |
+------------+--------+------+------------+------+--------+
| 2021010101 | 张三   | 男   | 2001-01-01 |   98 |     97 |
| 2021010102 | 王小丽 | 女   | 2002-09-09 |   98 |     92 |
| 2021010103 | 李四   | 女   | 2001-02-02 |   89 |     87 |
| 2021010104 | 王五   | 男   | 2000-03-03 |   94 |     86 |
| 2021010105 | 张晓蓉 | 女   | 2002-08-08 |   86 |     82 |
| 2021010106 | 李小林 | 男   | 2003-09-09 |   92 |     82 |
+------------+--------+------+------------+------+--------+
6 rows in set (0.00 sec)
```

图 10-20　显示插入的记录

【例 10-15】建立数据表 db1，有学号，整型，主关键字，自动增量；姓名：字符型，20 长度，不能为空；性别：字符型，长度为 2，不能为空，默认值为男；出生日期，英语、数学都为整型；平均：浮点型，长度为 5，保留 2 位小数，默认值为 0。

命令：

```
create table db1(
    学号 int primary key auto_increment,
    姓名 char(20) not null,
    性别 char(2) not null default '男',
    出生日期 date,
    英语 int,
    数学 int,
    平均 float(5,2) default 0
);
```

实验效果如图 10-21 所示。显示结构如图 10-22 所示。

```
mysql> create table db1(
    -> 学号 int primary key auto_increment,
    -> 姓名 char(20) not null,
    -> 性别 char(2) not null default '男',
    -> 出生日期 date,
    -> 英语 int,
    -> 数学 int,
    -> 平均 float(5,2) default 0
    -> );
Query OK, 0 rows affected (0.02 sec)
```

图 10-21　建立表 db1

```
mysql> desc db1;
+----------+------------+------+-----+---------+----------------+
| Field    | Type       | Null | Key | Default | Extra          |
+----------+------------+------+-----+---------+----------------+
| 学号     | int(11)    | NO   | PRI | NULL    | auto_increment |
| 姓名     | char(20)   | NO   |     | NULL    |                |
| 性别     | char(2)    | NO   |     | 男      |                |
| 出生日期 | date       | YES  |     | NULL    |                |
| 英语     | int(11)    | YES  |     | NULL    |                |
| 数学     | int(11)    | YES  |     | NULL    |                |
| 平均     | float(5,2) | YES  |     | 0.00    |                |
+----------+------------+------+-----+---------+----------------+
7 rows in set (0.00 sec)
```

图 10-22　显示表 db1 结构

插入数据记录与显示记录：'张三','男','2002-1-1',98,97。

命令：
insert into db1(姓名,性别,出生日期,英语,数学) values ('张三','男','2002-1-1',98,97);
实验效果如图 10-23 所示。

```
mysql> insert into db1(姓名,性别,出生日期,英语,数学) values ('张三','男','2002-1-1',98,97);
Query OK, 1 row affected (0.01 sec)

mysql> select * from db1;
+------+------+------+------------+------+------+------+
| 学号 | 姓名 | 性别 | 出生日期   | 英语 | 数学 | 平均 |
+------+------+------+------------+------+------+------+
|    1 | 张三 | 男   | 2002-01-01 |   98 |   97 | 0.00 |
+------+------+------+------------+------+------+------+
1 row in set (0.00 sec)
```

图 10-23　插入记录及显示记录

根据上面显示，学号默认为 1。如果在插入张三时，输入有学号，则后面将以张三的学号为基础+1。

10.2.3　显示表名称

查看当前数据库中有哪些表，其命令为：show tables;

【例 10-16】显示表名称，其实验效果如图 10-24 所示。

表明当前数据库 aaa 中，有两个表 ad1、ad2。

10.2.4　修改表结构

在数据库的开发中，偶尔要修改表的结构，其内容如下。

1. 删除字段

删除表字段的语法格式如下：
alter table 表名 drop 字段名
显示表结构，效果如图 10-25 所示。

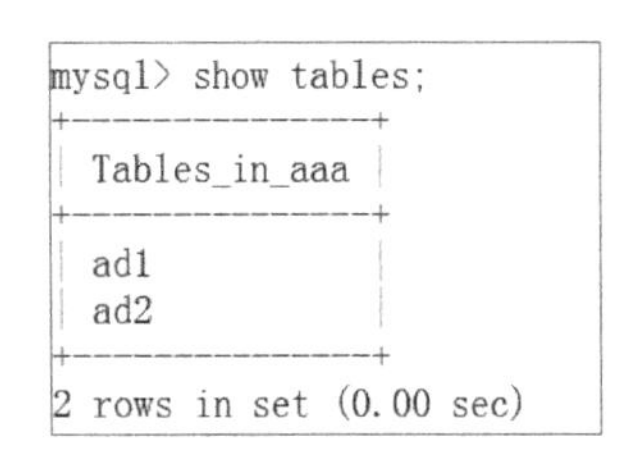

```
mysql> show tables;
+----------------+
| Tables_in_aaa  |
+----------------+
| ad1            |
| ad2            |
+----------------+
2 rows in set (0.00 sec)
```

图 10-24　显示表

```
mysql> desc db4;
+-------+----------+------+-----+---------+-------+
| Field | Type     | Null | Key | Default | Extra |
+-------+----------+------+-----+---------+-------+
| 学号  | int(11)  | NO   |     | NULL    |       |
| 姓名  | char(20) | YES  |     | NULL    |       |
| 性别  | char(2)  | YES  |     | 女      |       |
| 成绩  | int(11)  | YES  |     | 60      |       |
+-------+----------+------+-----+---------+-------+
4 rows in set (0.00 sec)
```

图 10-25　显示表 db4 结构

【例 10-17】删除“性别”字段。

命令：alter table db4 drop 性别;

实验效果如图 10-26 所示。

2. 添加新字段

添加新字段的语法格式如下：

alter table 表名 add 新字段名 新数据类型 [新约束条件] [first | after 旧字段名]

【例 10-18】新增加性别字段，字符型，默认为男。

命令：alter table db4 add 性别 char(2) default '男';

实验效果如图 10-27 所示。

```
mysql> alter table db4 drop 性别;
Query OK, 0 rows affected (0.03 sec)
Records: 0  Duplicates: 0  Warnings: 0

mysql> desc db4;
+-------+----------+------+-----+---------+-------+
| Field | Type     | Null | Key | Default | Extra |
+-------+----------+------+-----+---------+-------+
| 学号  | int(11)  | NO   |     | NULL    |       |
| 姓名  | char(20) | YES  |     | NULL    |       |
| 成绩  | int(11)  | YES  |     | 60      |       |
+-------+----------+------+-----+---------+-------+
3 rows in set (0.00 sec)
```

图 10-26　显示删除后结构

```
mysql> alter table db4 add 性别 char(2) default '男';
Query OK, 0 rows affected (0.03 sec)
Records: 0  Duplicates: 0  Warnings: 0

mysql> desc db4;
+-------+----------+------+-----+---------+-------+
| Field | Type     | Null | Key | Default | Extra |
+-------+----------+------+-----+---------+-------+
| 学号  | int(11)  | NO   |     | NULL    |       |
| 姓名  | char(20) | YES  |     | NULL    |       |
| 成绩  | int(11)  | YES  |     | 60      |       |
| 性别  | char(2)  | YES  |     | 男      |       |
+-------+----------+------+-----+---------+-------+
4 rows in set (0.00 sec)
```

图 10-27　添加新字段后表结构

若要在“姓名”后，插入“学院”，其命令为：

命令：alter table db4 add 学院 char(20) after 姓名;

实验效果如图 10-28 所示。

若要在最前插入，则要用 first。

3. 修改字段名(或者数据类型)

(1)修改表的字段名(及数据类型)的语法格式如下：

alter table 表名 change 旧字段名 新字段名 新数据类型

【例 10-19】将“性别”字段修改为 sex。

命令：alter table db4 change 性别 sex char(2);

实验效果如图 10-29 所示。

```
mysql> alter table db4 add 学院 char(20) after 姓名;
Query OK, 0 rows affected (0.03 sec)
Records: 0  Duplicates: 0  Warnings: 0

mysql> desc db4;
+-------+----------+------+-----+---------+-------+
| Field | Type     | Null | Key | Default | Extra |
+-------+----------+------+-----+---------+-------+
| 学号  | int(11)  | NO   |     | NULL    |       |
| 姓名  | char(20) | YES  |     | NULL    |       |
| 学院  | char(20) | YES  |     | NULL    |       |
| 成绩  | int(11)  | YES  |     | 60      |       |
| 性别  | char(2)  | YES  |     | 男      |       |
+-------+----------+------+-----+---------+-------+
5 rows in set (0.00 sec)
```

图 10-28　添加新字段后表结构

```
mysql> alter table db4 change 性别 sex char(2);
Query OK, 0 rows affected (0.01 sec)
Records: 0  Duplicates: 0  Warnings: 0

mysql> desc db4;
+-------+----------+------+-----+---------+-------+
| Field | Type     | Null | Key | Default | Extra |
+-------+----------+------+-----+---------+-------+
| 学号  | int(11)  | NO   |     | NULL    |       |
| 姓名  | char(20) | YES  |     | NULL    |       |
| 学院  | char(20) | YES  |     | NULL    |       |
| 成绩  | int(11)  | YES  |     | 60      |       |
| sex   | char(2)  | YES  |     | NULL    |       |
+-------+----------+------+-----+---------+-------+
5 rows in set (0.00 sec)
```

图 10-29　修改字段及变化情况

(2)仅对字段的数据类型进行修改的语法格式如下：

alter table 表名 modify 字段名 新数据类型

【例 10-20】将学院的类型由字符型改为整型。

命令：alter table db4 modify 学院 int;

实验效果如图 10-30 所示。

4. 添加约束条件

添加约束条件的语法格式如下：

alter table 表名 add [constraint 约束名] 约束类型（字段名）；

原表结构如图 10-31 所示。

```
mysql> alter table db4 modify 学院 int;
Query OK, 0 rows affected (0.03 sec)
Records: 0  Duplicates: 0  Warnings: 0

mysql> desc db4;
+--------+----------+------+-----+---------+-------+
| Field  | Type     | Null | Key | Default | Extra |
+--------+----------+------+-----+---------+-------+
| 学号   | int(11)  | NO   |     | NULL    |       |
| 姓名   | char(20) | YES  |     | NULL    |       |
| 学院   | int(11)  | YES  |     | NULL    |       |
| 成绩   | int(11)  | YES  |     | 60      |       |
| sex    | char(2)  | YES  |     | NULL    |       |
+--------+----------+------+-----+---------+-------+
5 rows in set (0.00 sec)
```

图 10-30 修改字段及变化情况

```
mysql> desc db4;
+--------+----------+------+-----+---------+-------+
| Field  | Type     | Null | Key | Default | Extra |
+--------+----------+------+-----+---------+-------+
| 学号   | int(11)  | NO   |     | NULL    |       |
| 姓名   | char(20) | YES  |     | NULL    |       |
| 学院   | int(11)  | YES  |     | NULL    |       |
| 成绩   | int(11)  | YES  |     | 60      |       |
| sex    | char(2)  | YES  |     | NULL    |       |
+--------+----------+------+-----+---------+-------+
5 rows in set (0.00 sec)
```

图 10-31 修改字段及变化情况

【例 10-21】将“学号”字段增加主关键字约束。

命令：alter table db4 add primary key(学号)；

实验效果如图 10-32 所示。

```
mysql> alter table db4 add primary key (学号);
Query OK, 0 rows affected (0.03 sec)
Records: 0  Duplicates: 0  Warnings: 0

mysql> desc db4;
+--------+----------+------+-----+---------+-------+
| Field  | Type     | Null | Key | Default | Extra |
+--------+----------+------+-----+---------+-------+
| 学号   | int(11)  | NO   | PRI | NULL    |       |
| 姓名   | char(20) | YES  |     | NULL    |       |
| 学院   | int(11)  | YES  |     | NULL    |       |
| 成绩   | int(11)  | YES  |     | 60      |       |
| sex    | char(2)  | YES  |     | NULL    |       |
+--------+----------+------+-----+---------+-------+
5 rows in set (0.00 sec)
```

图 10-32 修改字段约束及效果

5. 删除约束条件

删除表的主键约束条件的语法格式如下：

alter table 表名 drop primary key

【例 10-22】删除主键。

命令：alter table db4 drop primary key;

原表结构如图 10-33 所示。添加约束后，其实验效果如图 10-34 所示。

```
mysql> desc db4;
+--------+----------+------+-----+---------+-------+
| Field  | Type     | Null | Key | Default | Extra |
+--------+----------+------+-----+---------+-------+
| 学号   | int(11)  | NO   | PRI | NULL    |       |
| 姓名   | char(20) | YES  |     | NULL    |       |
| 学院   | int(11)  | YES  |     | NULL    |       |
| 成绩   | int(11)  | YES  |     | 60      |       |
| sex    | char(2)  | YES  |     | NULL    |       |
+--------+----------+------+-----+---------+-------+
5 rows in set (0.00 sec)
```

图 10-33 原表结构

```
mysql> alter table db4 drop primary key;
Query OK, 0 rows affected (0.04 sec)
Records: 0  Duplicates: 0  Warnings: 0

mysql> desc db4;
+--------+----------+------+-----+---------+-------+
| Field  | Type     | Null | Key | Default | Extra |
+--------+----------+------+-----+---------+-------+
| 学号   | int(11)  | NO   |     | NULL    |       |
| 姓名   | char(20) | YES  |     | NULL    |       |
| 学院   | int(11)  | YES  |     | NULL    |       |
| 成绩   | int(11)  | YES  |     | 60      |       |
| sex    | char(2)  | YES  |     | NULL    |       |
+--------+----------+------+-----+---------+-------+
5 rows in set (0.00 sec)
```

图 10-34 删除字段约束及效果

6. 修改表名

修改表名的语法格式如下：

rename table 旧表名 to 新表名等效于：alter table 旧表名 rename 新表名

【例 10-23】将表名 db4 更改为 db5。

命令：rename table db4 to db5;

再将 db5 更名为 db4，可以使用，

命令：alter table db5 rename db4;

实验效果如图 10-35 所示。

```
mysql> rename table db4 to db5;
Query OK, 0 rows affected (0.02 sec)

mysql> alter table db5 rename db4;
Query OK, 0 rows affected (0.01 sec)
```

图 10-35　更改表名

10.2.5　复制表

1. 复制表结构

在 create table 语句的末尾添加 like 子句，可以复制表结构，其命令格式为：

create table 新表名 like 源表

此命令为生成空表，只有表结构

【例 10-24】将表 db5 的数据复制到 db4 中。

命令：create table db5 like db4;

实验效果如下：

```
mysql> create table db5 like db4;
Query OK, 0 rows affected (0.01 sec)
```

2. 复制表结构与记录

在 create table 语句的末尾添加一个 select 语句，生成的表有结构和记录。其命令格式：

create table 新表名 select * from 源表 [where 条件]

【例 10-25】将 db4 中数据复制到 db6 中。

命令：create table db6 select * from db4;

实验效果如下：

```
mysql> create table db6 select * from db4;
Query OK, 0 rows affected (0.02 sec)
Records: 0  Duplicates: 0  Warnings: 0
```

11.2.6　删除表

命令：drop table [if exists] 表名;

强调：删除表结构时，如果表之间存在外键约束关系，此时需要注意删除表的顺序。

【例 10-26】删除表 db5。

命令：drop table db5;

实验效果如下：

```
mysql> drop table db5;
Query OK, 0 rows affected (0.01 sec)
```

若没有此表，删除表时，出现错误，为了避免出现错误，加上 if exists。实验效果如下：

```
mysql> drop table db5;
ERROR 1051 (42S02): Unknown table 'aaa.db5'
```

```
mysql> drop table if exists db5;
Query OK, 0 rows affected, 1 warning (0.00 sec)
```

习 题 10

一、判断题(正确的填 A，错误的填 B)

1．用 create database if not exists db1 命令建立数据库是正确的。(　　)

2．选择数据库 db1 作为操作数据库，其正确的命令是 use db1。(　　)

3．显示有哪些数据库存在的命令是 show database。(　　)

4．MySQL 的命令英文大小写是等价。(　　)

5．在建立表之前，一定要先选择数据库，否则不能建不属于数据库的表。(　　)

6．MySQL 数据库管理系统支持数值型、日期型、字符型数据。(　　)

7．定义数据类型为 float(5, 2)，则最大的数为 999.99。(　　)

8．创建表时，primary key 为某字段定义为主键，一个表只有一个。(　　)

9．创建表时，某字段设置为 auto_increment 自增属性，插入数据时，此字段值会自动+1。(　　)

10．create table db2 (ID int primary key auto_increment,name char(20),sex char(2) default '女')，此命令的功能是建立一个表 db2，包含 3 个字段，其中字段 sex 的不能取值为“女”。(　　)

二、单选题

1．设有表示学生选课的三张表：学生 S(学号,姓名,性别,年龄,身份证号)，课程 C(课号,课名)，选课 SC(学号,课号,成绩)，则表 SC 的关键字(键或码)为________。

A．课号，成绩　　B．学号，成绩

C．学号，课号　　D．学号，姓名，成绩

2．下列关于 SQL 的叙述中，正确的是________。

A．SQL 是专供 MySQL 使用的结构化查询语言

B．SQL 是一种过程化的语言

C．SQL 是关系数据库的通用查询语言

D．SQL 只能以交互方式对数据库进行操作

3．如果 DELETE 语句中没有使用 WHERE 子句，则下列叙述中正确的是________。

A．删除指定数据表中的最后一条记录　　B．删除指定数据表中的全部记录

C．不删除任何记录　　D．删除指定数据表中的第一条记录

4．指定一个数据库为当前数据库的 SQL 语句语法格式是________。

A．CREATE DATABASE db_name　　B．USE db.name

C．SHOW DATABASES　　D．DROP DATABASE db_ name

5．MySQL 中用来创建数据库对象的命令是________。

A．CREATE　　B．ALTER
C．DROP　　D．GRANT

6．下列关于空值的描述中，正确的是________。
A．空值等同于数值 0　　B．空值等同于空字符串
C．空值表示无值　　D．任意两个空值均相同

7．在 MySQL 中，关键字 AUTO_ INCREMENT 用于为列设置自增属性，能够设置该属性的数据类型是_______。
A．字符串类型　　B．日期关型
C．整型　　D．枚举类型

8．修改表结构的命令是__________。
A．CHECK TABLE　　B．ALTER TABLE
C．REPAIR TABLE　　D．UPDATE

9．下列关于表的叙述中，错误的是__________。
A．所有合法用户都能执行创建表的命令
B．MySQL 中建立的表一定属于某个数据库
C．建表的同时能够通过 Primary Key 指定表的主键
D．MySQL 中允许建立临时表

10．create table K1 select * from db1，正确的是_________。
A．表 k1 与 db1 完全相同　　B．k1 只有结构
C．k1 与 db1 不完全相同　　D．k1 只有 1 条记录

三、多选题

1．下列命令中，正确的有________。
A．创建数据库 create databases　　B．创建数据库 create database
C．创建数据表 create table　　D．创建数据表 create tables

2．下列哪些命令是正确的_________。
A．查看数据库的命令 show databases
B．查看数据库的命令 show database
C．查看数据表的命令 show tables
D．查看数据表的命令 show table

3．下列命令中，假设有数据库 db1，正确的有________。
A．选择数据库的命令 select db1　　B．选择数据库的命令 use db1
C．删除数据库的命令 delete db1　　D．删除数据库的命令 drop database db1

4．在定义数据类型时，使用 float(5,2)，则该字段存放的数据，哪些是正确的_________。
A．99.99　　B．889.88
C．99999.99　　D．999.99

5．create table db2(id int primary key auto_increment,name char(20),score int)，以下正确的有________。

A．表名称为 table　　　　B．表名称为 db2

C．字段 id 为主关键字　　　　D．字段 id 的值，在插入时会自动加 1

四、操作题

1．在 MySQL 系统中，进行如下操作：

(1) 创建数据库 ab，并选择数据库。

(2) 在数据库 ab 中创建表 stud，要求表 stud 包含的字段有：学号(整型，主关键字，自动增加)，姓名(字符型，长度 30，不能为空)，性别(字符型，长度为 2，默认值为‘女’)，出生日期(日期型)，学院(字符型，长度为 50)，成绩(单精度型，3 位整数，2 位小数)。

(3) 显示表的结构情况，请写出连续的相关命令。

2．在 MySQL 系统中，进行如下操作：

(1) 创建数据库 db1、db2、db3，并显示数据库。

(2) 删除数据库 db3，查看数据库。

(3) 选择数据库 db2，并在其中创建表 t1，包括字段 id(整型，主键，自动增加)，name(字符型，长度 20，不能为空)，sex(字符型，长度为 2，默认为‘男’)。

(4) 插入记录三条，要求第一条的学生的信息为 2020010101，张三，男；第二条信息为 2020010102，李四，女；第三条信息为 2020010103，王五，男。

(5) 创建表 t2，其数据及结构来自 t1。

第 11 章　数据表记录的操作

第 10 章讲解了数据库与表的创建与删除等内容，若要对数据表中数据进行操作，则要使用数据的插入、更新、删除、查询等操作，这些操作是对数据表中的数据操作的核心内容。

11.1　数据操纵语言

11.1.1　记录的插入

1. 插入一条记录

使用 insert 语句插入新记录，语法格式如下：

insert into 表名 [(字段列表)] values (值列表)

数据表 stu1 的结构如图 11-1 所示。

```
mysql> desc stu1;
+----------+-------------+------+-----+---------+----------------+
| Field    | Type        | Null | Key | Default | Extra          |
+----------+-------------+------+-----+---------+----------------+
| 学号     | int(11)     | NO   | PRI | NULL    | auto_increment |
| 姓名     | varchar(50) | YES  |     | NULL    |                |
| 性别     | varchar(2)  | YES  |     | NULL    |                |
| 出生日期 | date        | YES  |     | NULL    |                |
| 英语     | int(11)     | YES  |     | NULL    |                |
| 计算机   | int(11)     | YES  |     | NULL    |                |
| 平均     | float       | YES  |     | NULL    |                |
+----------+-------------+------+-----+---------+----------------+
7 rows in set (0.00 sec)
```

图 11-1　表 stu1 结构

【例 11-1】 插入两条记录，注意必须有表结构的存在，意思是先要建好表结构。

命令：

insert into stu1 (学号,姓名,性别,出生日期,英语,计算机) values (2021010101,'张三','男','2003-1-1',98,96);

insert into stu1 (姓名,性别,出生日期,英语,计算机) values ('李四','女','2003-2-2',98,96);

实验效果如图 11-2 所示。

```
mysql> select * from stu1;
+------------+------+------+------------+------+--------+------+
| 学号       | 姓名 | 性别 | 出生日期   | 英语 | 计算机 | 平均 |
+------------+------+------+------------+------+--------+------+
| 2021010101 | 张三 | 男   | 2003-01-01 |   98 |     96 | NULL |
| 2021010102 | 李四 | 女   | 2003-02-02 |   98 |     96 | NULL |
+------------+------+------+------------+------+--------+------+
2 rows in set (0.00 sec)
```

图 11-2　显示表记录

向数据表插入记录时，可以使用 insert into 语句向表中插入一条或者多条记录，也可以使用 insert into…select 语句向表中插入另一个表中的所有记录。

2. 插入多条记录

使用 insert 语句可以一次性向表批量插入多条记录，语法格式如下：

```
insert into 表名[(字段列表)]  values
            (值列表 1),
            (值列表 2),
              …
           (值列表 n);
```

例如：

```
insert into stu1 (姓名,性别,出生日期,英语,计算机)
        values('王舞','女','2003-2-2',88,98),
              ('刘六','男','2004-1-1',99,99),
              ('张晓','女','2004-2-2',90,90);
```

实验效果(图 11-3)和显示结果(图 11-4)。

```
mysql> insert into stu1 (姓名,性别,出生日期,英语,计算机)
    -> values ('王舞','女','2003-2-2',88,98),
    -> ('刘六','男','2004-1-1',99,99),
    -> ('张晓','女','2004-2-2',90,90);
Query OK, 3 rows affected (0.01 sec)
Records: 3  Duplicates: 0  Warnings: 0
```

图 11-3　插入记录

mysql> select * from stu1;

学号	姓名	性别	出生日期	英语	计算机	平均
2021010101	张三	男	2003-01-01	98	96	NULL
2021010102	李四	女	2003-02-02	98	96	NULL
2021010103	王舞	女	2003-02-02	88	98	NULL
2021010104	刘六	男	2004-01-01	99	99	NULL
2021010105	张晓	女	2004-02-02	90	90	NULL

5 rows in set (0.00 sec)

图 11-4　显示结果

批量插入也可以采用以下的命令格式，将一个表文件的记录插入到另一个表中：

insert into 目标表名[(字段列表 1)] select (字段列表 2) from 源表 [where 条件]

【例 11-2】将 stu1 结构复制到表 stu2，并将 stu1 的记录插入到 stu2 中。

```
mysql> create table stu2 like stu1;
Query OK, 0 rows affected (0.37 sec)

mysql> insert into stu2 select * from stu1;
Query OK, 5 rows affected (0.01 sec)
Records: 5  Duplicates: 0  Warnings: 0
```

图 11-5　建立表与插入记录

命令：

```
create table stu2 like stu1;              #建立表 stu2，其结构来自 stu1
insert into stu2 select * from stu1;      #将 stu1 的数据插入到 stu2 中
```

注意，两表的结构要相同。实验效果如图 11-5 所示。

11.1.2　记录的更新

更新记录的语法格式如下：

update 表名　set 字段名 1=值 1,字段名 2=值 2,…,字段名 n=值 n

[where 条件表达式]

说明：where 子句指定了表中的哪些记录需要修改；

set 子句指定了要修改的字段以及该字段修改后的值。

原表数据如图 11-6 所示。

```
mysql> select * from stu1;
+------------+------+------+------------+------+--------+------+
| 学号       | 姓名 | 性别 | 出生日期   | 英语 | 计算机 | 平均 |
+------------+------+------+------------+------+--------+------+
| 2021010101 | 张三 | 男   | 2003-01-01 |   98 |     96 | NULL |
| 2021010102 | 李四 | 女   | 2003-02-02 |   98 |     96 | NULL |
| 2021010103 | 王舞 | 女   | 2003-02-02 |   88 |     98 | NULL |
| 2021010104 | 刘六 | 男   | 2004-01-01 |   99 |     99 | NULL |
| 2021010105 | 张晓 | 女   | 2004-02-02 |   90 |     90 | NULL |
+------------+------+------+------------+------+--------+------+
```

图 11-6　显示原表数据

【例 11-3】计算 stu1 表中的平均成绩。

命令：update stu1 set 平均=(英语+计算机)/2;

实验效果如图 11-7 所示。

```
mysql> Update stu1 set 平均=(英语+计算机)/2;
Query OK, 5 rows affected (0.01 sec)
Rows matched: 5  Changed: 5  Warnings: 0

mysql> select * from stu1;
+------------+------+------+------------+------+--------+------+
| 学号       | 姓名 | 性别 | 出生日期   | 英语 | 计算机 | 平均 |
+------------+------+------+------------+------+--------+------+
| 2021010101 | 张三 | 男   | 2003-01-01 |   98 |     96 |   97 |
| 2021010102 | 李四 | 女   | 2003-02-02 |   98 |     96 |   97 |
| 2021010103 | 王舞 | 女   | 2003-02-02 |   88 |     98 |   93 |
| 2021010104 | 刘六 | 男   | 2004-01-01 |   99 |     99 |   99 |
| 2021010105 | 张晓 | 女   | 2004-02-02 |   90 |     90 |   90 |
+------------+------+------+------------+------+--------+------+
5 rows in set (0.00 sec)
```

图 11-7　更新数据及显示结果

【例 11-4】将学号为 2021010103 的姓名改为“王五”，英语成绩改为 91。

命令：update stu1 set 姓名='王五',英语=91 where 学号=2021010103;

实验效果如图 11-8 所示。

```
mysql> select * from stu1;
+------------+------+------+------------+------+--------+------+
| 学号       | 姓名 | 性别 | 出生日期   | 英语 | 计算机 | 平均 |
+------------+------+------+------------+------+--------+------+
| 2021010101 | 张三 | 男   | 2003-01-01 |   98 |     96 |   97 |
| 2021010102 | 李四 | 女   | 2003-02-02 |   98 |     96 |   97 |
| 2021010103 | 王五 | 女   | 2003-02-02 |   91 |     98 |   93 |
| 2021010104 | 刘六 | 男   | 2004-01-01 |   99 |     99 |   99 |
| 2021010105 | 张晓 | 女   | 2004-02-02 |   90 |     90 |   90 |
+------------+------+------+------------+------+--------+------+
5 rows in set (0.00 sec)
```

图 11-8　更新数据后效果

11.1.3 记录的删除

删除数据记录要使用 delete 命令，其语法格式如下：

delete from 表名 [where 条件表达式]

说明：删除表结构中的某字段用 alter table 命令、删除表用 drop table 命令。

【例 11-5】 将 stu1 的数据复制到 stu11 中，然后进行操作。

命令：create table stu11 select * from stu1;

实验效果如图 11-9 所示。

```
mysql> create table stu11 select * from stu1;
Query OK, 5 rows affected (0.02 sec)
Records: 5  Duplicates: 0  Warnings: 0

mysql> select * from stu11;
+------------+------+------+------------+------+--------+------+
| 学号       | 姓名 | 性别 | 出生日期   | 英语 | 计算机 | 平均 |
+------------+------+------+------------+------+--------+------+
| 2021010101 | 张三 | 男   | 2003-01-01 |   98 |     96 |   97 |
| 2021010102 | 李四 | 女   | 2003-02-02 |   98 |     96 |   97 |
| 2021010103 | 王五 | 女   | 2003-02-02 |   91 |     98 |   93 |
| 2021010104 | 刘六 | 男   | 2004-01-01 |   99 |     99 |   99 |
| 2021010105 | 张晓 | 女   | 2004-02-02 |   90 |     90 |   90 |
+------------+------+------+------------+------+--------+------+
5 rows in set (0.00 sec)
```

图 11-9 复制结构及记录

【例 11-6】 删除男生。

命令：delete from stu11 where 性别='男';

实验效果如图 11-10 所示。

注意：delete from stu11 将删除所有记录。结果如图 11-11 所示。

```
mysql> delete from stu11 where 性别='男';
Query OK, 2 rows affected (0.01 sec)

mysql> select * from stu11;
+------------+------+------+------------+------+--------+------+
| 学号       | 姓名 | 性别 | 出生日期   | 英语 | 计算机 | 平均 |
+------------+------+------+------------+------+--------+------+
| 2021010102 | 李四 | 女   | 2003-02-02 |   98 |     96 |   97 |
| 2021010103 | 王五 | 女   | 2003-02-02 |   91 |     98 |   93 |
| 2021010105 | 张晓 | 女   | 2004-02-02 |   90 |     90 |   90 |
+------------+------+------+------------+------+--------+------+
3 rows in set (0.00 sec)
```

图 11-10 删除记录

```
mysql> delete from stu11;
Query OK, 3 rows affected (0.00 sec)

mysql> select * from stu11;
Empty set (0.00 sec)
```

图 11-11 删除所有记录

11.2 数据查询语言

11.2.1 普通查询

查询命令 select 语句的语法格式如下：

select 字段列表 from 数据源 [where 条件表达式] [group by 分组字段
[having 条件表达式] [order by 排序字段 [asc | desc]]

使用以下几种方式指定字段列表，如表 11-1 所示。

表 11-1 字段列表

字段列表	含义
*	表的全部字段
表名.*	多表查询时，某个表的全部字段
字段列表	指定所需要显示的列

有数据表 stu1，数据内容如图 11-12 所示。

```
mysql> select * from stu1;
+------------+------+------+------------+------+--------+------+
| 学号       | 姓名 | 性别 | 出生日期   | 英语 | 计算机 | 平均 |
+------------+------+------+------------+------+--------+------+
| 2021010101 | 张三 | 男   | 2003-01-01 |   98 |     96 |   97 |
| 2021010102 | 李四 | 女   | 2003-02-02 |   98 |     96 |   97 |
| 2021010103 | 王五 | 女   | 2003-02-02 |   91 |     98 |   93 |
| 2021010104 | 刘六 | 男   | 2004-01-01 |   99 |     99 |   99 |
| 2021010105 | 张晓 | 女   | 2004-02-02 |   90 |     90 |   90 |
+------------+------+------+------------+------+--------+------+
5 rows in set (0.00 sec)
```

图 11-12 表记录

【**例 11-7**】查询表中的姓名，平均。

命令：select 姓名,平均 from stu1;

实验效果如图 11-13 所示。

【**例 11-8**】查询所有信息。

命令：select * from stu1;

实验效果如图 11-14 所示。

```
mysql> select 姓名,平均 from stu1;
+------+------+
| 姓名 | 平均 |
+------+------+
| 张三 |   97 |
| 李四 |   97 |
| 王五 |   93 |
| 刘六 |   99 |
| 张晓 |   90 |
+------+------+
5 rows in set (0.00 sec)
```

图 11-13 查询姓名与平均

```
mysql> select * from stu1;
+------------+------+------+------------+------+--------+------+
| 学号       | 姓名 | 性别 | 出生日期   | 英语 | 计算机 | 平均 |
+------------+------+------+------------+------+--------+------+
| 2021010101 | 张三 | 男   | 2003-01-01 |   98 |     96 |   97 |
| 2021010102 | 李四 | 女   | 2003-02-02 |   98 |     96 |   97 |
| 2021010103 | 王五 | 女   | 2003-02-02 |   91 |     98 |   93 |
| 2021010104 | 刘六 | 男   | 2004-01-01 |   99 |     99 |   99 |
| 2021010105 | 张晓 | 女   | 2004-02-02 |   90 |     90 |   90 |
+------------+------+------+------------+------+--------+------+
5 rows in set (0.00 sec)
```

图 11-14 查询所有信息

也可以采用以下命令：

select 学号,姓名,性别,出生日期,英语,计算机,平均 from stu1;

实验效果如图 11-15 所示。

```
mysql> select 学号,姓名,性别,出生日期,英语,计算机,平均 from stu1;
+------------+------+------+------------+------+--------+------+
| 学号       | 姓名 | 性别 | 出生日期   | 英语 | 计算机 | 平均 |
+------------+------+------+------------+------+--------+------+
| 2021010101 | 张三 | 男   | 2003-01-01 |   98 |     96 |   97 |
| 2021010102 | 李四 | 女   | 2003-02-02 |   98 |     96 |   97 |
| 2021010103 | 王五 | 女   | 2003-02-02 |   91 |     98 |   93 |
| 2021010104 | 刘六 | 男   | 2004-01-01 |   99 |     99 |   99 |
| 2021010105 | 张晓 | 女   | 2004-02-02 |   90 |     90 |   90 |
+------------+------+------+------------+------+--------+------+
5 rows in set (0.00 sec)
```

图 11-15 逐个列出字段名

为字段列表中的字段名或表达式指定别名，中间使用 as 关键字分隔(as 关键字可以省略)。多表查询时，同名字段前必须添加表名前缀，中间使用“.”分隔。

(1) distinct 过滤结果集中的重复记录。

数据表中不允许出现重复的记录，但这不意味着 select 的查询结果集中不会出现记录重复的现象。如果要过滤结果集中重复的记录，则用关键字 distinct，语法格式如下：

distinct 字段名

例如：查询有几类性别。

select 性别 from stu1; #全部记录的性别

实验效果如图 11-16 所示。

select distinct 性别 from stu1; #一类只显示一个

实验效果如图 11-17 所示。

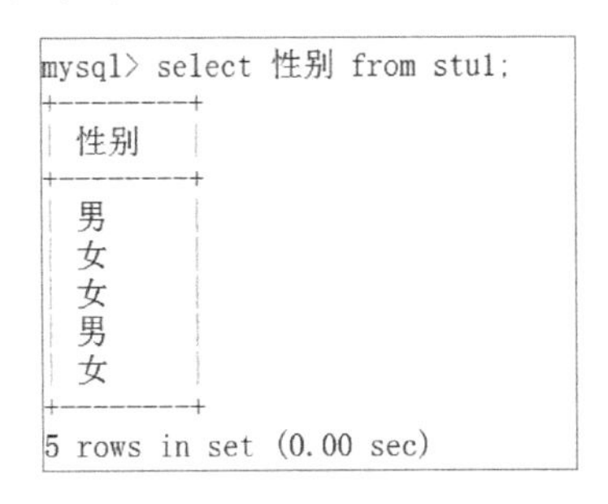

```
mysql> select 性别 from stu1;
+--------+
| 性别   |
+--------+
| 男     |
| 女     |
| 女     |
| 男     |
| 女     |
+--------+
5 rows in set (0.00 sec)
```

图 11-16 查询性别(有重复)

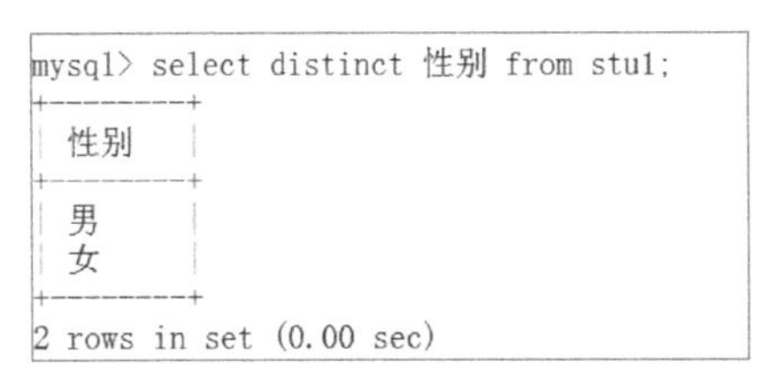

```
mysql> select distinct 性别 from stu1;
+--------+
| 性别   |
+--------+
| 男     |
| 女     |
+--------+
2 rows in set (0.00 sec)
```

图 11-17 查询性别(无重复数据)

(2) 使用 limit 查询某几行记录。

查询前几条或者中间某几条记录，可用关键字 limit，语法格式如下：

select 字段列表 from 数据源 limit [start,]length;

实验效果如图 11-18 所示。

```
mysql> select * from stu1 limit 3;
+------------+------+------+------------+------+--------+------+
| 学号       | 姓名 | 性别 | 出生日期   | 英语 | 计算机 | 平均 |
+------------+------+------+------------+------+--------+------+
| 2021010101 | 张三 | 男   | 2003-01-01 |   98 |     96 |   97 |
| 2021010102 | 李四 | 女   | 2003-02-02 |   98 |     96 |   97 |
| 2021010103 | 王五 | 女   | 2003-02-02 |   91 |     98 |   93 |
+------------+------+------+------------+------+--------+------+
3 rows in set (0.00 sec)
```

图 11-18 限制行数

11.2.2 条件查询

数据库中存储着海量数据，如果用户需要的是满足特定条件的记录，利用 where 子句可以实现结果集的过滤筛选。where 子句的语法格式如下：

where 条件表达式

【例 11-9】 查询男生信息。

命令：select * from stu1 where 性别='男';

实验效果如图 11-19 所示。

```
mysql> select * from stu1 where 性别='男';
+------------+------+------+------------+------+--------+------+
| 学号       | 姓名 | 性别 | 出生日期   | 英语 | 计算机 | 平均 |
+------------+------+------+------------+------+--------+------+
| 2021010101 | 张三 | 男   | 2003-01-01 |   98 |     96 |   97 |
| 2021010104 | 刘六 | 男   | 2004-01-01 |   99 |     99 |   99 |
+------------+------+------+------------+------+--------+------+
2 rows in set (0.00 sec)
```

图 11-19　查询男生

【例 11-10】查询“性别”为“女”，且英语成绩大于等于 95 分的学生信息。

命令：select * from stu1 where 性别='女' and 英语>=95;

实验效果如图 11-20 所示。

```
mysql> select * from stu1 where 性别='女' and 英语>=95;
+------------+------+------+------------+------+--------+------+
| 学号       | 姓名 | 性别 | 出生日期   | 英语 | 计算机 | 平均 |
+------------+------+------+------------+------+--------+------+
| 2021010102 | 李四 | 女   | 2003-02-02 |   98 |     96 |   97 |
+------------+------+------+------------+------+--------+------+
1 row in set (0.01 sec)
```

图 11-20　查询女生且英语成绩大于等于 95 分

【例 11-11】查询 2003 年出生的学生。

命令：select * from stu1 where year(出生日期)=2003;

实验效果如图 11-21 所示。

```
mysql> select * from stu1 where year(出生日期)=2003;
+------------+------+------+------------+------+--------+------+
| 学号       | 姓名 | 性别 | 出生日期   | 英语 | 计算机 | 平均 |
+------------+------+------+------------+------+--------+------+
| 2021010101 | 张三 | 男   | 2003-01-01 |   98 |     96 |   97 |
| 2021010102 | 李四 | 女   | 2003-02-02 |   98 |     96 |   97 |
| 2021010103 | 王五 | 女   | 2003-02-02 |   91 |     98 |   93 |
+------------+------+------+------------+------+--------+------+
3 rows in set (0.01 sec)
```

图 11-21　查询 2003 年出生的学生

【例 11-12】查询 2 月 2 日出生的学生。

命令：select * from stu1 where month(出生日期)=2 and day(出生日期)=2;

实验效果如图 11-22 所示。

```
mysql> select * from stu1 where month(出生日期)=2 and day(出生日期)=2;
+------------+------+------+------------+------+--------+------+
| 学号       | 姓名 | 性别 | 出生日期   | 英语 | 计算机 | 平均 |
+------------+------+------+------------+------+--------+------+
| 2021010102 | 李四 | 女   | 2003-02-02 |   98 |     96 |   97 |
| 2021010103 | 王五 | 女   | 2003-02-02 |   91 |     98 |   93 |
| 2021010105 | 张晓 | 女   | 2004-02-02 |   90 |     90 |   90 |
+------------+------+------+------------+------+--------+------+
3 rows in set (0.01 sec)
```

图 11-22　查询 2 月 2 日出生的学生

【例 11-13】查询姓“张”的学生。

命令：select * from stu1 where 姓名 like '张%';

注意：%代表 0 个或多个字符，下划线 _代表任意一个字符。

实验效果如图 11-23 所示。

```
mysql> select * from stu1 where 姓名 like '张%';
+------------+------+------+------------+------+--------+------+
| 学号       | 姓名 | 性别 | 出生日期   | 英语 | 计算机 | 平均 |
+------------+------+------+------------+------+--------+------+
| 2021010101 | 张三 | 男   | 2003-01-01 |   98 |     96 |   97 |
| 2021010105 | 张晓 | 女   | 2004-02-02 |   90 |     90 |   90 |
+------------+------+------+------------+------+--------+------+
2 rows in set (0.00 sec)
```

图 11-23 查询姓“张”的学生

11.2.3 排序查询

select 语句的查询结果集往往是无序的，order by 子句用于对结果集排序。在 select 语句中添加 order by 子句，可以使结果集中的记录按照一个或多个字段的值进行排序，排序的方式可以是升序(asc)或降序(desc)。默认为升序 asc。

order by 子句的语法格式如下：

order by 字段名 1 [asc|desc] [… ,字段名 n [asc|desc]]

【例 11-14】对表 stu1 进行查询，并按“姓名”升序排列。

命令：select * from stu1 order by 姓名;

或 select * from stu1 order by 姓名 asc;

实验效果如图 11-24 所示。

```
mysql> select * from stu1 order by 姓名;
+------------+------+------+------------+------+--------+------+
| 学号       | 姓名 | 性别 | 出生日期   | 英语 | 计算机 | 平均 |
+------------+------+------+------------+------+--------+------+
| 2021010104 | 刘六 | 男   | 2004-01-01 |   99 |     99 |   99 |
| 2021010101 | 张三 | 男   | 2003-01-01 |   98 |     96 |   97 |
| 2021010105 | 张晓 | 女   | 2004-02-02 |   90 |     90 |   90 |
| 2021010102 | 李四 | 女   | 2003-02-02 |   98 |     96 |   97 |
| 2021010103 | 王五 | 女   | 2003-02-02 |   91 |     98 |   93 |
+------------+------+------+------------+------+--------+------+
5 rows in set (0.01 sec)
```

图 11-24 按“姓名”升序排序

【例 11-15】查询所有信息，并按“性别”升序排序。

命令：select * from stu1 order by 性别;

实验效果如图 11-25 所示。

```
mysql> select * from stu1 order by 性别;
+------------+------+------+------------+------+--------+------+
| 学号       | 姓名 | 性别 | 出生日期   | 英语 | 计算机 | 平均 |
+------------+------+------+------------+------+--------+------+
| 2021010102 | 李四 | 女   | 2003-02-02 |   98 |     96 |   97 |
| 2021010103 | 王五 | 女   | 2003-02-02 |   91 |     98 |   93 |
| 2021010105 | 张晓 | 女   | 2004-02-02 |   90 |     90 |   90 |
| 2021010101 | 张三 | 男   | 2003-01-01 |   98 |     96 |   97 |
| 2021010104 | 刘六 | 男   | 2004-01-01 |   99 |     99 |   99 |
+------------+------+------+------------+------+--------+------+
5 rows in set (0.00 sec)
```

图 11-25 按“性别”升序排序

【例 11-16】查询所有信息，按“英语”成绩升序排序。

命令：select * from stu1 order by 英语; #默认为升序

实验效果如图 11-26 所示。

```
mysql> select * from stu1 order by 英语;
+------------+------+------+------------+------+--------+------+
| 学号       | 姓名 | 性别 | 出生日期   | 英语 | 计算机 | 平均 |
+------------+------+------+------------+------+--------+------+
| 2021010105 | 张晓 | 女   | 2004-02-02 |   90 |     90 |   90 |
| 2021010103 | 王五 | 女   | 2003-02-02 |   91 |     98 |   93 |
| 2021010101 | 张三 | 男   | 2003-01-01 |   98 |     96 |   97 |
| 2021010102 | 李四 | 女   | 2003-02-02 |   98 |     96 |   97 |
| 2021010104 | 刘六 | 男   | 2004-01-01 |   99 |     99 |   99 |
+------------+------+------+------------+------+--------+------+
5 rows in set (0.00 sec)
```

图 11-26　按“英语”默认升序排序

也可以在后加上 asc，其命令为：

select * from stu1 order by 英语 asc;

实验效果如图 11-27 所示。

```
mysql> select * from stu1 order by 英语 asc;
+------------+------+------+------------+------+--------+------+
| 学号       | 姓名 | 性别 | 出生日期   | 英语 | 计算机 | 平均 |
+------------+------+------+------------+------+--------+------+
| 2021010105 | 张晓 | 女   | 2004-02-02 |   90 |     90 |   90 |
| 2021010103 | 王五 | 女   | 2003-02-02 |   91 |     98 |   93 |
| 2021010101 | 张三 | 男   | 2003-01-01 |   98 |     96 |   97 |
| 2021010102 | 李四 | 女   | 2003-02-02 |   98 |     96 |   97 |
| 2021010104 | 刘六 | 男   | 2004-01-01 |   99 |     99 |   99 |
+------------+------+------+------------+------+--------+------+
5 rows in set (0.00 sec)
```

图 11-27　按“英语”成绩升序排序

【例 11-17】查询所有信息，按“英语”成绩降序排序。

命令：select * from stu1 order by 英语 desc;

实验效果如图 11-28 所示。

```
mysql> select * from stu1 order by 英语 desc;
+------------+------+------+------------+------+--------+------+
| 学号       | 姓名 | 性别 | 出生日期   | 英语 | 计算机 | 平均 |
+------------+------+------+------------+------+--------+------+
| 2021010104 | 刘六 | 男   | 2004-01-01 |   99 |     99 |   99 |
| 2021010101 | 张三 | 男   | 2003-01-01 |   98 |     96 |   97 |
| 2021010102 | 李四 | 女   | 2003-02-02 |   98 |     96 |   97 |
| 2021010103 | 王五 | 女   | 2003-02-02 |   91 |     98 |   93 |
| 2021010105 | 张晓 | 女   | 2004-02-02 |   90 |     90 |   90 |
+------------+------+------+------------+------+--------+------+
5 rows in set (0.00 sec)
```

图 11-28　按“英语”成绩降序排序

常用的函数有累加求和 sum()函数、平均值 avg()函数、统计记录的行数 count()函数、统计最大值 max()函数、统计最小值 min()函数。

说明：使用 count()函数对 NULL 值统计时，count()函数将忽略 NULL 值。sum()函数、avg()函数、max()以及 min()函数等统计函数，统计数据时也将忽略 NULL 值。

【例 11-18】查询英语成绩的平均分。

命令：select avg(英语) from stu1;

实验效果如图 11-29 所示。

【例 11-19】查询英语成绩的最高分与最低分。

as 后面接的英语平均是修改查询结果的字段名，avg(英语)修改为：英语平均。实验效果如图 11-30 所示。

命令：select max(英语) as 最高, min(英语) as 最低 from stu1;

实验效果如图 11-30 所示。

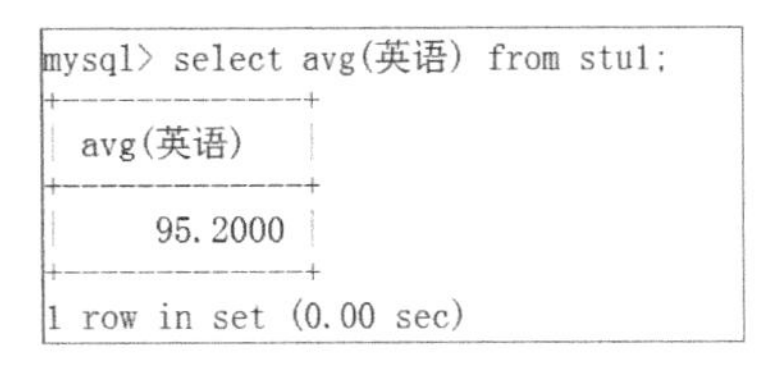

```
mysql> select avg(英语) from stu1;
+--------------+
| avg(英语)    |
+--------------+
|      95.2000 |
+--------------+
1 row in set (0.00 sec)
```

图 11-29 “英语”平均成绩

```
mysql> select max(英语) as 最高,min(英语) as 最低 from stu1;
+--------+--------+
| 最高   | 最低   |
+--------+--------+
|     99 |     90 |
+--------+--------+
```

图 11-30 显示“英语”成绩最高分与最低分

11.2.4 分组查询

group by 子句将查询结果按照某个字段(或多个字段)进行分组(字段值相同的记录作为一个分组。group by 子句通常与函数一起使用。group by 子句的语法格式如下：

group by 字段列表 [having 条件表达式]

【例 11-20】 按“性别”查询不同性别的英语平均分。

命令：select 性别, avg(英语) from stu1 group by 性别;

实验效果如图 11-31 所示。

```
mysql> select 性别,avg(英语) from stu1 group by 性别;
+--------+--------------+
| 性别   | avg(英语)    |
+--------+--------------+
| 女     |      93.0000 |
| 男     |      98.5000 |
+--------+--------------+
2 rows in set (0.00 sec)
```

图 11-31 按“性别”进行分组查询英语平均分

【例 11-21】 按“性别”查询每类的英语平均值，且显示平均值 95 分以上的。

命令：select 性别, avg(英语) as 英语平均 from stul group by 性别 having 英语平均 >=95;

实验效果如图 11-32 所示。

```
mysql> select 性别,avg(英语) as 英语平均 from stu1 group by 性别 having 英语平均>=95;
+--------+--------------+
| 性别   | 英语平均     |
+--------+--------------+
| 男     |      98.5000 |
+--------+--------------+
1 row in set (0.01 sec)
```

图 11-32 按“性别”进行分组查询英语平均值大于等于 95 的组别

11.2.5 多表查询

在现实生活中，数据库中的表一般不可以是单张表，而是多张表，如何进行多张表的查询呢？本节只简单讲等值连接查询。

两表查询格式：

```
select 字段列表
  from 表 1 inner join 表 2
   on 两表连接条件
     where 查询条件
       order by 字段 ……
```

假设有两张表：学生表 st(id,name,sex,college)有学号 id，姓名 name，性别 sex，学院 college；成绩表 sc (c_id,s_id,c_name,score)有课程号 c_id，学号 id，课程名 c_name，成绩 score。两个表中有相同的字段名学号 id，通过学号 id 相同条件进行查询。

首先建立 2 张表，并录入记录。

建立第 1 张表 st 命令：

create table st(id int primary key auto_increment,name char(20),sex char(2),college char(30));

实验效果如图 11-33 所示。

插入记录的命令：

Insert into st(id,name,sex,college) values(2021010101,'张三','男','计算机学院');

实验效果如图 11-34 所示。

```
mysql> desc st;
+---------+----------+------+-----+---------+----------------+
| Field   | Type     | Null | Key | Default | Extra          |
+---------+----------+------+-----+---------+----------------+
| id      | int(11)  | NO   | PRI | NULL    | auto_increment |
| name    | char(20) | YES  |     | NULL    |                |
| sex     | char(2)  | YES  |     | NULL    |                |
| college | char(30) | YES  |     | NULL    |                |
+---------+----------+------+-----+---------+----------------+
4 rows in set (0.01 sec)
```

图 11-33　创建表及显示结构

```
mysql> select * from st;
+------------+------+-----+------------+
| id         | name | sex | college    |
+------------+------+-----+------------+
| 2021010101 | 张三 | 男  | 计算机学院 |
| 2021010102 | 李四 | 女  | 计算机学院 |
| 2021010103 | 王五 | 男  | 计算机学院 |
| 2021020101 | 刘六 | 女  | 外语学院   |
| 2021020102 | 张丽 | 女  | 外语学院   |
| 2021020103 | 王勇 | 男  | 外语学院   |
+------------+------+-----+------------+
6 rows in set (0.00 sec)
```

图 11-34　插入记录后表的记录情况

建立第 2 张表 sc 命令：

create table sc(c_id int,id int,c_name char(20),score int,primary key(c_id,id));

建立成绩表后，desc sc 显示表结构，实验效果如图 11-35 所示。

```
mysql> create table sc(c_id int,id int,c_name char(20),score int,primary key(c_id,id));
Query OK, 0 rows affected (0.02 sec)

mysql> desc sc;
+--------+----------+------+-----+---------+-------+
| Field  | Type     | Null | Key | Default | Extra |
+--------+----------+------+-----+---------+-------+
| c_id   | int(11)  | NO   | PRI | NULL    |       |
| id     | int(11)  | NO   | PRI | NULL    |       |
| c_name | char(20) | YES  |     | NULL    |       |
| score  | int(11)  | YES  |     | NULL    |       |
+--------+----------+------+-----+---------+-------+
4 rows in set (0.00 sec)
```

图 11-35　创建表及显示结构

插入记录(部分数据)：

insert into sc(c_id,id,c_name,score) values(1,2021010101,'计算机',98);

insert into sc(c_id,id,c_name,score) values(1,2021010102,'计算机',89);
insert into sc(c_id,id,c_name,score) values(1,2021010103,'计算机',92);
insert into sc(c_id,id,c_name,score) values(1,2021020101,'计算机',95);
insert into sc(c_id,id,c_name,score) values(1,2021020102,'计算机',88);
实验效果如图 11-36 所示。

```
mysql> select * from sc;
+------+------------+--------+-------+
| c_id | id         | c_name | score |
+------+------------+--------+-------+
|    1 | 2021010101 | 计算机 |    98 |
|    1 | 2021010102 | 计算机 |    89 |
|    1 | 2021010103 | 计算机 |    92 |
|    1 | 2021020101 | 计算机 |    95 |
|    1 | 2021020102 | 计算机 |    88 |
|    1 | 2021020103 | 计算机 |    90 |
|    2 | 2021010101 | 外语   |    90 |
|    2 | 2021010102 | 外语   |    80 |
|    2 | 2021010103 | 外语   |    86 |
|    2 | 2021020101 | 外语   |    80 |
|    2 | 2021020102 | 外语   |    90 |
|    2 | 2021020103 | 外语   |    96 |
+------+------------+--------+-------+
12 rows in set (0.00 sec)
```

图 11-36 显示表中数据记录

【例 11-22】查询张三成绩情况。显示学号 id，姓名 name，课程名 c_name，成绩 score。

分析：数据来自两张表，要进行两表的连接查询。两张表中是唯一的字段，可以省略表的名称，若两张表都有字段，必须加表名.字段名。

命令：select st.id,name,c_name,score from st inner join sc on st.id=sc.id where name='张三';

实验效果如图 11-37 所示。

```
mysql> select st.id,name,c_name,score from st inner join sc on st.id=sc.id
    -> where name='张三';
+------------+------+--------+-------+
| id         | name | c_name | score |
+------------+------+--------+-------+
| 2021010101 | 张三 | 计算机 |    98 |
| 2021010101 | 张三 | 外语   |    90 |
+------------+------+--------+-------+
2 rows in set (0.01 sec)
```

图 11-37 张三成绩的查询结果

【例 11-23】查询成绩大于等于 90 的学生姓名，课程名及成绩。

命令：select name,score from st inner join sc on st.id=sc.id where score>=90 order by name;

实验效果如图 11-38 所示。

【例 11-24】查询有两科成绩都大于等于 90 分的学生的姓名及成绩。

分析：先看看大于等于 90 分，并按姓名排序情况，实验效果如图 11-39 所示。

```
mysql> select name,c_name,score from st inner join sc on st.id=sc.id where score>=90;
+--------+----------+-------+
| name   | c_name   | score |
+--------+----------+-------+
| 张三   | 计算机   |    98 |
| 王五   | 计算机   |    92 |
| 刘六   | 计算机   |    95 |
| 王勇   | 计算机   |    90 |
| 张三   | 外语     |    90 |
| 张丽   | 外语     |    90 |
| 王勇   | 外语     |    96 |
+--------+----------+-------+
7 rows in set (0.01 sec)
```

图 11-38　按条件查询结果

```
mysql> select name,score from st inner join sc on st.id=sc.id
    -> where score>=90 order by name;
+--------+-------+
| name   | score |
+--------+-------+
| 刘六   |    95 |
| 张三   |    98 |
| 张三   |    90 |
| 张丽   |    90 |
| 王五   |    92 |
| 王勇   |    96 |
| 王勇   |    90 |
+--------+-------+
7 rows in set (0.02 sec)
```

图 11-39　大于等于 90 分的学生的查询结果

成绩为 90 分或 90 分以上，并按“姓名”排序结果，从图 11-39 图可知，有两人张三、王勇符合条件。

命令：

select name,avg(score) from st inner join sc on st.id=sc.id where score>=90 group by name having count(*)>=2;

实验效果如图 11-40 所示。

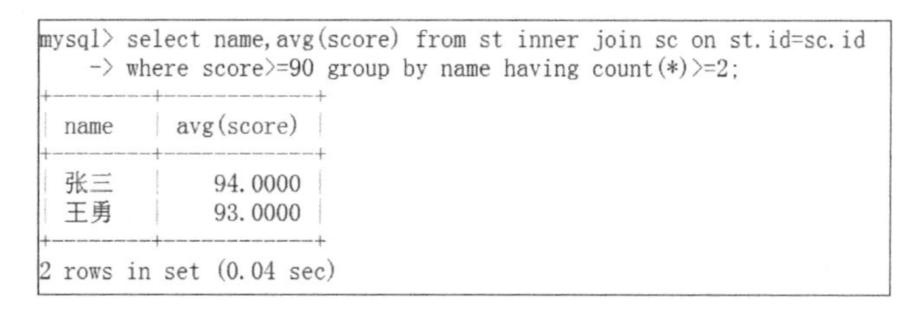

```
mysql> select name,avg(score) from st inner join sc on st.id=sc.id
    -> where score>=90 group by name having count(*)>=2;
+--------+------------+
| name   | avg(score) |
+--------+------------+
| 张三   |    94.0000 |
| 王勇   |    93.0000 |
+--------+------------+
2 rows in set (0.04 sec)
```

图 11-40　查询结果

习　题　11

一、判断题(正确的填 A，错误的填 B)

以下要用的表 t1(学号、姓名、性别、英语)，t2(学号、姓名、性别、英语、政治、总分)

1．在表 t1 中插入记录的命令 insert t1 vlues(102,'张三','男',90)是正确的。(　　)

2．计算 t2 中的英语、政治的总分命令 update t2 set 总分=英语+政治，是错误的。（　　）

3．删除 t2 中英语不及格的命令：delete from t2 where 英语<60，是正确的。（　　）

4．查询 t2 表中的所有信息，select * from t2，是正确的。（　　）

5．查询 t2 中的姓名、总分，并将总分降序显示的命令 select 姓名,总分 from t2 order by 总分 desc 是正确的。（　　）

二、单选题

1．修改表中数据的命令是__________。

A．check table　　B．alter table

C．repair table　　D．update

2．在表 t2 中插入数据的命令是________。

A．insert t2　　B．insert into t2

C．into t2　　D．t2 insert into

3．删除表 t2 中所有男生的命令是_________。

A．drop table t2 where 性别=男　　B．delete from t2 where 性别=男

C．delete from t2 where 性别='男'　　D．delete t2 where 性别='男'

4．使用 SQL 语句查询学生信息表 student 中的所有数据，并按学生学号 stu_id 升序排列，正确的语句是_________。

A．select * from student order by stu_id asc

B．select * from student order by stu_id desc

C．select * from student stu_jd order by asc

D．select * from student stu_id order by desc

5．显示表 t2 中所有女生的命令是_________。

A．list for 性别='女'　　B．select * from t2 where 性别='女'

C．select * from t2 where 性别=女　　D．select * from t2 order by 性别='女'

6．假设 stud 表中有数学、语文成绩，要求计算数学与语文的总分，其命令为__________。

A．alter table stud 总分=数学+语文　　B．update stud set 总分=数学+语文

C．update stud 总分=数学+语文　　D．update stud set 总分 with 数学+语文

7．查询 stud 表中，男生的数学平均与女生数学平均分各为多少，采用的命令为__________。

A．select 性别,avg(数学) from stud group by 性别

B．select 性别,数学 from stud group by 性别

C．select 性别,avg(数学) from stud order by by 性别

D．select 性别,avg(数学) from stud group by 数学

8．查询 stud 所有姓“张”的人，其命令为__________。

A．select * from stud where 姓名 like '张_'

B．select * from stud where 姓名= '张%'

C．select * from stud where 姓名 like '张%'

D．select * from stud where 姓名= '张_'

9．查询 stud 表中数学成绩前 3 名，其命令为__________。

A．select * from stud order by 数学 asc top 3

B．select * from stud order by 数学 limit 3

C．select * from stud group ty 数学 desc limit 3

D．select * from stud order by 数学 desc limit 3

10．查询 stud 男生中数学大于等于 90 分的学生信息，其命令为__________。

A．select * from stud where 性别='男' or 英语>=90

B．select * from stud where 性别='男' and 英语>90

C．select * from stud where 性别='男' and 英语>=90

D．select * from stud where 性别=男 and 英语>=90

三、操作题

假设有 stud(学号，姓名，性别，数学，英语，语文，总分)，以下操作都在此表中进行。

1．在 stud 表中，总分字段的值为 null，计算每个人的总分，它等于数学、英语、语文之和。

2．对表 stud 进行查询，查询姓“李”和姓“张”的人的所有信息。

3．对表 stud 进行查询，按总分降序显示，若总分相同，按性别降序显示。

4．对表 stud 进行查询，查询数学、英语、语文之中有一科不及格的学生信息。

5．对表 stud 进行查询，查询数学、英语、语文三科都不及格的学生信息。

6．对表 stud 进行查询，查询男、女生的数学、英语、语文的平均成绩。

7．对表 stud 进行查询，查询总分前 5 名的学生信息。

8．对表 stud 进行查询，查询男生中不及格的学生信息。

参考答案

习　题　1

一、判断题

1. B　2. A　3. B　4. A　5. A　6. A　7. A　8. A　9. B　10. A

二、单选题

1. A　2. A　3. C　4. A　5. C　6. D　7. B　8. C　9. D　10. C
11. B　12. A　13. D　14. A　15. C　16. A　17. B　18. C　19. C　20. D

三、多选题

1. BC　2. ABCD　3. ABC　4. ACD　5. AC

习　题　2

一、判断题

1. B　2. A　3. A　4. A　5. A

二、单选题

1. A　2. B　3. B　4. C　5. B　6. D　7. C　8. A　9. C　10. C
11. C　12. B　13. C　14. D　15. B　16. D　17. C　18. C　19. A　20. D

三、多选题

1. AB　2. BC　3. ABC　4. ABCD　5. AC

习　题　3

一、判断题

1. B　2. A　3. A　4. B　5. A

二、单选题

1. A　2. D　3. A　4. A　5. B　6. B　7. C　8. D　9. A　10. C

11. A 12. A 13. C 14. B 15. A 16. A 17. A 18. C 19. C 20. C
21. C 22. C 23. A 24. D

三、多选题

1. ABD 2. ABCD 3. ABCD 4. ABD 5. ABCD

习 题 4

一、判断题

1. A 2. A 3. A 4. A 5. B 6. A 7. A 8. A 9. A 10. A

二、单选题

1. C 2. A 3. B 4. B 5. B 6. B 7. A 8. A 9. A
10. B 11. A 12. A 13. A B 14. A 15. A 16. D 17. C
18. B 19. B 20. D

三、多选题

1. ABC 2. ABCD 3. ABCD 4. ABC 5. ABD

习 题 5

一、判断题

1. A 2. A 3. B 4. A 5. A

二、单选题

1. B 2. A 3. B 4. A 5. A 6. D 7. C 8. D

三、多选题

1. ABC 2. ABD 3. ABC 4. ABCD 5. ABD

习 题 6

一、判断题

1. A 2. A 3. A 4. B 5. B

二、单选题

1. A 2. A 3. D 4. B 5. B 6. C 7. A 8. A B 9. A
10. D 11. D 12. A 13. C 14. B 15. C 16. A 17. B 18. A

19. B　20. A　21. A　22. D　23. C　24. A　25. D　26. C　27. A
28. A　29. B　30. B　31. D

三、多选题

1. ABCD　2. ABC　3. ABCD　4. ABCD　5. BC

习　题　7

一、判断题

1. A　2. A　3. A　4. A　5. A

二、单选题

1. C　2. A　3. B　4. A　5. B　6. A　7. A　8. A

三、多选题

1. AB　2. ABCD　3. ABC　4. ABCD　5. ABCD

习　题　8

一、判断题

1. A　2. B　3. A　4. A　5. B

二、单选题

1. B　2. D　3. B　4. D　5. B　6. A　7. B

三、多选题

1. AB　2. ABC　3. ABCD　4. AC　5. ABCD

习　题　9

一、判断题

1. A　2. A　3. A　4. B　5. A

二、单选题

1. B　2. C　3. A　4. C　5. B　6. D　7. A　8. B　9. A　10. B

三、多选题

1. ABCD　2. ABCD　3. ABCD　4. ABC　5. ABCD

习 题 10

一、判断题

1. A 2. A 3. B 4. A 5. A 6. A 7. A 8. A 9. A 10. B

二、单选题

1. C 2. C 3. B 4. B 5. A 6. C 7. C 8. B 9. A 10. A

三、多选题

1. BC 2. AC 3. BD 4. ABD 5. BCD

习 题 11

一、判断题

1. B 2. B 3. A 4. A 5. A

二、单选题

1. D 2. B 3. C 4. A 5. B 6. B 7. A 8. C 9. D 10. C

三、操作题

1. update stud set 总分=数学+英语+语文
2. Select * from stud where 姓名 like '李%' or 姓名 like '张%'
3. select * from stud order by 总分 desc,性别 desc
4. select * from stud where 数学<60 or 英语<60 or 语文<60
5. select * from stud where 数学<60 and 英语<60 and 语文<60
6. select 性别,avg(数学),avg(英语),avg(语文) from stud group by 性别
7. select * from stud order by 总分 desc limit 5
8. select * from stud where 性别='男' and (数学<60 or 英语<60 or 语文<60)

参 考 文 献

崔洋, 贺亚茹, 2016. MySQL 数据库应用从入门到精通. 北京: 中国铁道出版社.

黄靖, 2020. 全国计算机等级考试二级教程——MySQL 数据库程序设计. 北京: 高等教育出版社.

敬伟, 2020. Photoshop 2020 中文版从入门到精通. 北京: 清华大学出版社.

九洲书源, 2011. Photoshop 图像处理. 北京: 清华大学出版社.

李国伟, 2014. Photoshop CC 中文版完全自学教程. 北京: 中国青年出版社.

李淑华, 李季光, 2009. 图形图像处理——Photoshop CS3. 北京: 人民邮电出版社.

马兆平, 李仁, 郑国强, 2014. Photoshop CC 设计从入门到精通(超值版). 北京: 清华大学出版社.

全国计算机等级考试命题研究组, 2014. 全国计算机等级考试南开题库——一级计算机基础及 Photoshop 应用. 2014 版. 天津: 南开大学出版社.

任进军, 林海霞, 2017. MySQL 数据库管理与开发(慕课版). 北京: 人民邮电出版社.

沈洪, 朱军, 江鸿宾, 2011. Photoshop 图像处理技术. 3 版. 北京: 中国铁道出版社.

时代印象, 2013. 中文版 Photoshop CS 6 技术大全. 北京: 人民邮电出版社.

唐琳, 2015. Photoshop CC 图像处理案例课堂. 北京: 清华大学出版社.

吴吉义, 王中友, 等, 2009. 程序员突击: MySQL 原理与 Web 系统开发. 北京: 清华大学出版社.

谢正强, 2011. 全国计算机等级考试一级教程——计算机基础及 Photoshop 应用. 北京:高等教育出版社.